高等学校教材

安全科学原理

（第 3 版）

李树刚　成连华　林海飞　主编

西北工业大学出版社

西安

【内容简介】 本书共分10章,首先系统阐述了安全、安全科学的基本概念、属性特征以及安全科学的研究对象及学科体系,全面分析了事故致因理论、安全与事故的关系及事故预防原则,然后分别讲述了安全系统原理、安全生理与心理、安全行为科学原理、安全控制原理、安全文化原理、安全经济原理、安全法治原理及智慧安全原理,并简要介绍了国内外安全科学的发展历程、21世纪以来安全科学的研究走向及智慧安全之未来挑战。

本书可作为普通高等学校安全工程、应急技术与管理等专业的本科生课程教材,也可作为安全科学与工程学科研究生的教学参考书,还可作为从事安全工程、应急管理等工作的技术与管理人员的学习用书。

图书在版编目(CIP)数据

安全科学原理 / 李树刚,成连华,林海飞主编. —
3版. —西安 : 西北工业大学出版社,2024.3
ISBN 978 - 7 - 5612 - 9232 - 7

Ⅰ. ①安… Ⅱ. ①李… ②成… ③林… Ⅲ. ①安全科
学 Ⅳ. ①X9

中国国家版本馆 CIP 数据核字(2024)第 047609 号

ANQUAN KEXUE YUANLI
安 全 科 学 原 理
李树刚 成连华 林海飞 主编

责任编辑:肖 莎   策划编辑:杨 军
责任校对:胡莉巾   装帧设计:李 飞
出版发行:西北工业大学出版社
通信地址:西安市友谊西路 127 号   邮编:710072
电 话:(029)88491757,88493844
网 址:www.nwpup.com
印 刷 者:兴平市博闻印务有限公司
开 本:787 mm×1 092 mm   1/16
印 张:15
字 数:374 千字
版 次:2008 年 5 月第 1 版 2024 年 3 月第 3 版 2024 年 3 月第 1 次印刷
书 号:ISBN 978 - 7 - 5612 - 9232 - 7
定 价:59.00 元

第3版前言

安全科学是认识和揭示人的身心免受外界(不利)因素影响的安全状态及保障条件与其转化规律的学问,是专门研究安全的本质及其转化规律和保障条件的科学。安全科学的理论发展及技术进步,正以前所未有的速度推动着安全工程、安全生产造福于人类社会文明与美好的进程。

21世纪以来,安全科学的各种事故致因理论与模型以及行业领域的安全科学原理学说不断涌现,并产生了较大范围的影响;应用安全科学原理而产生的新技术、新发明、新创造日新月异、精彩纷呈。与此同时,我国各行各业的总体安全生产形势取得了显著好转,许多行业正趋于本质安全化。

更加令人振奋的是,随着大数据、云计算、物联网、人工智能等信息科学技术的推广普及,智能安全、智慧安全已应运而生、应用扩大并快速发展,所呈现的景象令人目不暇接,故此,短期内很难做出阶段性总结,也不易做出系统性梳理。

《安全科学原理》第2版出版后,被国内许多高校的安全工程、应急技术与管理等专业课程教学采用,产生了广泛影响,也被高校列为报考硕士研究生科目的参考用书;曾获得陕西普通高等学校优秀教材一等奖(2018)、全国煤炭行业优秀教材特等奖(2016)。盛名之下,其实难副,这给修订本书增加了压力和难度。

基于上述缘由,才有此次的着力修订及出版。为了体现新原理、新进展、新突破,更加贴近新时代大学教育教学的实际需要。本次修订对第2版做了大幅度的修改和完善,力求体现以下几个方面:

(1)知识体系完备。随着信息科学技术的发展和人工智能的快速应用,增加了智慧安全原理,以反映最新的理论研究和应用进展,相应地,其他章节也随之做了补充和完善。

(2)教学内容更新。随着安全工程专业教学体系的完善,结合国家"双碳"战略目标,丰富教学资源,优化教学内涵,更新教学内容,增加了最近的研究进展和相关案例,更新了与《中华人民共和国安全生产法》(2021年9月正式施行)等相关法律法规为标准的核心内容。

(3)教学方法优化。强化教学信息技能,用好智慧教室,线上线下结合,注重个性化需求,应用案例式、讨论式教学和翻转课堂等方法,增强学生主动学习的积极性。

(4)教材结构扩展。为引入科研成果,激发学生兴趣,注重教学设计,提高教学艺术,促进课堂交流,培养创新意识,每章前面增加了"学习导读"以强调重点、章末补充了"延伸阅读"以开阔视野,还更新了"思考练习"以引申问题,助力提高学生分析问题和解决问题的能力。

西安科技大学李树刚教授负责拟订本书总体修订框架和基本原则;西安科技大学成连华教授、林海飞教授负责统筹全书细目、组织编写工作,各章节的修订编写由西安科技大学、长安大学、西安石油大学三所高校教学一线的教师共同完成,具体分工为:李树刚负责编写第1章、第10章,林海飞、白杨负责编写第2章,肖鹏、秦雷负责编写第3章,刘志云负责编写第4章,成连华、郭慧敏负责编写第5章,徐竟天、赵晓姣负责编写第6章,严敏、赵鹏翔负责编写第7章,李莉、石钰负责编写第8章,成连华、刘纪坤负责编写第9章。博士生王瑞哲、朱冰等参与了本书大量的文献查阅、文字录入、格式排版、校对整理等工作,在此一并向他们表示谢意!

本书配有相应的教学课件,需要教学课件请登录工大书苑(https://gdsy.nwpu.edu.cn/♯/home)下载。

本书在修订过程中参阅了大量的新近文献资料,在此,对所引用参考文献的作者表示最诚挚的谢意!本书编辑出版得到了西北工业大学出版社的支持和帮助,在此,谨向他们表示诚挚的谢意!

笔者在修订过程中尽最大可能地结合了国内外安全科学与工程学科的最新研究进展,但由于学术水平、教学能力和修订经验等方面的限制,书中难免存在疏漏和不妥之处,恳请广大读者批评指正!

编　者

2023 年 8 月

第 2 版前言

近年来,我国高等教育安全工程专业发展较快,开设安全工程专业的高校已达 140 多所。相应地,从事安全科学与工程研究和应用的队伍也迅速壮大,使得安全科学与工程学科的理论和技术得到了进一步的丰富和发展。

安全科学原理课程作为安全工程专业的基础课程,重在为学生提供安全科学与工程学科的主要理论框架和知识,并为后续课程的学习打下坚实的基础。《安全科学原理》第 2 版在第 1 版的基础上结合最新的研究进展,参考国内外相关文献、教材及专著,在多名从事安全工程专业科研和教学的专家、学者的帮助下,修订了原章节内容,增添了安全控制原理、安全文化原理及安全法制原理章节。在结构体系上注重完整性、条理性,形成了课程导入—基本理论—主要方法的课程体系结构。

在本书的编写过程中参阅了大量的文献,在此,谨向原作者表示最诚挚的谢意!

本书在编写过程中,得到了西北工业大学出版社的支持和帮助,在此,谨向他们表示诚挚的谢意!

本书由西安科技大学李树刚教授负责拟订全书总体修订框架和编写原则,成连华副教授、林海飞副教授负责统筹全书细目、组织编写工作,各章节的修订编写由西安科技大学、长安大学、西安石油大学三校的教学一线教师共同完成,具体分工如下:李树刚负责编写第 1 章,林海飞负责编写第 2 章,肖鹏负责编写第 3 章,刘志云负责编写第 4 章和第 5 章,徐竞天负责编写第 6 章,成连华负责编写第 7 章,李莉负责编写第 8 章,许满贵负责编写第 9 章。

在修订过程中,笔者尽最大可能结合学科的最新研究进展,但由于学术水平和经验等方面的限制,书中难免存在不足之处,恳请各位同行及读者批评指正!

编　者

2014 年 7 月

第1版前言

安全是人类得以生存、生活、生产的必要前提，是促进社会和经济持续健康发展的基本条件，也是人类社会文明和进步的重要标志之一。安全科学是认识和揭示人的身心免受外界（不利）因素影响的安全状态及保障条件与其转化规律的学问，它是专门研究安全的本质及其转化规律和保障条件的科学。

近年来，在党和政府的高度重视和领导下，社会各界对安全的重视程度也达到了前所未有的高度，使得我国的安全生产水平得到了较大幅度的提高，安全事业也得到了快速发展。在社会对安全专业人才有大量需求的同时，也对安全科技工作者和安全教育工作者提出了更高的要求。开展安全工程专业的高等教育是培养安全类人才的主要途径，是安全科学发展的基础，也是搞好安全工作的重要保证。它对于提高安全生产水平，保证公众的安全与健康，防止重、特大事故的发生以及保证人员、财产免受损失都具有十分重要的意义。

在基于"安全三要素四因素"理论的安全科学的学科体系建设上，国内安全学学者已基本达成共识，但在安全工程专业的教学内容和课程体系上，尚存在诸多争议，并各执己见。这是因为安全科学的最大特点之一在于它的复杂性和多样性，且融自然科学、社会科学、系统科学和人体科学于一体。这种特性反映在安全工程专业建设中，就是不同院校安全工程专业人才培养方案各具特色。但有一点是相通的，就是安全科学原理作为安全工程专业的基础课程，是绝大多数院校都认可的。

安全科学原理这门课程的主要内容应是安全科学的一些基本概念、原理和方法，而不应只追求内容的多和全。基于此，如何使安全科学原理这门基础课程为后续的专业课程提供更多的基础知识，笔者在多年的安全科学原理课程教学实践中一直探索和思考这一课程体系的建设，有了一点心得，也基于此，我们编写了本教材，以供教学所需。并与同仁探讨。

本书在编写过程中参阅了大量的文献，在此，对所引用的参考资料的原作者表示最诚挚的谢意！

本书编写具体分工如下：李树刚负责课程大纲的编制和审稿，并负责编写第1章；林海飞负责编写第2章；成连华负责编写第3章、第4章；钱敏负责编写第5章；王秀林负责编写第6章；许满贵、李莉负责编写第7章。同时，在本书编写过程中，张伟、杨娟娟、严敏等研究生参与了大量的文字录入、校对整理等工作，在此一并向他们表示谢意。

在本书编写过程中,得到了西安科技大学能源学院、教务处等部门有关老师和领导的支持,当然,也离不开安全工程系所有老师的支持和帮助,在此,谨向他们表示诚挚的谢意!

笔者虽然从教材的系统性、完整性和专业学习的可持续性角度尽了最大努力,但由于学术水平和经验等方面的限制,书中不足之处在所难免,恳请读者批评指正!

编　者

2008 年 2 月

目　　录

第1章 绪 论

【学习导读】

安全学科是一门新兴交叉综合学科,安全科学知识体系的逐步形成与发展完善事关安全学科基础理论的丰富及独立学科的壮大。安全、安全科学、安全技术、安全工程在人类生产、生活及生存中无时不有,无处不在。

学习安全、安全科学、安全技术、安全工程的基本概念,了解其发展历程、研究范围、研究现状、研究方法,树立正确的世界观、人生观、价值观、道德观、法律观,理解社会主义核心价值体系,能够对安全生产领域及其相关行业的国际国内状况有基本了解,并能表达自己的观点。

了解安全问题的产生及其阶段性认识、政府和社会对安全的关注,树立正确的安全价值观念;了解不同行业的事故案例,明确当前关注的重点行业,并掌握安全科学的学科体系的基本构成。

1.1 安全的概念及其特征

1.1.1 安全问题的产生

1.安全问题的产生及其认识过程

安全、安全科学、安全技术、安全工程在人类生产、生活及生存中无时不有,无处不在;人类对于安全及其相关问题的认识,从最初的被动接受发展到现在的智慧安全阶段。

事物的发展有自然流向和人为流向。按照事物本身的动力作用来说,自然流向总要按自然状态发展,但也受随机因素的控制与调节;事物按其自然流向总会有产生、发展、衰退以及消亡的过程,部分事物在此过程中会出现危害、危险、事故,从而产生了安全问题。

人类自诞生以来,并不满足所处现状,要设法适应自然、改造自然或遏制自然流向,以改变事物的发展过程为人类服务,就出现了保持协调、相互适应的问题,这就是人为流向。人类处于不同的社会发展阶段,对自然界或生产、生活、生存系统的改变是不同的,也就出现了不同的安全问题。

安全与人类所从事的各种活动密不可分,纵观人类社会的进步与发展,安全意识、思想贯穿始终。在远古的石器时代,人类祖先挖穴而居,栖树而息,完全是大自然的一部分,是一种纯粹的"自然存在物",完全依附于自然。当时的人类,在自然界面前是软弱被动的,不仅受到雷电、风暴、地震和火灾等自然灾害的困扰,甚至野兽的侵袭也可以造成局部氏族的消亡。在经济发展时代,人类为了满足自我基本安全生存条件的需要,学会了利用大自然尽可能逃避各种灾难,形成了基本的安全观念。

安全是人类生存和发展的基本要求,是生命与健康的基本保障。一切生活、生产活动都源于生命的存在,如果人们失去了生命,也就失去了一切,安全就无从谈起,因此,从一定意义上讲,安全就是生命。

自从人类诞生以来,就离不开生产和安全。然而人类对安全的认识却长期落后于对生产的认识。人类对安全问题认识的历程大致可以分为以下5个阶段:

(1)被动安全认识阶段。生产力和仅有的自然科学都处于自然和分散发展的状态,人类对自身的安全问题还未能自觉地认识并主动地保护自己。

(2)局部安全认识阶段。生产中已普遍使用劳动工具、大型动力机械和能源,导致生产力和危害因素的同步增长,迫使人们不得不对这些局部人为危害问题深入认识并采取专门的安全技术措施。

(3)系统安全认识阶段。由于形成了军事工业、航空工业,特别是原子能和航空技术等复杂的大型生产系统和机器系统,局部的安全认识和单一的安全技术措施已经无法解决这类生产制造和设备运行系统的安全问题,因此,必须发展与生产力相适应的生产系统并制定相应的安全技术措施,进入到系统的安全认识阶段。

(4)动态的安全认识阶段。近代生产和科学技术发展,特别是高科技的发展,极大地促进了生产力的发展,但由于系统的高度集成,一旦出现事故,带给人类的灾害也是相当严重的,加之系统是不断发展和变化的,静态的系统安全技术措施已不能满足人们对安全的需求。因此,人们要求对系统的运行进行动态的掌握,以达到安全生产的目的。

(5)智慧的安全认识阶段。信息技术的飞速发展和社会形态局势的巨大变革,促使人们对安全的认识进入到一个新时代、新阶段。以信息化和智能化技术为基础,综合运用多种安全防范技术,实现对人员、设备、环境和管理信息等多个方面的安全监控防护,通过整合物联网、云计算、大数据、人工智能等技术,提高安全防范水平,为人们的生命财产安全、社会稳定和经济发展提供全方位、多层次的系统安全保障。

2.安全在人类历史上不同发展阶段的特点

在远古的石器时代,生产力极为低下,人类改造自然的能力较低,而安全问题也主要来自于自然,比如水灾、野兽侵袭等,人类被动地接受自然、适应自然并依附于自然。

农业经济时代,人类为了满足自我基本安全生存条件的需要,学会了利用大自然并尽可能逃避各种灾难,形成了最基本的安全观,但同样,由于可利用的资源有限,产生的安全问题大多数来自于自然。

工业技术时代,人类利用各种技术开发利用资源、制造机器,技术革新带来了文明和财富,同时也伴随着新的风险和灾难。高科技的发展更是喜忧参半:人类在20世纪所创造的成就多于此前所创造的全部成就,但20世纪人类所经受的灾害事故也比历史上任何一个时期都更惨重,从根本上更加危及人类的生存。在这一时期,各个行业经过无数次血的教训,逐渐形成了各自较为系统的安全理论与技术。

当代科学技术的快速更新与发展更是广泛地体现在生存、生活、生产的各个领域。科学技术的进步在很大程度上改变了灾害的原有属性，使许多自然灾害成为人为灾害，使许多原本危害程度轻的灾害上升为人类无法控制、造成巨大损失的灾难。

3.技术发展及应用带来的安全问题

（1）环境安全问题。技术的发展和应用，改变了人类生存和生活的环境，在给人们带来更多便利的同时，也带来了巨大的灾难。

1）从化学污染角度来看。化学工业的诞生，大大促进了人类社会生产力水平的提高，但同时也给人类环境造成了巨大的破坏，如污染了空气和水源，侵蚀了土壤。

2）从动植物灭绝速度看。就鸟类而言，在1600—1900年这300年间，平均每4年灭绝一种，进入20世纪以后，每年灭绝一种，而现在是每天灭绝一种。

全世界55 000亿立方米左右的淡水被污染，水污染造成的疾病在发展中国家呈上升趋势。2021年10月2日，太平洋沿岸靠近美国加利福尼亚海岸发生了大规模漏油事故，约有3 000桶原油从距离加利福尼亚海岸近5公里的海上钻井平台"Elly"溢出。

（2）核安全问题。核能的开发和利用给能源危机带来新的希望，但同时也会由于其失控而造成人员伤亡和环境灾害等危害。核反应堆的放射性物质可以杀伤动植物的细胞分子，破坏人的DNA分子，并诱发癌症。

2011年3月11日，日本东北部发生9级大地震，引发海啸，严重破坏了福岛第一核电站，导致电源中断和冷却系统失效，4台反应堆发生了氢气爆炸和堆芯熔毁，释放了大量放射性物质，造成了严重的环境污染和人员伤亡。截至2023年，受核污染废水的处理问题依然是国际社会关注的重点问题之一。

（3）航空航天事故。1977年3月，泛美航空公司和荷兰航空公司两架波音747在西班牙机场相撞，机上582名乘客全部遇难。

2014年10月28日，一场突如其来的大爆炸照亮了美国弗吉尼亚州的天空，一艘携带着美国天鹅座宇宙飞船的安塔瑞斯号火箭，仅仅升空数秒后就爆炸成了一颗熊熊燃烧的火球，直接摧毁了发射台和宇宙飞船。

（4）交通运输事故。根据世界卫生组织（WHO）的统计，每年约有130万人因为车祸意外而丧生，另有2 000万至5 000万人受伤，其中有不少人更因此致残。

自1889年世界上发生第一起车祸死亡事故至今，全球死于交通事故的人数总计高于4 000万人。据世界卫生组织2023年12月13日发布的《2023年道路安全全球现状报告》显示，2021年全球约有119万人因道路交通事故死亡，相当于每10万人中有15人死于道路交通事故。因此，道路交通事故已成为"现代社会的第一公害"。

（5）工矿企业事故。工矿企业事故是指由工矿企业的管理失误或人的不安全行为或物的不安全状态等造成的事故。工业企业事故类型主要有火灾、爆炸、机械伤害、中毒和触电等。矿山事故类型主要有瓦斯爆炸、冲击地压、煤与瓦斯突出、坍塌等。

1.1.2　安全的概念及其属性

1.安全的含义

安全与人们的生产、生活及生存息息相关，因此也产生了大量的有关安全的用语。通俗地讲,人们常说的安全即是"无危则安,无损则全"。总体而言,安全有狭义安全和广义安全之分。狭义安全是指某一领域或系统中的安全,如生命安全、财产安全、设备安全、系统安全、信息安全、环境安全、食品安全、水体安全、社会安全、国家安全等,每种用语都代表了特定的安全问题,有其特定的含义。广义安全,即大安全,是以某一领域或系统为主的安全扩展到生活安全与生存安全领域,形成生产、生活、生存领域的大安全。那么,安全科学中的"安全"到底具有什么样的含义呢?

从以上的安全用语可以看出,安全表述的是一个复杂物质系统的动态过程或状态,过程或状态的目标是使人和物不会受到伤害或损失。安全还可表述为人们的一种理念,即人和物不会受到伤害和损失的理想状态。安全也可表述为一种特定的技术状态,即满足一定安全技术指标要求的物态。

但更重要的是,安全与否是从人的身心需求角度或着眼点提出来的,是针对与人的身心存在状态直接或间接相关的事或者物而言的,因此,对于与人的身心存在状态无关的事物来说,根本不存在安全与否的问题。这里所说"直接或间接相关的事或者物"包括人的躯体和身心存在状态,也包括造成这种存在状态的各种外界客观事物的保障条件。

因此,安全是人的身心免受外界(不利)因素影响的存在状态(包括健康状况)及其保障条件。

2.安全的属性

安全概念是从人的身心安全来界定的,因此对安全属性的理解,主要应从人的属性来理解。人的本性表现为自然属性和社会属性,而作为人的最基本的需要——安全,也就相应地具有自然属性和社会属性。因此,安全一词所涉及的纷繁复杂的因素与它的自然属性和社会属性有着密切的关系。

安全的自然属性可以从两方面来讨论:① 安全是人的生理与心理需要,或者说由生命及生的欲望决定了的自我保护意识,这是天生的本能,是安全存在的主动因素。② 人类对天灾的无奈以及新陈代谢、生老病死规律的不可抗拒,使人们不得不把生命安全提上议事日程。这虽然是被动因素,但它与前一个主动因素相结合,就决定安全是自古以来人类生产、生活、生存并不断进步的永恒主题。

安全的社会属性也可以从两方面来阐述。自人类有组织活动以来,社会的安定、有序、进步始终是各社会阶段追求的目标,而这一目标实现的重要标志之一就是安全,这是社会促进安全的主动因素。但人类的社会活动如政治、军事、文化、社交等,有的对安全直接起破坏作用,有的间接影响着安全。人类的经济活动如生产(职业)、高技术灾害(危化品致灾、核事故隐患、电磁环境公害、航天航空事故等)、交通灾害则是自人类开展经济活动以来就存在的突出的安全问题,如今更加突出的一个安全问题是环境安全问题。环境恶化(包括自然环境和人为环境)是人类生活、生存安全的重要威胁。人类的社会活动、经济活动、交通和环境一方面本身在不断制造事故,另一方面也通过技术和管理措施不断消除隐患,减少事故。但由于受政治利益和经济利益的驱使,安全技术管理措施多数陷于被动。严格来讲,安全的社会属性是指安全要素中那些同人与人的社会结合关系及其运动规律相联系的演化规律和过程。

实际上,安全的自然属性与社会属性是不可分割的。因为在安全要素中,不可能单独研究某个要素,或者是它们之间的隔离的、静态的关系,只能用系统的观点来研究安全要素之间的动态的、有机的联系,正确地把握安全的发展动态及其规律。因此,从这个意义上来说,安全的系统属性正是安全的自然属性和社会属性的耦合点。随着生产力水平的不断提高和科学技术的不断进步,人们解决安全问题的能力也在不断增强,安全的自然属性和社会属性在耦合的过程中,同安全系统的特点一样,也在追求其在一定时期、一定条件下为人们可接受的耦合条件。

1.1.3　安全的基本特征

1.安全的必要性和普遍性

安全是人类生存的必要前提,安全作为人的身心状态及其保障条件是绝对必要的。而人和物遭遇到人为的或天然的危害或损坏极为常见,因此,不安全因素是客观存在的。人类生存的必要条件首先是安全,如果生命安全得不到保障,生存就不能维持,繁衍也无法延续。实现人的安全是普遍需要。在人类活动的一切领域,人们必须尽力减少失误、降低风险,尽量使物趋向本质安全化,使人能控制和减少灾害,维护人与物、人与人、物与物相互间协调运转,为生产活动提供必要的基础条件,发挥人和物的生产力作用。

2.安全的相对性

"安全"一词描述的是一种状态,但这种状态也绝非是一种事故为零的"绝对安全"的概念。从科学的角度讲,"绝对安全"的状态在客观上是不存在的。平安也好,安全也好,其本身就带有较大的模糊性、不确定性和相对性,所以"安全状态"具有动态特征,它是随时间、空间而变化的。安全的动态特征还体现在安全描述的不只是一个相对稳定的状态特征,"安全"一词还可作为对事故安全过程的一种表征。过程表征和状态表征最本质的区别就在于,前者描述的是事物的发展趋势,后者描述的是一种目标。从这个角度讲,又可认为安全一词表述的是动态过程。

从安全技术的角度讲,产品的安全性能是不断发展和完善的,其相应的对安全技术标准的要求也是不断提高的,因此,保障安全的条件是相对的,限定在某个时空内,条件变了,安全状态也会发生变化。对某一产品而言,也无绝对的安全。某一事物在特定条件下是安全的,但在其他条件下就不一定安全,甚至可能很危险(即安全具有相对性)。绝对的安全,即100%的安全,是安全性的最大值(理想值),这很难,甚至不可能达到,但却是社会和人们努力追求的目标。在实践中,人们或社会客观上自觉或不自觉地认可或接受某一安全性(水平),当实际状况达到这一水平,人们就认为是安全的,低于这一水平,则认为是危险的。

3.安全的局部稳定性

无条件地追求系统的绝对安全是不可能的,但有条件地实现局部安全,则是可以达到的。只要充分利用系统工程原理调节和控制安全的要素,就能实现局部稳定的安全。安全协调运转正如可靠性及工作寿命一样,有一个可度量的范围,其范围由安全的局部稳定性所决定。

4.安全的经济性

安全是可以产生效益的,从安全的功能看,可以直接减轻或免除事故或危害事件给人、社会或自然造成的损伤,实现保护人类财富、减少无益损耗和损失的功能,同时还可以保障劳动条件和维护经济增值,实现其间接为社会增值的功能。

5.安全的复杂性

安全与否取决于人、机、环、管及其相互关系的协调,这就形成了人机系统。实践与研究均表明,系统中的人是安全的主体,包括了人的意识、思维、行为、心理和生理等因素,安全问题具有极大的复杂性。

6.安全的社会性

安全与社会的稳定直接相关,无论是人为的灾害还是自然的灾害(如生产中出现的伤亡事故,交通运输中的车祸、空难,家庭中的伤害及火灾,产品对消费者的危害,药物与危化品对人健康的影响,甚至旅行娱乐中的意外伤害等),都会给个人、家庭、企事业单位或社会群体带来心灵和物质上的危害,成为影响社会安定的重要因素。安全的社会性的一个重要方面还体现在对各级行政部门以及对国家领导人或政府高层决策者的影响上。"安全第一,预防为主,综合治理"作为国家安全生产方针,反映在国家的法令、规章、各部门的规程以及职业安全与卫生的规范标准中,从而使社会和公众在安全方面受益。

1.2 安全科学的发展历程

1.2.1 安全科学的定义

当人们对安全从感性认识上升到理性认识并不断探索其内在运动规律的时候,就产生了安全科学。安全科学本身是一个动态的、发展变化的科学体系,其本身具备交叉和综合属性。因此,发展中的各个阶段对安全科学的定义也不尽相同。

(1)德国学者库尔曼认为,安全科学的主要目的是保持所使用的技术危害作用绝对的最小化,或至少使这种危害作用限制在允许的范围内。为实现这个目标,安全科学的特定功能是获取及总结有关知识,并将有关发现和获取的知识引入到安全工程中。这些知识包括应用技术系统的安全状况和安全设计,以及预防技术系统内固有危险的各种可能性。

(2)比利时学者J.格森对安全科学的定义:安全科学研究人、技术和环境之间的关系,即以建立这三者的平衡共生为目标。

(3)中国学者刘潜对安全科学的定义:安全科学是专门研究人们在生产及其活动中的身心安全,以达到保护劳动者及其活动能力、保障其活动效率的跨门类、综合性的科学。

(4)现行的安全科学定义:安全科学是认识和揭示人的身心免受外界(不利)因素影响的安全状态及保障条件与其转化规律的学问。即安全科学是专门研究安全的本质及其转化规律和保障条件的科学。

1.2.2 国外安全科学的发展历程

1.局部安全技术理论的形成期

16世纪初叶,西方逐步进入资本主义社会。到了18世纪中叶,蒸汽机的发明给人类发展提供了新的动力,使人类从繁重的手工劳动中解脱出来,劳动生产率空前提高。但是,劳动者在自己创造的机械、机器面前致死、致伤、致残的事故与手工业时期相比也显著增多。起初,资本所有者为了获得最高利润率,把保障工人安全、舒适和健康的措施视为不必要的浪费,甚至还把损害工人的生命和健康,以及压低工人的生存条件本身看作不变资本使用上的节约,以此作为提高利润率的手段。后来,工伤事故的频繁发生以及劳动者的斗争和大生产的实际需要,促使资本所有者不得不重视安全工作。这也迫使西方各国先后颁布劳动安全方面的法令和改善劳动条件的有关规定。工业革命导致安全事故的快速增加,使得资本所有者不得不拿出一定资金改善工人的劳动条件。与此同时,一些工程技术人员、专家和学者开始研究生产过程中不安全、不卫生的问题。这样,逐渐形成了局部的安全技术理论。

2.专项安全研究机构的形成期

真正从事安全科学研究,形成专门的安全研究机构,是在 19 世纪的下半叶。为防止生产事故和职业病,德国和荷兰等国家先后建立了防止生产事故和职业病的保险基金会等组织,并赞助建立了一部分无利润的科研机构。如德国 1863 年建立了威斯特伐利亚采矿联合保险基金会,1871 年建立了研究噪声与振动、防火与防爆、职业危害防护理论与组织等内容的科研机构,1887 年建立了公用工程事故共同保险基金会和事故共同保险基金会等;荷兰国防部 1890 年支持建立了以研究爆炸预防技术与测量仪器,以及进行爆炸性鉴定的实验室等。

3.大规模研究机构的形成期

到 20 世纪初,许多西方国家建立了与安全科学相关的组织和科研机构,据 1977 年统计,德国有 36 个,英国有 44 个,美国有 31 个,法国有 46 个,荷兰有 13 个。从研究内容上看,有安全工程、卫生工程、人-机工程、灾害预防处理、预防事故的经济学、职业病理论分析和科学防范等。其中,美国的安全教育发展较快,到 20 世纪 70 年代末,部分大学设立了卫生工程、安全工程、安全管理、毒物学和安全教育方面的硕士和博士学位授权点。日本在安全方面的研究虽起步较晚,但发展较快,它注重吸收世界各国的经验和教训,在安全工程学这一科学技术层次上进行了研究和发展。到 1970 年为止,日本大学增设了反应安全工程学、燃烧安全工程学、材料安全工程学和环境安全工程学等 4 个讲座课程,继而又在研究生院设置了相应的硕士课程。至 1977 年,在日本大学中增设有关安全工程学讲座课程或学科总计为 48 个,到 21 世纪初,日本国内与安全工程有关的大学教育系和研究机构达 76 个,杂志 36 种,学会和协会 33 个。由于坚持安全工程学的研究和实践,日本近 20 年来产业事故频度、死亡人数逐年下降,持居世界最低水平,安全工程学在日本日益受到人们的重视。

1.2.3 我国安全科学的发展历程

我国的安全科学技术,主要是在 1949 年以后逐步发展起来的,大致可以划分为 3 个阶段。

1.初步建立阶段

20 世纪 50 年代初期至 20 世纪 70 年代末期,国家把劳动保护作为一项基本政策实施,安全技术作为劳动保护的一部分而得到发展。在这一时期,为满足我国工业生产发展的需要,国家成立了劳动部劳动保护研究所(后改为北京市劳动保护科学研究所)、卫生部劳动卫生研究所、冶金部安全技术研究所、煤炭部抚顺煤炭科学研究所、煤炭部重庆煤炭科学研究所等安全技术专业研究机构;发展了防暑降温、工业防尘技术、毒物危害控制技术、噪声控制技术、矿山安全技术、机电安全技术、个体防护用品及安全检测技术等。

2.快速发展阶段

随着改革开放和现代化建设的需要,20 世纪 70 年代至 20 世纪 90 年代初,我国安全科技相继得到了快速发展,主要体现在以下几个方面:

(1)建成了从事安全科学技术研究的科研院所、中心等研究机构。设立了安全科学技术研究院所、中心 50 余个,拥有专业科技人员 5 000 余名,尤其是 1983 年 9 月,中国劳动保护科学技术学会的正式成立,大大加强了安全科学技术学科体系和专业教育体系的建设工作。

(2)设置了安全科学技术及工程多层次专业教育体系。1984 年,教育部将安全工程专业列入《高等学校工科专业目录》。我国学者刘潜等提出了建立安全科学学科体系和安全科学技术体系结构的设想。1986 年,在部分高校设置了安全技术及工程学科硕士、博士学位授权点,我国在安全学科领域形成了完整的学位教育体系。据不完全统计,到 20 世纪 80 年代末期,全国已有 42 所大专院校设置了安全工程、卫生工程专业本科或专科,经国务院学位委员会批准的安全技术及工程学科硕士学位授予单位有 5 个,博士学位授予单位有 2 个,全国各地大型劳动保护教育中心有 70 多个,企业劳动保护宣传教育室 2 000 多个,我国安全科学技术教育体系初步形成。在企业,数以万计的科技人员活跃在安全生产第一线,从事安全科技与管理工作。中国科学技术大学、北京理工大学相继建立了火灾科学国家重点实验室、爆炸灾害预防和控制国家重点实验室。可以说,我国已初步形成了具有一定规模和水平的安全科技队伍和科研教育体系。

(3)国家对劳动保护、安全生产的宏观管理开始走上科学化的轨道。1988 年,劳动部组织全国 10 多个研究所和大专院校的近 200 名专家、学者完成了《中国 2000 年劳动保护科技发展预测和对策》的研究。这项工作使人们对当时我国安全科技的状况有了比较清晰的认识,看到了我国安全科技水平与先进国家的差距,为进一步制定安全科学技术发展规划提供了依据。1989 年,国家中长期科技发展纲要中列入了"安全生产"专题。国家把安全科学技术发展的重点放在产业安全上。核安全、矿山安全、航空航天安全、冶金安全等产业安全的重点科技攻关项目列入了国家计划,特别是我国实行对外开放政策以来,随着成套设备和技术的引进,我国同时引进了国外先进的安全技术并加以消化。如冶金行业对宝钢安全技术的消化、核能行业对大亚湾核电站安全技术的引进与消化等都取得了显著成绩。

(4)综合性的安全科学技术研究形成了初步基础。一方面为劳动保护服务的职业安全健康工程技术继续发展,另一方面开展了安全科学技术理论研究。在系统安全工程、安全人-机工程、安全软科学等方面进行了开拓性的研究工作。20 世纪 80 年代初期,安全系统工程引入我国,受到有关研究机构以及许多大中型企业和行业管理部门的高度重视。通过消化、吸收国外的安全分析方法,我国的机械、化工、航空、航天等部门研究开发了适合本行业特点的安全评价方法或标准。现代管理科学的预测、决策科学和行为科学以及系统原理、人机原理、动力原理等理论逐步应用于企业安全管理实践中。在人-机-环境系统工程思想指导下,开展了安全人机工程学研究。在研究提高设备、设施"本质化"安全性能,改善作业条件的同时,研究预防事故的工程技术措施和防止人为失误的管理和教育措施。

3.稳步创新阶段

20 世纪 90 年代以来,我国安全科学技术进入了新的发展时期,创新成果稳步呈现。

(1)国家标准《学科分类与代码》(GB/T 13745—1992)中将安全科学技术列入一级学科。

(2)国家"八五""九五"科技攻关计划中列入了安全科学技术攻关项目,国家基础性研究重大项目(攀登计划)中列入了"重大土木与水利工程安全性与耐久性的基础研究"项目。

(3)安全工程系列专业技术人员职称评审单列,1997 年,人事部、劳动部发布了《安全工程专业中、高级技术资格评审条件(试行)》。

(4)劳动部颁布了《劳动科学与安全科学技术发展"九五"计划和 2010 年远景目标纲要》。

(5)职业健康安全管理体系(OHSMS)等国际先进的现代安全管理方法展开研究和应用。

(6)至 21 世纪初,安全科学技术研究和专业教育发展更趋迅猛。中国安全生产科学研究院的挂牌就是重要标志,各个行业、各个领域及各地方都相应成立了安全科学研究院所(技术中心)。中国矿业大学和西安科技大学的安全技术及工程学科于 2002 年初被批准为国家重点学科。2007 年,国务院学位委员会对国家重点学科进行了考核评估和申报,又新增北京科技大学和中南大学的安全技术及工程为国家重点学科。

(7)2011 年 2 月,在国务院学位委员会、教育部发布的《学位授予和人才培养学科目录(2011 年)》中,安全科学与工程成为中国研究生教育的一级学科。截至目前,全国高等院校、大型科研机构设置安全科学与工程学科的硕士点达 66 个,博士点达 30 个,高校设立安全工程本科专业的已达 188 个。这些充分表明我国的安全科技队伍和科研教育体系趋于完善。

1.2.4 我国安全科学取得的主要成果和发展展望

我国安全科学研究与实践取得的成果涵盖以下几个方面:

(1)建立了安全科学技术研究机构和安全工程专业教育体系,形成了安全科学技术研究群体;提出了安全科学学科体系,形成了安全管理学、安全人机工程学、安全经济学等应用基础学科;发展了安全工程学并使其在各个领域得到广泛应用;发展了安全科学技术的研究和分析方法。

(2)开展了人的工作能力与机器(设备)和环境之间的关系、人的可靠性、人体疲劳和人为失误等方面的基础研究,提出了多种人的数学模型和人为失误评价与测试方法。

(3)开展了火灾、爆炸、毒物泄漏等事故机理研究,建立了矿井火灾、建筑火灾、森林火灾、煤矿瓦斯爆炸、火炸药爆炸、可燃气体和粉尘爆炸、重要毒物泄漏扩散事故过程的理论模型和实验方法。

(4)开展了机械装备及重大土木工程与水利工程安全性研究,发展了压力容器、压力管道安全评估与寿命预测技术,提出了建(构)筑物破坏模型、钢筋混凝土高层建筑在施工过程中的安全性分析及控制措施等。

(5)开展了安全管理和安全评价理论和方法研究,提出了多种企业安全管理模式和安全评价方法,如"0123"安全管理模式、重大危险源辨识评价方法、机械工厂安全评价方法、固体废弃物风险评价方法、职业健康安全管理体系试行标准等。

(6)研发了系列工业粉尘危害、毒物危害、辐射危害、噪声危害预防控制技术和装备;研发了系列机械安全装置和电气安全防护技术与装备;研发了系列品种齐全的个体防护用品与装备。

(7)研发了尘、毒以及易燃、易爆气体检测仪器和自动监测系统;研发了特种设备、建(构)筑物安全检测和监测系统。

(8)研发了矿井瓦斯爆炸、矿井火灾、顶板事故、矿井透水、矿井防尘、冲击地压、边坡滑移、提升运输事故、矿山救护等矿山安全技术和装备。

(9)研发了系列消防产品和消防应用技术,如灭火药剂、灭火装备、阻燃材料、快速响应喷水灭火系统、智能化火灾探测报警系统等。

(10)研发了道路交通监控系统、列车运行安全监控系统;研发了近海及内河水面船舶溢油事故应急救援系统,驾驶适应性检测系统等交通安全应用技术和装备。

我国已初步形成了安全技术法规、安全管理标准体系。国家颁布职业健康安全技术标准已达 800 余项。为了促进我国企业建立现代企业安全管理制度,与国外职业健康安全管理标准接轨,1999 年 10 月,国家经贸委颁布了《职业安全卫生管理体系试行标准》。2001 年11 月,经国家标准化委员会批准发布国家标准《职业健康安全管理体系 规范》(GB/T 28001—2001),2020 年 3 月发布并实施《职业健康安全管理体系 要求及使用指南》(GB/T 45001—2020)。

在科研成果方面,"矿井瓦斯突出预测预报""矿井开采深部瓦斯涌出预测方法及区域治理""防静电危害技术研究""高效旋风除尘器"等多个项目获得了国家科学技术进步奖。上千项成果获得省部级奖励。

进入 21 世纪以来,在安全生产实践指导方面,党中央提出了安全发展理念、红线意识。制定了《中共中央 国务院关于推进安全生产领域改革发展的意见》。该意见有力推动了安全生产领域的改革和发展,并提出了到 2030 年,实现安全生产治理体系和治理能力现代化,全民安全文明素质全面提升,安全生产保障能力显著增强,为实现中华民族伟大复兴的中国梦奠定稳固可靠的安全生产基础。

我国安全科学技术及工程将在以下几个方面持续得到发展:

(1)形成完整的安全科学理论体系和方法论。数十年来,我国安全科学的基础理论研究表现为分散状态。安全科学技术专家、医学家、心理学家、管理学家、行为学家、社会学家和工程技术专业人员等从各自的研究立场出发,以各自的分析方法进行研究,在安全科学的研究对象、研究起点、研究前提、基本概念等方面缺乏一致性。安全科学仍未形成一个演绎的体系。进入 21 世纪,新时代安全科学应重整自己的理论体系,夯实理论基础,使其科学性得到不断地升华。任何一个学科都有自己独特的分析方法,并在发展过程中还会不断地创新。安全科学作为一门新兴的交叉学科,将在吸纳其他学科分析方法的同时,不断形成自己的方法体系,逐渐成熟和完备。

(2)安全科学技术研究内容继续深化和扩展。21世纪的安全科学技术,一方面将继续发展和完善事故致因理论、事故控制理论和安全工程技术方法,在更大程度上吸收其他学科的最新研究成果和方法;另一方面,随着生产和社会发展的需要,将会深入研究"双碳"战略目标下国家总体安全、信息安全、智慧安全、生态安全、老龄化社会中的人的安全等问题。

(3)安全管理基础理论与应用技术需进一步创新。要以习近平新时代中国特色社会主义思想为指导,以建立和完善社会主义市场经济条件下的我国安全生产监察和管理体系为中心,形成完整的安全管理学、安全法学、安全经济学、安全人-机工程学理论和方法。

(4)安全工程技术研究将以监测预警和智能管控为核心。建立以信息技术为支撑的智慧安全技术体系,一方面产业安全工程技术将持续得到发展;另一方面将会大力发展安全产业,满足我国经济发展和人民生活水平大幅度提高的需要。

1.3 安全科学的研究对象及学科体系

1.3.1 安全科学的研究对象

1.安全科学的研究内容

安全科学主要是研究事物的安全与危险矛盾运动规律的科学,是以研究安全与危险的发生、发展过程,揭示其原因及其防治技术为目标的。具体地说,安全科学研究的内容主要有以下几个方面:

(1)安全科学的基础理论。人类面临的安全问题是各种各样的,各自都有自己的特殊规律,但在安全的本质问题上有其共性的规律。安全科学的基本理论就是在马克思主义哲学的指导下,应用现阶段各相关基础学科的新成就,建立事物共有的安全本质规律。要创建安全的科学理论及其科学技术体系,首先必须掌握科学哲学的思想、系统科学的方法和科学学的内容与框架,并且,要把这三大科学基础所揭示的一般规律,转变为更具体的安全科学哲学思想、安全系统科学方法、安全科学学的内容与框架。

(2)安全科学的应用理论与技术。研究安全科学的应用理论与技术问题,包括研究安全系统工程、安全控制工程、安全管理工程、安全信息工程、安全人-机工程和各专业领域的安全理论与技术问题。

(3)安全科学的经济规律。研究安全经济的基本理论、职业伤害事故经济损失规律、安全效益评价理论、安全技术经济管理与决策理论等。

2.安全科学的研究领域

从根源上看,事故灾害是人、技术、环境综合或部分欠缺的产物。从另一角度来看,人类安全活动所追求的是保护系统中的人、技术、设备及环境。从实现安全的手段上看,除了技术措施,还需要人的合作、环境的协同,因此,安全系统是由人(Men)-技术(Technology)-环境(Environment)构成的复合系统。按照系统论的思想,可以把安全系统看作一个复杂系统,即 MET 系统,如图 1.1 所示。

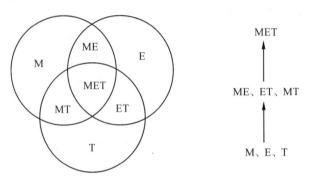

图 1.1 安全科学的研究领域

MET 系统概括出了安全科学的研究领域,即安全系统包括了 7 个基本子系统,每一个基本子系统都提出了下述安全命题:

M:安全心理、安全生理、安全教育、安全行为;

E:物化环境(劳动卫生环境、防尘、防毒、噪声与震动控制、辐射防护、三废治理)、理化环境(社会环境、社会伦理、社会经济、体制与管理);

T:可靠性理论(本质安全化)、安全技术(防火、防爆、机电安全、运输安全等);

MT:人机关系、人机设计;

ME:人与环境关系、职业病理、环境标准(作业环境标准);

ET:环境检测、自动报警与监控、技术风险;

MET:安全系统工程、安全管理工程、安全法学、安全经济学。

1.3.2 安全科学的学科体系

1.构成安全整体的组成部分

(1)人,安全人体,是安全的主题和核心,是研究一切安全问题的出发点和归宿。人既是保护对象,又可能是保障条件或者危害因素,没有人的存在就不存在安全问题。

(2)物,安全物质,可能是安全的保障条件,也可能是危害的根源。能够保障或危害人的物质存在的领域很广泛,形式也很复杂。

(3)人与物的关系,包括人与人以及人与物,安全人与物的关系。广义上讲是人安全与否的纽带,既包括人与物的存在空间和时间,又包括能量与信息的相互联系。因此,把"安全人与物"的时间、空间与能量的联系称为"安全社会",把"安全人与物"的信息与能量的联系称为"安全系统"。

"安全三要素"即是指安全人体、安全物质、安全人与物,将安全人与物又分为安全社会和安全系统(后称"安全四因素")。

2.安全科学学科体系中纵向、横向的层次分类

根据"安全四因素"的不同属性、作用机制(即理论实践的认知关系)可进行纵向、横向分类。安全科学的学科科学体系模型见表 1.1。

(1)纵向学科分类。

1)安全技术学:自然科学性的安全物质因素。

2)安全社会学:社会科学性的安全因素。

3)安全系统学:系统科学性的安全信息与能量的整体联系因素。

4)安全人体学:人体科学性的安全生理及心理等因素。

表 1.1　安全科学的学科科学体系模型

哲　学	基础科学		技术科学		工程技术	
马克思主义哲学	安全观	安全学	安全技术学（自然科学类）	安全工程学	安全设备工程学	安全设备机械工程学	安全设备工程	安全设备机械工程
					安全设备卫生工程学		安全设备卫生工程
			安全社会学（社会科学类）		安全社会工程学	安全管理工程学	安全社会工程	安全管理工程
						安全经济工程学		安全经济工程
						安全教育工程学		安全教育工程
						安全法学		安全法规
						……		……
			安全系统学（系统科学类）		安全系统工程学	安全运筹技术学	安全系统工程	安全运筹技术
						安全信息技术论		安全信息技术
						安全控制技术论		安全控制技术
			安全人体学（人体科学类）		安全人体工程学	安全生理学	安全人体工程	安全生理工程
						安全心理学		安全心理工程
						安全人-机工程学		安全人机工程

(2)横向学科分类。

这是另一种分类方法。根据理论与实践的双向作用原理,完成从工程技术→技术科学→基础科学→哲学的理论升华,可分为四个层次。

1)工程技术层次——安全工程。安全工程技术是解决安全保障条件,把握人的安全状态,直接为实现安全服务。按服务对象不同,安全工程技术可做以下分类:

a.安全设备机械工程和安全设备卫生工程;

b.专业安全工程技术；

c.行业综合应用安全工程技术。

2)技术科学层次——安全工程学。安全工程学作为获取和掌握安全工程技术的理论依据，由安全设备工程学、安全社会工程学、安全系统工程学、安全人体工程学四类技术科学分支学科构成。

根据组成安全因素的不同属性和作用机制，又分为以下四组。

a.按照设备因素对人的身心危害作用的方式不同，可分为安全设备工程学组（安全设备机械工程学、安全设备卫生工程学等）；

b.按照调节安全人与人、人与物及物与物联系的不同原理，可分为安全社会工程学组（安全管理工程学、安全教育工程学、安全法学、安全经济工程学等）；

c.按照安全系统内各因素作用或功能的不同，可分为安全系统工程学组（安全信息技术论、安全运筹技术学、安全控制技术论等）；

d.按照外界危害因素对人的身心内在作用机制影响的不同以及人机联系方式的不同，可分为安全人体工程学组（安全生理学、安全心理学、安全人-机工程学等）。

3)基础科学层次——安全学。安全学作为获取和掌握安全工程学的基础理论，根据四因素可构成四个理论层次：

a.安全技术学（安全灾变物理和灾变化学）；

b.安全社会学；

c.安全系统学（安全灾变理论和连接作用学）；

d.安全人体学（安全毒理学）。

4)哲学层次——安全观。安全观是把握安全的本质及其科学思想方法，是安全的最高理论概括，也是安全思想的方法论和认识论。

1.3.3 安全学科的综合特性及与其他学科的关系

1.安全学科的综合特性

在安全学科研究中，首先要认识安全学科的属性。安全学科是新兴的综合科学学科，它在国家标准《学科分类与代码》中的一级学科名称是"安全科学技术"（代码620），其应用涉及社会文化、公共管理、行政管理、建筑、土木、矿业、交通、运输、机电、林业、食品、生物、农业、医药、能源、航空等种种事业乃至人类生产、生活和生存的各个领域。安全学科的综合特性如图1.2所示。

1994年，中国科学技术协会组织召开的全国"学科发展与科技进步研讨会"上，朱光亚院士的书面发言就指出："长期以来，我国在安全科学技术学科中的学科、专业名称提法没有统一。中国劳动保护科学技术学会从筹备成立开始，并在1983年9月正式成立以后，始终围绕学科、专业框架体系的建立，倡导百家争鸣，发扬学术民主，打破行政部门容易产生的分割束缚，使学科理论不断发展，终于在1993年7月1日开始实施的国家标准《学科分类与代码》中，实现了以'安全科学技术'为名列为该标准的一级学科（代码620），为在学科分类中打破自然科学与社会科学界线，设置'环境、安全、管理'综合学科，从而在世界科学学科分类史上取得突破，做出了贡献。"2011年，国务院学位委员会、教育部发布的《学位授予和人才培养学科目录(2011 年)》中,将"安全科学与工程"列为研究生教育一级学科;2012 年,教育部公布的《普通高等院校本科专业目录》中增设了"安全科学与工程类",代码为"0829",实现了学科专业名称的统一;根据教育部《关于公布 2022 年度普通高等学校本科专业备案和审批结果的通知》(教高函〔2023〕3 号)公布的本科专业目录,安全科学与工程类现有安全工程、应急技术与管理、职业卫生工程、安全生产监管 4 个专业。

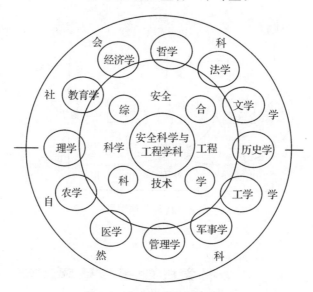

图 1.2　安全学科的综合特性

安全科学是以特定的角度和着眼点来改造客观世界的学科,是在改造客观世界过程中对客观世界及其规律性的揭示和再认识的知识总结。就科学的学科性质而言,安全学科既不能完全归属于自然科学学科,也不能完全归属于社会科学学科,既不属于纵向科学学科,又不属于横向科学学科,而是属于综合科学。

在安全的应用科学学科范畴中,安全学科与其存在领域的其他学科相互交叉,产生了交叉科学学科,即安全应用学科。安全科学学科因无本身的专属领域,必须从学科的本质属性(即基本特征)上证明其不可替代性。

2.安全学科与其他学科的关系

安全学科为综合性学科,并不是说安全学科包括了其他所有学科。安全学科与其他学科的关系可用图 1.3 表示。在图 1.3 中,安全学科的领域用左边的椭圆表示,其他某一学科的领域用右边的椭圆表示,两个椭圆之间存在着交叉区域,这形象地表征了安全学科与其他学科的交叉特性,而且安全学科的外延——安全技术及工程(安全应用学科)与其他学科没有明确的界线,这也说明安全学科的外延具有模糊性。

安全科学是安全学科独有的部分,是安全学科的根基,具有原创性和理论性,没有安全科学,就没有安全学科存在的必要;安全学科为安全技术及工程提供理论支持,具有科学价值。安全技术及工程是安全学科的应用和实践部分,在解决实际安全问题、预防事故发生、减少事故损失等方面发挥着直接的作用,具有直接的经济效益,是安全学科实际作用的重要体现,同时,在实践中也为安全科学提出新的命题和课题。但是,安全技术及工程的领域也同时属于其他学科的领域。其他学科也有大量的科研人员(甚至有比安全学科更多的人员)在该交叉领域从业,由于其他学科的从业人员在某一专业上比安全技术及工程的从业人员更有优势,在激烈的竞争中他们往往占了上风。但是,他们在安全科学研究方面不可避免地处于劣势。安全学科与其他学科的关系在正常情况下应该是互相促进、共同发展的关系。

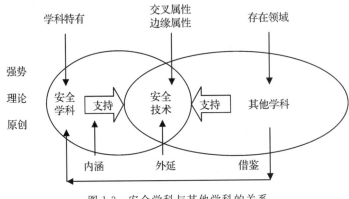

图 1.3　安全学科与其他学科的关系

1.4　安全科学的学习与研究方法

1.安全科学必须以马克思主义哲学为指导,坚持辩证统一的观点

马克思主义哲学是关于自然、社会和思维发展普遍规律的科学,是科学的世界观和方法论,是指导人民变革世界、改造世界和进行经济建设的理论基础。马克思主义的哲学认为十分重要的问题,不在于懂得了客观世界的规律性,因而能够解释世界,而在于拿了这种对于客观规律性的认识去能动地改造世界。

安全科学正是基于生产力的发展、科学技术的进步和人们对安全问题认识的提高,把已有的、分散的并寓于各学科对安全问题的知识、技术、经验等经过分离、综合和系统化而形成的新兴的综合性学科体系。其目的和作用在于紧紧抓住影响人们生产、生活、生存和各项活动的安全与事故这个特殊矛盾,研究其发展、变化的规律,以便更自觉、更卓有成效地预防事故发生,保障生产经营活动顺利进行,保障人类自身的安全与健康。也就是说,安全科学研究的特殊矛盾是安全与事故的矛盾。

以辩证唯物主义的观点看,任何危险都离不开一定的物质条件,任何物质在一定的条件下都会有一定的危险性,危险是物质存在的一种特殊形态,是物质运动性的一种特殊表现。危险是安全科学应当研究的一种特殊类型的矛盾,具有普遍性、特殊性、可转化性、可认识性等特征。只要抓住这一学科的基本矛盾,就等于抓住了这个学科的纲。只有对各系统、各部门的危险有了充分的认识,并且掌握其转化的规律和条件,预防事故才更有针对性,安全措施才能更可靠。

2. 安全的复杂性决定了解决安全问题要用系统工程的理论和方法

安全问题是十分复杂的系统工程,或者说解决安全问题要用系统工程的理论和方法。这种认识已经取得了广泛的共识,系统安全工程的种种方法也已得到广泛应用。

3. 安全的模糊性决定了安全研究必须应用灰色系统和模糊理论的方法

从科学的角度讲"绝对安全"的状态在客观上是不存在的。平安也好,安全也好,其本身就带有很大的模糊性、不确定性和相对性,所以"安全状态"具有动态特征,也就是说,安全所描述的状态具有动态特征,它是随时间、空间而变化的。

安全系统的目标不是寻求唯一最优解。这是因为安全系统目标的多元化,以及安全目标的极强相对性、时间依赖性与其理想化理念很难协调,所以,安全系统的目标解是具有一定灰度的满意解或可接受解。由于安全系统中各因素之间,以及因素与目标之间的关系多数有一定灰度,所以,安全系统也是灰色系统。安全的模糊性和灰色性决定了安全研究必须引用灰色系统和模糊理论的方法。

4. 安全科学研究必须吸收和借鉴行为科学的理论和方法

安全系统是人-机-环-管的系统,安全系统的核心组成是人。安全事故在许多情况下是由人的失误而造成的,而安全工作的最重要的目的也是保障人的生命安全。因此,安全研究必须吸收和借鉴行为科学的理论和方法。

安全行为科学就是用科学的方法研究人与安全的问题,揭示人在生产环境中的行为规律,从安全角度分析、预测和控制人的行为,从而提高安全管理的效能,达到安全生产的目的。安全行为科学提供了控制人失误和消除不安全行为的诸多理论与方法,增强了对人的失误和不安全行为的控制能力,提高了人的可靠性。传统安全管理只侧重追究人的责任,而行为科学在于调动人的积极性,把以物质为中心的管理,发展为以人为中心的管理。

现代安全管理高度重视对人的内在因素及其变化进行管理,这就要求安全管理者认识人的心理活动、行为变化及人体生理特征等规律,提出预测、控制和引导人们行为的方法,制定相应的安全对策。在安全科学领域,运用行为科学中有关个体行为、群体行为、领导行为和组织行为的理论来研究人的行为规律,对激励安全行为、控制和避免不安全行为、预防事故的发生具有极其重要的作用。

5. 安全科学方法学是研究和发展安全学科的最重要和最基本的方法

众所周知,科学方法学在任何学科的研究中都非常重要,但安全学科的综合特性使其具有浩瀚的时空,安全科学方法学更显重要,从安全科学方法学的高度研究安全学科思路更宽、效果更好,安全科学方法学的研究方法必将更加有利于促进安全科学成果的涌现。安全科学方法学是以解决安全问题为着眼点,以人们认识世界、改造世界所应用的方式、手段和遵循的途径作为研究对象,是既分别研究各种安全科学方法的内容、特点、作用及其合理性,又从整体上研究这些方法的相互联系和相互渗透,概括出它们之间存在规律的一门科学。安全科学方法学是随着人类思想和科学的发展而产生的,其研究课题,主要以一般科学方法为主体。安全科学方法学所研究的是安全科学技术各分支学科的带有一定普遍意义、适用于许多有关领域的方法理论。

基于不同层次分类,安全科学方法学可分为安全哲学方法学、一般安全科学方法学、具体安全科学方法学。

（1）安全哲学方法学是从人体免受外界因素（即事物）危害的角度出发，并以在生产、生活、生存过程中创造保障人体健康条件为着眼点，去认识世界、改造世界、探索实现主观世界与客观世界相一致的最一般的安全科学方法理论。安全哲学方法学并不是安全哲学的一个特殊部分，整个安全哲学知识体系都具有安全方法学的功能。安全哲学既是安全世界观又是安全方法学，它适用于自然、社会和思维领域。

（2）一般安全科学方法学是研究安全科学技术各分支、带有一定普遍意义、适用于许多有关领域的安全方法理论。一般安全科学方法学涉及的是一部分学科或一大类学科都采用的研究方法。

（3）具体安全科学方法学是研究某一具体学科，涉及某一具体领域的安全方法理论。属于这一层次中的安全科学方法又可区分为两种不同情形：其一是与个别经验相联系的、仅能运用于特定场合的专门安全科学方法；其二是某一学科中与个别理论相联系的特有安全科学方法。

安全科学方法学的上述3个层次，既相互区别，又紧密联系。安全哲学方法学作为最普遍、最一般的安全科学方法学，是安全科学技术各分支方法论的概括和总结，它对一般安全科学方法学和对具体安全科学方法学都具有指导意义。一般安全科学方法学虽然和具体安全科学方法学相比有一般性，但和安全哲学方法学相比又带有特殊性。当然，一般安全科学方法学为具体安全科学方法学提供指导，又以具体安全科学方法学为基础，而安全哲学方法学也要从一般安全科学方法学和各种具体安全科学方法学中汲取营养。一般安全科学方法学和各种具体安全科学方法学对于安全哲学方法学的丰富和发展有着积极意义。

6.比较安全研究方法是研究安全科学的最有效的途径

安全学科的综合特性，使其具有巨大的时间、空间及维度。为了提取不同时间、不同领域的共性安全科学问题并使之相互借鉴和渗透，比较研究方法是最有效的途径。比较安全研究方法是对安全体系中彼此有某种联系的不同时空的事、物、环境、人的行为、社会文化、知识等进行对照，从而揭示它们的共同点和差异，并提供借鉴和相互渗透的一种安全科学方法，也是人类认识客观事物最原始、最基本的方法之一。在安全科学研究中，人们为了要认识某一种事物的本质，就必须对事物的内部矛盾及其矛盾着的每个方面进行比较，把握事物间的内部联系，进行抽象与概括，以求认识事物的本质，做出准确的判断和推理，得出共性和规律。

正是因为以上的分析和综述，勾画出"安全科学原理"的知识体系构成及其要素，即全面掌握事故致因理论、安全与事故关系及事故预防原则，掌握安全系统原理及其工程基础知识，掌握安全人体的生理与心理特征，掌握安全行为科学理论与方法，掌握安全的文化原理、经济原理和法制原理，进而综合地将智慧安全原理深入其各个体系及要素之中。

【延伸阅读】

1.中华人民共和国应急管理部.https://www.mem.gov.cn/

2.中国安全生产协会.https://www.china-safety.org.cn/client/index.html

3.中国煤炭工业协会.https://www.coalchina.org.cn/

4.中国职业安全健康协会.http://www.cosha.org.cn/

【思考练习】

(1)从安全、安全科学的定义中思考安全学科的属性。

(2)认识人为流向对安全及对安全系统的影响。

(3)在安全科学中安全有哪些基本特征?

(4)何谓安全三要素?何谓安全四因素?

(5)安全科学原理的知识结构体系包含哪些组成部分?

(6)试述安全科学的主要研究内容及其领域。

(7)试述安全在企业生产中的地位和作用。

(8)举一例简要说明安全科技成果的主要内容及其安全科学原理。

(9)展望我国安全科学研究的新方向、新领域。

第2章 事故致因理论

【学习导读】

事故致因理论作为安全科学与工程的理论基础和支撑,明确其概念和发展过程对理解事故预防及提升安全生产管理水平等工作具有重要意义。在第1章介绍了安全及安全科学基本概念的基础上,本章通过引出事故与风险的关系,进而讨论现阶段事故致因理论的研究现状,如事故因果连锁理论、能量意外释放论、系统观点的事故致因理论及其他理论。

明确事故与安全对立统一、相互依存的关系,掌握事故法则和事故预防基本原则。

了解事故致因理论的由来和发展,掌握事故致因模型的致因分析,并学会用事故因果连锁理论、能量转移理论、轨迹交叉理论、综合论等分析事故案例。

2.1 事故相关概念及其特征

2.1.1 事故的定义

事故(accident)是指发生在人们生产、生活、生存中预期之外的造成人身伤害或财产和经济损失的意外事件。事故是人们在为实现其目的的行动过程中,突然发生的、迫使其行动暂时或永远终止的一种意外事件。

事故的定义有三重意思:一是事故的背景,即"存在于某种实现目的的行动过程中",例如人们需要某种产品而开办工厂进行生产等;二是"突然发生了意想不到的事件",即事故是随机事件;三是事故的后果,它们将迫使行动暂时或永远终止。

2.1.2 事故的特性

根据事故致因理论的研究,事故具有以下基本性质:

(1)因果性。工业事故的因果性指事故是相互联系的多种因素共同作用的结果。引起事故的原因是多方面的,在伤亡事故调查分析过程中,应弄清事故发生的因果关系,找到事故发生的主要原因,才能对症下药,预防事故。

(2)随机性与偶然性。事故的随机性是指事故发生的时间、地点、事故后果的严重性是偶然的,说明事故的预防具有一定的难度。但是,事故这种随机性在一定范畴内也遵循统计规律。从事故的统计资料中可以找到事故发生的规律性,因而,事故统计分析对制定正确的预防措施有重大意义。

(3)潜在性与必然性。表面上,事故是一种突发事件,但实际上,事故在发生之前有一段潜伏期。在事故发生前,人-机-环境系统所处的状态是不稳定的,也就是说系统存在着事故隐患,具有危险性。如果这时出现触发因素,就会导致事故的发生。在工业生产活动中,企业虽然较长时间内未发生事故,但一些行为,如麻痹大意,就是忽视了事故的潜在性,这是工业生产中的思想隐患,应予克服。

上述事故特性说明了一个根本道理,现代工业生产系统是人造系统,这种客观实际给预防事故提供了基本的前提。所以说,任何事故从理论和客观上讲,都是可预防的。因此,人类应该通过各种合理的对策和手段,从根本上消除事故发生的隐患,把工业事故发生的可能性降低到最小。

2.1.3 事故的分类

事故有生产事故和非生产事故之分,由于生产活动是人类一切其他活动的基础,因此,我们着重讨论生产事故。

1.事故的分类

生产事故是指企业在生产过程中突然发生的、伤害人体、损坏财物、影响生产正常进行的意外事件。生产事故有不同的分类方式。根据生产事故所造成的后果的不同,可将事故划分为设备事故、人身伤亡事故、未遂事故等 3 种。根据《企业职工伤亡事故分类标准》(GB 6441—1986),可将事故划分为物体打击、车辆伤害、机械伤害、起重伤害、触电、淹溺、灼烫、火灾、高处坠落、坍塌、冒顶片帮、透水、放炮、火药爆炸、瓦斯爆炸、锅炉爆炸、容器爆炸、其他爆炸、中毒和窒息、其他伤害 20 类。依据《生产安全事故报告和调查处理条例》(国务院令第 493 号),根据生产安全事故造成的人员伤亡或者直接经济损失,事故一般分为以下等级:

(1)特别重大事故,是指造成 30 人以上死亡,或者 100 人以上重伤(包括急性工业中毒,下同),或者 1 亿元以上直接经济损失的事故;

(2)重大事故,是指造成 10 人以上 30 人以下死亡,或者 50 人以上 100 人以下重伤,或者 5 000 万元以上 1 亿元以下直接经济损失的事故;

(3)较大事故,是指造成 3 人以上 10 人以下死亡,或者 10 人以上 50 人以下重伤,或者 1 000 万元以上 5 000 万元以下直接经济损失的事故;

(4)一般事故,是指一次造成 3 人以下死亡,或者 10 人以下重伤,或者 1 000 万元以下直接经济损失的事故。

2.工伤事故的构成要素

一般情况下,人身伤亡事故又称为工伤事故,它是指企业职工为了生产和工作,在生产时间和生产活动区域内,由于受生产过程中存在的危险因素的影响,或虽然不在生产和工作岗位上,但由于企业的环境、设备或劳动条件等不良影响,身体受到伤害,暂时地或长期地丧失劳动能力的事故,是安全工程专业研究的重点。工伤事故由伤害部位、伤害种类、伤害方式和伤害程度四项要素构成。

(1)伤害部位。伤害部位包括:颅脑(脑、颅骨、头皮)、面颌部、眼部、鼻、耳、口、颈部、胸部、腹部、腰部、脊柱、上肢(肩胛部、上臂、肘部、前臂)、腕及手(腕、掌、指)、下肢(髋部、股骨、膝部、小腿)、踝及脚[踝部、跟部、部(距骨、舟骨、骨)、趾]等。

(2)伤害种类。伤害种类包括:电伤、挫伤、轧伤、压伤、倒塌压埋伤、辐射损伤、割伤、擦伤、刺伤、骨折、化学性灼伤、撕脱伤、扭伤、切断伤、冻伤、烧伤、烫伤、中暑、冲击、生物致伤、多伤害、中毒等。

(3)伤害方式。伤害方式包括:碰撞(人撞固定物体、运动物体撞人、互撞)、撞击(落下物、飞来物)、坠落(由高处坠落平地、由平地坠入井或坑洞)、跌倒、坍塌、淹溺、灼烫、火灾、辐射、爆炸、中毒(吸入有毒气体、皮肤吸收有毒物质、经口)、触电、接触(高低温环境、高低温物体)、掩埋、倾覆等。

(4)伤害程度。伤害程度:我国分为死亡、重伤、轻伤;国外分为死亡、丧失劳动能力(终生致残)、部分丧失劳动能力(局部致残)、暂时不能劳动、要医疗但不休工、无伤害等。

死亡,是指其损失工作日为 6 000 日及以上,这是根据我国职工的平均退休年龄之和计算出来的。

重伤,是指其损失工作日为 105 个工作日以上(含 105 个工作日),6 000 工作日以下的失能伤害。

轻伤,是指其损失工作日为 1 个工作日以上(含 1 个工作日),105 个工作日以下的失能伤害。

只有全面了解上述四方面的情况,才能如实地反映伤害的客观情况。

2.1.4 风险与事故

1.风险的概念及特性

风险是指在发生或损失不确定的状况下,不幸事件或危机事件爆发的概率及其所产生后果的共同体。目前将风险的定义归纳为:不确定性、期望事件变动的可能性、发生不幸事件的机会、现实与预期之间的差异等四类。

风险因其自身性质,其特点体现为如下方面:

(1)普遍性:风险是普遍存在的社会现象,是人类在发展过程中亟须解决的共同问题。

(2)不确定性:何时发生和带来的损失都无法事先确定。

(3)客观性:风险是客观存在的,且伴随时间变化而发生改变。

2.风险的构成要素

风险是由多种要素构成的,这些要素决定了风险的产生和发展。一般来说,风险由风险因素、风险事故和风险损失构成,且三者之间存在着一定的内在联系。

(1)风险因素。风险因素也称风险条件,是指促使某一特定风险事故发生或增加其发生的可能性或扩大其损失程度的原因或条件。风险因素是风险事故发生的潜在原因,是造成损失的间接原因。例如,对于建筑物而言,风险因素是指所用的建筑材料的质量、建筑结构的稳定性等;对于人类而言,风险因素包括健康状况、年龄等。

(2)风险事故。风险事故又称风险事件,是指风险可能成为现实,以致造成人身伤亡或财产损害的偶发事件,它是造成损失的直接原因和外部原因。例如,火灾、地震、洪水、龙卷风、雷电、爆炸、盗窃、抢劫、疾病、死亡等都是风险事故。

风险事故发生的根源主要有以下三种：

1）自然现象，如地震、台风、洪水等；

2）社会政治、经济的变动，如战争、革命、暴乱等社会政治事件，通货膨胀、紧缩、金融危机等经济事件；

3）意外事故，即由于人的疏忽过失行为导致的损害事件，如汽车相撞、轮船倾覆、失足跌落等。

（3）风险损失。风险损失是指由于一个或多个意外事件的发生，在某一特定企业内外产生的多种损失的综合。风险损失种类繁多，但通常分为两种形态，即直接损失和间接损失。前者指风险事故直接造成的有形损失，即实质损失；后者是由直接损失进一步引发或带来的无形损失，包括额外费用损失、收入损失和责任损失。

3.风险与事故的关系

风险是一种可能性，通过辨识可以判断风险及危险程度。采取管控措施可有效管控风险，通常以风险因子为度量，可实现分级管控；管控措施失效形成的漏洞或缺陷，就是隐患，隐患得不到及时排查治理，在某个时段一旦各种隐患交织在一起，就具备了事故发生的条件，事故就会发生。反之，风险管控到位就不会形成隐患，把隐患消灭在萌芽状态就不会发生事故。"风险→隐患→事故"三者之间是递进关系，因此，要实现风险的分级管控和隐患的排查整治双重预防控制体系。

风险与事故是相辅相成的，风险是事故的本质，事故是风险的极端表现形式。风险与事故有着内在的逻辑联系。风险是前期状态，风险的存在为事故的出现带来可能。风险与事故通常如影随形，但事故的发生却有着偶然性和必然性的双重特征。风险是普遍存在的，而事故来自于风险，是一种结果状态，因而事故的发生在一定程度上有着必然性。风险是事故的源头，但并非所有的风险都会转化成为事故，只有高风险才有促成重大事故的可能，加之风险有其特有的不确定性，这使事故有了偶然性的色彩。事故的出现是一个将风险可能转化为突发事件现实的过程，风险的大小与事故发生的概率、后果息息相关。

事故致因理论是安全科学原理的主要内容之一，是从大量典型事故的本质原因分析中所提炼出的事故机理和事故模型，反映了事故发生的客观规律性，用于揭示事故的成因、过程与结果。事故致因理论一方面可以用来在事故调查中帮助识别需要考虑的突出因素，另一方面还可以用来对事故进行预计分析，以确定哪些因素在未来事故中可能被包含以使之被消除或控制。

2.2　事故因果连锁理论

2.2.1　海因里希的事故因果连锁理论

美国的安全工程师海因里希（H.W.Heinrich）在《工业事故预防》（*Industriail Accident Prevention*）一书中，首先提出了事故因果连锁论，用以阐明导致事故的各种原因要素之间及各要素与事故、伤害之间的关系。该理论认为，伤害事故的发生不是一个孤立的事件，尽管伤害的发生可能在某个瞬间,却是一系列互为因果的原因事件相继发生的结果。在事故因果连锁中,以事故为中心,事故的结果是伤害(伤亡事故的场合),事故的原因包括3个层次原因:直接原因、间接原因、基本原因。由于对事故各层次原因的认识不同,形成了不同的事故致因理论。因此,后来的人们也经常用事故因果连锁的形式来表达某种事故致因理论。

海因里希曾经调查了美国的75 000起工业伤害事故,发现占总数98%的事故是可以预防的,50%实际上可以预防,只有2%的事故超出人的能力所能预防的范围。在可预防的工业事故中,以人的不安全行为为主要原因的事故占88%,以物的不安全状态为主要原因的事故占10%。根据海因里希的研究,事故的主要原因或者是人的不安全行为,或者是物的不安全状态,没有一起事故是由人的不安全行为及物的不安全状态共同引起的,参见图2.1。

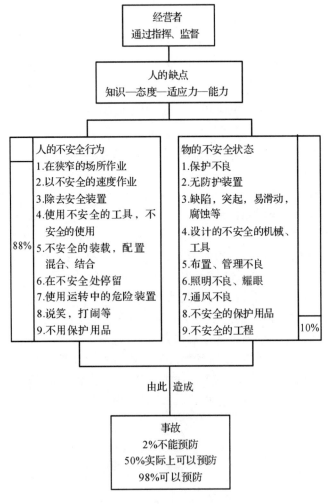

图 2.1　事故的直接原因

于是,他得出的结论是,几乎所有的工业伤害事故都是由人的不安全行为造成的。

最初,海因里希把工业伤害事故的发生、发展过程描述为具有如下因果关系的事件的连锁过程:

（1）人员伤亡的发生是事故的结果。

（2）事故的发生是由人的不安全行为或物的不安全状态造成的。

（3）人的不安全行为、物的不安全状态是由人的缺点造成的。

（4）人的缺点是由不良环境诱发的，或者是由先天的遗传因素造成的。

于是，海因里希的事故因果连锁过程包括如下 5 个因素：

（1）遗传及社会环境。遗传及社会环境是造成人的性格上缺点的原因。遗传可能造成鲁莽、固执等不良性格；社会环境可能影响教育，助长性格上缺点的发展。

（2）人的缺点。人的缺点是人产生不安全行为或造成机械、物质不安全状态的原因，它包括鲁莽、固执、过激神经质、轻率等性格上的先天缺点，以及缺乏安全生产知识和技术等后天的缺点。

（3）人的不安全行为或物的不安全状态。所谓人的不安全行为或物的不安全状态，是指那些曾经引起过事故，或可能引起事故的人的行为或机械、物质的状态，它们是造成事故的直接原因。例如，在起重机的吊荷下停留、不发信号就启动机器、工作时间打闹或拆除安全防护装置等，都属于人的不安全行为；没有防护的传动齿轮、裸露的带电体或照明不良等，属于物的不安全状态。

（4）事故。事故是由于物体、物质、人或放射性物质的作用或反作用，使人员受到伤害或可能受到伤害的、出乎意料的、失去控制的事件。坠落、物体打击等能使人员受到伤害的事件就是典型事故。

（5）伤害。直接由事故产生的人身伤害。

人们用多米诺骨牌来形象地描述这种事件因果连锁关系，得到图 2.2 所示的多米诺骨牌系列。在多米诺骨牌系列中，一块骨牌被碰到了，将发生连锁反应，其余的几块骨牌相继被推倒。因此，海因里希事故因果连锁理论也称为多米诺骨牌理论（the dominoes theory）。

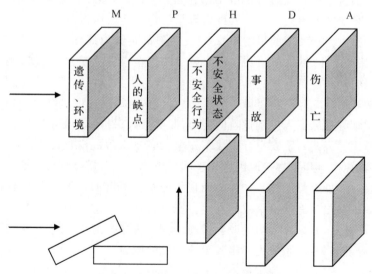

图 2.2　海因里希事故因果连锁理论

根据该理论的观点，大多数工业伤害事故都是由工人的不安全行为引起的。即使一些工业伤害事故是由物的不安全状态引起的,而物的不安全状态的产生也是由工人的缺点、错误造成的。因而,海因里希事故因果连锁理论把工业事故的责任归因于工人,表现出时代的局限性。

多米诺骨牌理论的不足之处还在于,它把事故致因的事件链过于绝对化了。事实上,各块骨牌之间的连锁不是绝对的,而是随机的,前面的牌倒下,后面的牌可能倒下,也可能不倒下。可见,这一理论对于全面地解释事故的致因有些过于简单。

2.2.2 博德的事故因果连锁理论

在海因里希的事故因果连锁理论中,把遗传和社会环境看作事故的根本原因,表现出了它的时代局限性。尽管遗传因素和人员成长的社会环境对人员的行为有一定的影响,但却不是影响人员行为的主要因素。在企业中,如果管理者能够充分发挥管理机能中的控制机能,则可以有效地控制人的不安全行为和物的不安全状态。

博德在海因里希事故因果连锁理论的基础上,提出了反映现代安全观点的事故因果连锁理论(见图 2.3)。

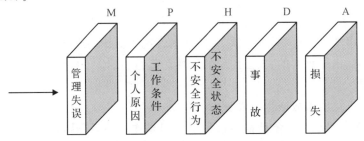

图 2.3　博德的事故因果连锁理论

(1)伤害—损害—损失。博德模型中的伤害,包括了工伤、职业病,以及对人员精神方面、神经方面或全身性的不利影响。人员伤害及财物损坏统称为损失。

(2)事故—接触。从实用的目的出发,往往把事故定义为最终导致人员肉体损伤、死亡,财务损失等不希望发生的事件。但是,越来越多的安全专业人员从能量的观点把事故看作是人的身体或构筑物、设备与超过其阈值的能量接触,或人体与妨碍正常生理活动的物质的接触。于是,防止事故就是防止接触。为了防止接触,可以通过改进装置、材料及设施、防止能量释放,通过训练提高工人识别危险的能力、佩戴个人保护用品等来实现。

(3)直接原因—征兆。不安全行为或不安全状态是事故的直接原因,这一直是最重要,必须加以追究的原因,但是,直接原因区别于间接原因,它不是深层原因,而是一种表面的现象。在实际工作中,如果只抓住了作为表面现象的直接原因而不追究其背后隐藏的深层原因,就不能有效地从根本上杜绝事故的发生。安全管理人员应该具备预测并及时发现这些存在管理缺陷的征兆,并采取恰当的改善措施;同时,为了在经济上可能及实际可能的情况下采取长期的控制对策,必须努力找出其更深一层的原因。

(4)间接原因—起源论。为了从根本上预防事故,必须查明事故的基本原因,并针对性的采取对策。

间接原因包括个人原因及与工作有关的原因。个人原因,包括缺乏知识或技能,动机不正确,身体上或精神上的问题。工作方面的原因,包括操作规程不合理,设备、材料不合格,通常的磨损及异常的使用方法等,温度、压力、湿度、粉尘、有毒有害气体,蒸汽、通风、噪声、照明、周围的状况(容易滑倒的地面,障碍物,不可靠的支持物,有危险的物体)等环境因素。只有找出这些基本原因,才能有效地控制事故的发生。

所谓起源论,是在于找出问题基本的、背后的原因,而不仅是停留在表面现象上。只有这样,才能实现有效地控制。

(5)控制缺乏—管理失误。事故因果连锁中一个最重要的因素是安全管理,安全管理人员的工作要以得到广泛承认的企业管理原则为基础。即安全管理者应懂得管理的基本理论和原则。控制是管理机能(计划、组织、指导、协调及控制)中的一种机能。安全管理中的控制是指损失控制,包括对人的不安全行为、物的不安全状态的控制,它是安全管理工作的核心。

大多数生产中的工业企业,由于各种原因,想完全依靠工程技术上的改进来预防事故既不经济,也不现实。往往只能通过专门的安全管理工作,经过较长时间的努力,才能防止事故的发生。管理者必须认识到,只要生产没有实现高度安全化,就有发生事故及伤害的可能性,因此,他们的安全活动中必须包含针对事故连锁理论中所有原因的控制对策。

在安全管理中,企业领导者的安全方针、政策及决策占有十分重要的位置。它包括生产及安全的目标,职员的配备,资料的利用,责任及职权范围的划分,职工的选择、训练、安排、指导及监督,信息传递,设备、器材及装备的采购、维修及设计,正常及异常时的操作规程,设备的维修保养,等等。

管理系统是随着生产的发展而不断变化、完善的,十全十美的管理系统并不存在。任何管理上的欠缺,都能够诱发事故。

2.2.3　亚当斯的事故因果连锁理论

亚当斯(Edward Adams)提出了与博德事故因果连锁理论类似的事故因果连锁理论(见表 2.1)。

表 2.1　亚当斯事故因果连锁理论

管理体制	管理失误		现场失误	事故	伤害或损坏
目标	领导者在下述方面策略错误或没有决策	安全技术人员在下述方面管理失误或疏忽			
组织 机能	政策 目标 权威 责任 职责 注意范围 权限授予	行为 责任 权威 规则 指导 主动性 积极性 业务活动	不安全行为 不安全状态	事故	伤害 损坏

在该因果连锁理论中,第四、五个因素基本上与博德理论相似。这里把事故的直接原因,即人的不安全行为及物的不安全状态称作现场失误。不安全行为和不安全状态是操作者在生产过程中的错误行为及生产条件方面的问题。采用现场失误这一术语,主要目的在于提醒人们注意不安全行为及不安全状态的性质。

该理论的中心在于对现场失误的背后原因进行了深入的研究。操作者的不安全行为及生产作业中的不安全状态等现场失误,是由企业领导者及事故预防工作人员的管理失误造成的。管理人员在管理工作中的差错或疏忽,企业领导人决策错误或没有做出决策等失误,对企业经营管理及事故预防工作具有决定性的影响。管理失误是反映企业管理系统中的问题,它涉及管理体制,即如何有组织地进行管理工作,确定怎样的管理目标,如何计划、实现确定的目标等方面的问题。管理体制则反映作为决策中心的领导人的信念、目标及规范,它决定着各级管理人员在安排工作时的轻重缓急、工作基准及指导方针等重大问题。

2.2.4 轨迹交叉事故因果连锁模型

在事故原因的统计中,当前世界各国普遍采用图 2.4 所示的因果连锁模型,又称为轨迹交叉论事故模型。该模型着重于伤亡事故的直接原因——人的不安全行为和物的不安全状态,以及其背后的深层原因——管理失误。我国的国家标准《企业职工伤亡事故分类》GB 6441—1986就是基于这种事故因果连锁模型制定的。

在图 2.4 的事故因果连锁模型中,把物的方面的问题进一步划分为起因物和加害物。前者是指导致事故发生的机械、物质,后者是指直接作用于人体的能量载体或危险物质。显然,从防患于未然的角度看,前者比后者更为重要。在人的因素方面,该模型将人区分为行为人与被害者,强调对行为人(即肇事者)的不安全行为的控制问题。值得注意的是,人的不安全行为、物的不安全状态是事故的直接原因,而管理失误是这些直接原因出现的背后原因,是事故发生的基本原因。即管理失误和人的不安全行为、物的不安全状态不是同一层次的问题,在进行事故原因的统计分析时,不能把它们并列起来。

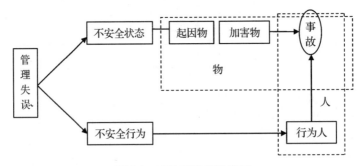

图 2.4　事故因果连锁模型

例如,就导致煤矿瓦斯灾害事故的物的不安全状态而言,井下煤矿存在大量且部分不能够得到有效控制和消除的因素,随时可能出现新的变化,即物的不安全状态随时会出现;同时,井下存在多种机电设备且数量较多,也会导致物的不安全状态不能及时有效消除(如表2.2 中案例 1、案例 2 中的瓦斯涌出量突然增加现象)。就导致事故的人的不安全行为而言,由于目前在煤矿井下一线作业工人安全意识较差,有的未经专业培训就下井,违章现象存在,如表 2.2 中案例 1 中的带电检修设备、案例 2 中的违规放炮等行为。

表 2.2　特别重大瓦斯事故案例

序号	事故概况	直接原因	部分间接原因
1	2005 年 2 月 14 日 15 时 01 分,某矿发生瓦斯爆炸,214 人死亡,30 人受伤,直接经济损失 4 968.9 万元	①冲击地压造成 3316 风道外段大量瓦斯异常涌出,掘进工作面局部停风造成瓦斯积聚,瓦斯浓度达到爆炸界限;②工人违章带电检修架子道距专用回风上山 8m 处临时配电点的照明信号综合保护装置,产生电火花引起瓦斯爆炸	①矿井超能力组织生产,采掘接替严重失调;②瓦斯监控系统维护、检修制度不落实;③矿井"一通三防"不到位、机电管理混乱,外包工队井下特殊工种长期违规无证上岗;④集团公司及煤矿忽视安全生产管理;⑤省煤炭工业局、煤矿安全监察分局未能正确履行工作职责
2	2004 年 11 月 28 日 7 时 06 分,某矿发生瓦斯爆炸,166 人死亡,45 人受伤,直接经济损失 4 165.9 万元	①工作面顶部的联络巷与高位巷连接处封闭后,造成联络巷积聚瓦斯,并涌入工作面下隅角液压支架尾梁后侧区域;②该区域瓦斯积聚达到爆炸界限,强制放顶时,违章放炮产生明火引爆瓦斯	①工作面巷道布置不合理;②超能力生产,采掘接替严重失调;③集团公司对企业违章生产问题未及时制止;④省煤炭工业局未认真研究和解决本省国有煤矿存在的超能力生产问题;⑤煤矿安全监察分局履行职责不到位

因此,对瓦斯灾害事故的发生过程可以做如下描述:煤矿井下作业空间是一个连通空间,在危险作业环境下,当其中的任何一个作业人员发生操作失误时,则可能导致事故的发生,并且事故发生的概率随着作业人员数量和使用机电设备数量的增加而增大。根据轨迹交叉理论,隐藏在事故背后的原因是安全管理失误,其具体原因包括安全措施不落实、超能力生产、企业安全生产的主体责任不落实、煤炭行业管理薄弱、煤矿安全监察机构履职不到位等(如表 2.2 中所列的部分间接原因)。

2.2.5　北川彻三的事故因果连锁理论

前述的事故因果连锁理论把考察的范围局限在企业内部,用以指导企业的事故预防工作。实际上,工业伤害事故发生的原因是很复杂的。企业是社会的一部分,一个国家、一个地区的政治、经济、文化、科技发展水平等诸多社会因素,对企业内部伤害事故的发生和预防都有着重要的影响。

日本广泛以北川彻三的事故因果连锁理论作为指导事故预防工作的基本理论。北川彻三从四个方面探讨了事故发生的间接原因:

(1)技术原因:机械、装置、建筑物等的设计、建造、维护等技术原因。

（2）教育原因：由于缺乏安全知识及操作经验，不知道、轻视操作过程的危险性和安全操作方法，或操作不熟练、按习惯操作等。

（3）身体原因：身体状态不佳，如头痛、昏迷、癫痫等疾病，或近视、耳聋等生理缺陷，或疲劳、睡眠不足等。

（4）精神原因：消极、抵触、不满等不良态度，焦躁、紧张、恐慌、偏激等精神不安定，狭隘、顽固等不良性格，白痴等智力缺陷。

在工业伤害事故的上述四个方面的原因中，前两种原因经常出现，而后两种原因出现得相对较少。

北川彻三认为，事故的基本原因包括下述三个方面：

（1）管理原因。企业领导者不够重视安全，作业标准不明确，维修保养制度不健全，人员安排不当，职工积极性不高等管理上的缺陷。

（2）学校教育原因。小学、中学、大学的教育不充分。

（3）社会或历史原因。社会安全观念落后，工业发展的一定历史阶段，安全法规或安全管理、监督机构不完备等。

在上述原因中，管理原因可以由企业内部解决，而后两种原因则需要全社会的努力才能解决。

2.3 能量意外释放论

1961 年吉布森（Gibson）、1966 年哈登（Haddon）等先后提出了用以解释事故发生物理本质的能量意外释放论。他们认为，事故是一种不正常的或不希望的能量释放。

2.3.1 能量在事故致因中的地位

能量在人类的生产、生活中是不可缺少的，人类利用各种形式的能量做功以实现预定的目的。生产、生活中利用能量的例子随处可见，如机械设备在能量的驱动下运转，把原料加工成产品，热能把水煮沸，等等。人类在利用能量的时候必须采取措施控制能量，使能量按照人们的意图产生、转换和做功。从能量在系统中流动的角度，应该控制能量按照人们规定的能量流通渠道流动。如果由于某种原因失去了对能量的控制，就会发生能量违背人的意愿的意外释放或逸出，从而使进行的活动中止并导致事故发生。如果事故发生时意外释放的能量作用于设备、建筑物、物体等，并且能量的作用超过它们的抵抗能力，则将造成设备、建筑物、物体的损坏。

生产、生活活动中经常遇到各种形式的能量，如机械能、电能、热能、化学能、电离及非电离辐射、声能、生物能等，它们的意外释放都可能造成伤害或损坏。

（1）机械能。意外释放的机械能是导致事故发生时人员伤害或财物损坏的主要类型的能量。

机械能包括势能和动能。位于高处的人体、物体、岩石或结构的一部分相对于低处的基准面有较高的势能。当人体具有的势能意外释放时，就可能发生坠落或跌落事故；当物体具有的势能意外释放时，物体自高处落下就可能发生物体打击事故；当岩石或结构的一部分具有的势能意外释放时,就可能发生冒顶、片帮、坍塌等事故。运动着的物体都具有动能,如各种运动中的车辆、设备或机械的运动部件、被抛掷的物料等。当它们具有的动能意外释放并作用于人体时,则可能发生车辆伤害、机械伤害、物体打击等事故。

(2)电能。意外释放的电能会造成各种电气事故。意外释放的电能可能使电气设备的金属外壳等导体带电而发生所谓的漏电现象。当人体与带电体接触时会遭受触电事故而受到伤害,电火花会引燃易燃易爆物质而发生火灾、爆炸事故,强烈的电弧可能灼伤人体,等等。

(3)热能。现今的生产、生活中到处都在利用热能,人类利用热能的历史可以追溯到远古时代。失去控制的热能可能灼烫人体、损坏财物、引起火灾。火灾是热能意外释放造成的最典型的事故。应该注意,在利用机械能、电能、化学能等其他形式的能量时也可能产生热能。

(4)化学能。有毒有害的化学物质使人员中毒,是化学能引起的典型伤害事故。在众多的化学物质中,相当多的物质具有的化学能会导致人员急性、慢性中毒,致病、致畸、致癌。火灾中化学能转变为热能,爆炸中化学能转变为机械能和热能。

(5)电离及非电离辐射。电离辐射主要指 α 射线、β 射线和中子射线等,它们会造成人体急性、慢性损伤。非电离辐射主要为 X 射线、γ 射线、紫外线、红外线和宇宙射线等射线辐射。工业生产中常见的电焊、熔炉等高温热源放出的紫外线、红外线等有害辐射会伤害人的视觉器官。

麦克法兰特(McFarland)在解释事故造成的人身伤害或财物损坏的机理时说:"所有的伤害事故(或损坏事故)都是因为:a.接触了超过机体组织(或结构)抵抗力的某种形式的过量的能量;b.有机体与周围环境的正常能量交换受到了干扰(如窒息、淹溺等)。"因而,各种形式的能量的意外释放是构成伤害的直接原因。

人体自身也是个能量系统。人的新陈代谢过程是一个吸收、转换、消耗能量,与外界进行能量交换的过程;人体进行生产、生活活动时消耗能量。当人体与外界的能量交换受到干扰时,即人体不能进行正常的新陈代谢时,人员将受到伤害,甚至死亡。

表2.3 为人体受到超过其承受能力的各种形式能量作用时受伤害的情况,表2.4 为人体与外界的能量交换受到干扰而发生伤害的情况。

表 2.3　能量类型与伤害

能量类型	产生的伤害	事故类型
机械能	刺伤、割伤、撕裂、挤压皮肤和肌肉、骨折、内部器官损伤	物体打击、车辆伤害、机械伤害、起重伤害、高处坠落、坍塌、冒顶片帮、放炮、火药爆炸、瓦斯爆炸、锅炉爆炸、压力容器爆炸
热能	皮肤发炎、烧伤、烧焦、焚化、伤及全身	灼伤、火灾
电能	干扰神经-肌肉功能、电伤	触电
化学能	化学性皮炎、化学性烧伤、致癌、致遗传突变、致畸、急性中毒、窒息	中毒和窒息、火灾

表 2.4　干扰能量交换与伤害

影响能量交换类型	产生的伤害	事故类型
氧的利用	局部或全身生理损害	中毒和窒息
其　　他	局部或全身生理损害(冻伤、冻死)、热痉挛、热衰竭、热昏迷	

研究表明,人体对各种形式的能量的作用都有一定的承受能力,或者说有一定的伤害阈值。例如,球形弹丸以 4.9 N 的冲击力打击人体时,只能轻微地擦伤皮肤;重物以 68.6N 的冲击力打击人的头部时,会造成颅骨骨折。

事故发生时,在意外释放的能量作用下人体(或结构)能否受到伤害(或损坏),以及伤害(或损坏)的严重程度如何,取决于作用于人体(或结构)的能量的大小、能量的集中程度,人体(或结构)接触能量的部位,能量作用的时间和频率等。显然,作用于人体的能量越大、越集中,造成的伤害越严重;人的头部或心脏受到过量的能量作用时会有生命危险;能量作用的时间越长,造成的伤害越严重。

该理论阐明了伤害事故发生的物理本质,指明了防止伤害事故就是防止能量意外释放,防止人体接触能量。根据这种理论,人们要经常注意生产过程中能量的流动、转换以及不同形式能量的相互作用,防止发生能量的意外释放或逸出。

2.3.2　能量意外释放预防原则

1.能量意外释放与控制方法

生产活动中一时也未间断过能量的利用,在利用中,人们对能量加以种种约束与限制,使之按人的意志进行流动与转换,正常发挥能量用以做功。一旦能量失去人的控制,便会立即超越约束与限制,自行开辟新的流动渠道,出现能量的突然释放,于是,发生事故的可能性就随着突然释放而变得完全可能。

突然释放的能量,如果达及人体又超过人体的承受能力,就会酿成伤害事故。从这个观点去看,事故是不正常或不希望的能量意外释放的最终结果。

一切机械能、电能、热能、化学能、声能、光能、生物能、辐射能等,都能引发伤害事故。能量超过人的机体组织的抵抗能力,就会对人体造成各种伤害。如果人与环境的正常能量交换受到干扰,将会造成窒息或淹溺。如果能量媒介或载体与人体接触,将会把能量传递给人体造成伤害。能量的类别不同,在突然释放时,对人体造成的伤害差别很大,造成事故的类别也是完全不同的。

人与能量接触而受到刺激,能否造成伤害和伤害的程度,完全取决于作用能量的大小。能量与人接触的时间长短、接触的频率高低、集中程度、接触的人体部位等,会影响对人伤害的严重程度。

人丧失了对能量的有效约束与控制,是能量意外释放的直接原因和根本原因。出现能量的意外释放,反映了人对能量控制的认识、意识、知识和技术储备的严重不足。同时,也反映出安全管理在认识、方法、原则等方面的差距。

发生能量意外释放的根本原因,是人对能量正常流动与转换的失控,是人为因素而不是能量本身。

2.能量意外释放伤害及预防措施

人意外地进入能量正常流动与转换渠道而致伤害。有效的预防方法是采取物理屏蔽和信息屏蔽,阻止人进入流动渠道。

能量意外逸出,在开辟新流动渠道时达及人体而致伤害。发生此类事故有突然性,事故发生瞬间,人往往来不及采取措施即已受到伤害。预防的方法比较复杂,除加大流动渠道的安全性,从根本上防止能量外逸外,还可以在能量正常流动与转换时,采取物理屏蔽、信息屏蔽、时空屏蔽等综合措施,以减少伤害的机会并削弱其严重程度。

出现这类事故时,人的行为是否正确,往往决定人是否受到伤害或能否生存。在有毒有害物质渠道出现泄漏时,人的行为对人的伤害与生存关系,尤其明显。

从能量意外释放论出发,预防伤害事故就是防止能量或危险物质的意外释放,防止人体与过量的能量或危险物质接触。在工业生产中经常采用的防止能量意外释放的措施主要有以下几种:

(1)用安全的能量来源代替不安全的能量来源。有时被利用的能源具有较高的危险性,这时可考虑用较安全的能源取代。例如,在容易发生触电的作业场所,用压缩空气动力代替电力,可以防止发生触电事故。但是应该注意,绝对安全的事物是没有的,以压缩空气做动力虽然避免了触电事故,但压缩空气管路破裂、脱落的软管抽打等都可能带来新的危害。

(2)限制能量。在生产工艺中尽量采用低能量的工艺或设备,这样即使发生了能量的意外释放,也不至于发生严重伤害。例如,利用低电压设备以防止电击,限制设备运转速度以防止机械伤害,限制露天爆破装药量以防止个别飞石伤人,等等。

(3)防止能量蓄积。能量的大量蓄积会导致能量突然释放,因此要及时泄放多余的能量,防止能量蓄积。例如,通过接地消除静电蓄积,利用避雷针放电保护重要设施,等等。

(4)缓慢地释放能量。缓慢地释放能量可以降低单位时间内释放的能量,从而减轻能量对人体的作用。例如,各种减振装置都可以吸收冲击能量,以防止人员受到伤害。

(5)设置屏蔽设施。屏蔽设施是一些防止人员与能量接触的物理实体,即狭义的屏蔽。屏蔽设施可以被设置在能源上,例如安装在机械转动部分外面的防护罩,也可以被设置在人员与能源之间,例如安全围栏等。人员佩戴的个体防护用品,可被看作设置在人员身上的屏蔽设施。

(6)在时间或空间上把能量与人隔离。在生产过程中也有两种或两种以上的能量相互作用引起事故的情况。例如,一台吊车移动的机械能作用于化工装置,将化工装置弄破裂使得有毒物质泄漏,引起人员中毒。针对两种能量相互作用的情况,我们应该考虑设置两组屏蔽设施:一组设置于两种能量之间,防止能量间的相互作用;另一组设置于能量与人之间,防止能量达及人体。

(7)信息形式的屏蔽。各种警告措施等信息形式的屏蔽,可以阻止人员的不安全行为或避免发生行为失误,防止人员接触能量。根据可能发生的意外释放的能量的大小,可以设置单一屏蔽或多重屏蔽,并且应该尽早设置屏蔽,做到防患于未然。

2.3.3 能量观点的事故因果连锁

通过调查伤亡事故的原因发现,大多数伤亡事故都是由过量的能量或干扰人体与外界正常能量交换的危险物质的意外释放引起的,并且,几乎毫无例外地,这种过量能量或危险物质的释放都是由人的不安全行为或物的不安全状态造成的。由此可见,人的不安全行为或物的不安全状态使得能量或危险物质失去了控制,是能量或危险物质释放的导火线。

美国矿业局的札别塔基斯(Micchacl Zabetakis)依据能量意外释放理论,建立了新的事故因果连锁模型(见图 2.5)。

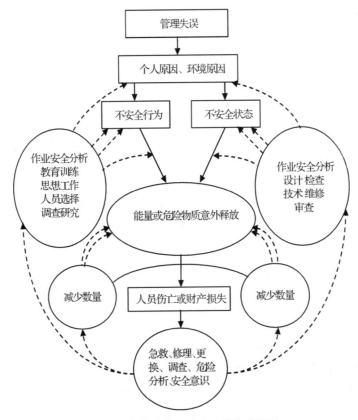

图 2.5　能量观点的事故因果连锁模型

(1)事故。事故是能量或危险物质的意外释放,是造成伤害的直接原因。为防止事故发生,可以通过技术改进来防止能量或危险物质的意外释放,通过教育、训练提高职工识别危险的能力,及佩戴个体防护用品等来避免伤害。

(2)不安全行为和不安全状态。人的不安全行为和物的不安全状态是导致能量或危险物质的意外释放的直接原因,它们是管理缺陷、控制不力、缺乏知识、对存在的危险估计错误,或其他个人因素等基本原因的具体反映。

(3)基本原因。基本原因包括三个方面的问题:

1)企业领导者的安全政策及决策。它涉及生产及安全目标,职员的安排,信息的利用,责任及职权范围,对职工的选择、教育培训、安排、指导和监督,信息传递,设备、装置及器材的采购、维修,正常时和异常时的操作规程,设备的维修保养,等等。

2)个人因素。能力、知识、训练、动机、行为、身体及精神状态、反应时间、个人兴趣等。

3)环境因素。

为了从根本上预防事故,必须查明事故的基本原因,并针对查明的基本原因采取对策。

2.4 系统观点的事故致因理论

系统理论把人、机和环境作为一个系统(整体),研究人、机、环境之间的相互作用、反馈和调整,从中发现事故的原因,揭示预防事故的途径。

系统理论着眼于下列问题的研究:机械的运动情况和环境的状况如何,是否正常;人的特性(生理、心理、知识技能)如何,是否正常;人对系统中危险信号的感知、认识理解和行为响应如何;机械的特性与人的特性是否相容配;人的行为响应时间与系统允许的响应时间是否相等。在这些问题中,系统理论特别关注对人的特性的研究,这包括:人对机械和环境状态变化信息的感觉和察觉怎样,对这些信息的认识怎样,对其理解怎样,采取适当响应行为的知识怎样,面临危险时的决策怎样,响应行动的速度和准确性怎样,等等。系统理论认为事故的发生是来自人的行为与机械特性间的适配或不协调,是多种因素互相作用的结果。

系统理论有多种事故致因理论模型,它们的形式虽然不同,但涉及的内容大体是一致的,尤其是 20 世纪 70 年代以来,随着生产设备、工艺及产品越来越复杂,人们开始结合信息论、系统论和控制论的观点和方法进行事故致因分析,提出了一些有代表性的且现在仍在发挥较大作用的事故致因理论。其中具有代表性的系统理论是瑟利(Surry)模型和安德森模型。

2.4.1 瑟利模型

瑟利模型把人-机-环境系统中事故发生的过程分为是否产生迫近的危险(危险构成——形成潜在危险)和是否造成伤害或损坏(出现危险的紧急时期——危险由潜在状态变为现实状态)这两个阶段,各阶段都包括一组类似的心理——生理成分(感觉、认识、行为响应)问题。在第一阶段,如果都正确地回答了问题(图 2.6 中标示的 Y 系列),危险就能消除或得到控制;反之,只要对任何一个问题做出了不正确的回答(图中标示 N 的系列),危险就会迫近转入下一阶段。在第二阶段,如果都正确地回答了问题,则虽然存在危险,但是由于感觉认识到了,并正确地做出了行为响应,就能避免危险的紧急出现,也就不会发生伤害或损坏。反之,只要对任何一个问题做出了不正确的回答,危险就会紧急出现,从而导致伤害或损坏。

每组的第一个问题是:对危险的构成(显现)有警告吗? 问的是环境瞬时状态,即环境对危险的构成(显现)是否客观存在警告信号。这个问题可以这样问:环境中是否存在两种运行状态(安全和危险)下的可感觉到的差异? 这个问题含蓄地表示出危险可以没有可感觉到的线索。这样,事故将是不可避免的。这个问题的启发是在系统运行期间应该密切观察环境的状况。

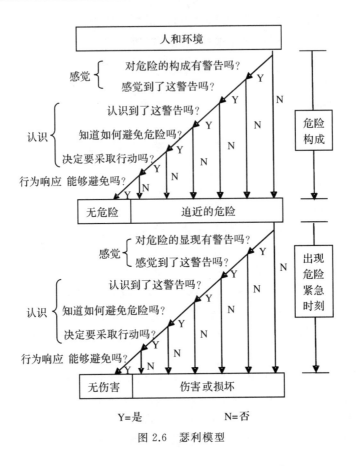

图 2.6　瑟利模型

　　每组的第二个问题是:感觉到了警告吗? 问的是如果环境有警告信号,能被操作者察觉到吗? 这个问题有两个方面的含义:一方面是人的感觉能力(如视力、听力、警觉性)如何,如果人的感觉能力差,或者过度集中精力于工作,那么即使有客观警告信号,也可能未被察觉。另一方面是"干扰"(环境中影响人感知危险信号的各种因素,如噪声等)的影响如何。如果干扰严重,则可能妨碍对危险信号的发现。由此得到的启示是,如果存在上述情况,则应安装便于操作者发现危险信号的仪器(譬如能将危险信号加以放大的仪器)。

　　上述两个问题都是关于感觉成分的,而下面的三个问题是关于认识成分的。

　　第一个问题:认识到了警告了吗? 问的是操作者是否知道危险线索都是什么,并且知道每个线索都意味着什么危险。即操作者是否能接受客观存在的危险信号(一声尖叫、一种运动,或者常见的物体不见了,这些对操作者而言都可能是一种已知的或未知的危险信号),并经过大脑的分析后变成了主观的认识,意识到了危险。

　　第二个问题:知道如何避免危险吗? 问的是操作者是否具备避免危险的行为响应的知识和技能。由此得到的启示是:为了具备这种知识,应使操作者受到训练。

　　这两个问题是紧密相连的。认识危险是避免危险的前提,如果操作者不认识、不理解危险线索,即使具备危险方面的知识和技能也是无济于事的。

　　第三个问题:决定要采取避免危险的行动吗? 就第二个阶段的这个问题而言,如果不采取行动,就会造成伤害或损坏,因此必须做出肯定的回答,这是毫无疑问的。然而,第一阶段的问题却是耐人寻味的,它表明操作者在察觉危险之后不一定必须立即采取行动。这是因为危险由潜在状态变为现实状态,不是绝对的,而是存在某种概率关系。潜在危险下不一定将要导致事故,造成伤害或损坏,这里存在一个危险的可接受性的问题。在察觉潜在危险之后,立即采取行动,固然可以消除危险,然而却要付出代价。譬如要停产减产,影响效益。反之,如果不立即行动,尽管要冒显现危险的风险,却可以减少花费和利益损失。究竟是否立即行动,应该考虑两个方面的问题:一是正确估计危险由潜在变为现实的可能性,二是正确估计自己避免危险显现的技能。

每组的最后一个问题是:能够避免吗?问的是操作者避免危险的技能如何,譬如能否迅速、敏捷、准确地做出反应。由于人的行动以及危险出现的时间具有随机变异性(不稳定),这将导致即使行为响应正确,有时也不能避免危险。就人而言,其反应速度和准确性不是稳定不变的。譬如人的反应时间平均为 900 ms,因此 1s 或更短的反应时间在多数情况下都表明人能够避免危险;然而人的反应时间有时也会超过临界时间,这时就无法避免危险了。而危险出现的时间也并非稳定不变的。正常情况下危险由潜在变为现实的时间可能足够容许人们采取行动来避免危险。然而有时危险显现可能提前,人们再按正常速度行动就无法避免危险了。上述随机变异性可以通过机械的改进、维护的改进、人避免危险技能的改进而减小事故发生的可能性。然而要完全加以消除是困难的。因此,由这种随机变异性而导致事故的可能性是难以完全消除的。

图 2.7 所示为煤矿瓦斯事故的瑟利模型,在瓦斯危险构成阶段,主要考查作业人员对所从事工作的危险程度的认知,即是否知道存在危险、如何辨别、应该什么时候采取措施等,也可以理解为在作业人员上岗前是否进行了相应的培训并达到要求。例如,在表 2.2 中所列案例 1 中的无证上岗、案例 2 中的违章生产都是在这一阶段没有得到有效解决,而为事故发生埋下了诱因,也使事故发生的概率增大。在危险出现阶段,主要考查作业人员在作业过程中对危险程度的认知,并且部分认知要依赖外部监测装置的信息来显现,如瓦斯浓度的异常变化,则需要借助监测装置的报警,以使得作业人员进行判断并做出响应。如表 2.2 中案例 1、2 中的预测预报不到位,也就是说,某些危险因素显现时仅仅依靠人的感官是不能觉察到的,必须依靠技术手段,否则,即使受过良好培训,也无法避免事故发生。在行为响应时,作业人员能否有效采取措施,往往取决于指挥人员的指挥,如果违章指挥,必会导致事故发生。

从以上有关瑟利模型的说明可见,该模型从人、机、环境的结合上对危险从潜在到显现导致事故和伤害进行了深入细致的分析。这将给人以多方面的启示,譬如防止事故发生的关键在于发现和识别危险。这涉及操作者的感觉能力、环境的干扰、操作者处理危险的知识和技能等等。改善安全管理就应该着力于这些方面问题的解决,如人员的选拔、培训、作业环境的改善、监控报警装置的设置等。再譬如关于危险的可接受性问题,这对于正确处理安全与生产辩证关系是很有启发的。安全是生产的前提条件,当安全与生产发生矛盾时,如果危险迫近,不立即采取行动,就会发生事故,造成伤害和损失。那么宁肯生产暂时受到影响,也要保证安全。反之,如果能恰当估计危险显现的可能,并适当采取措施,就能做到生产安全两不误,那就应该尽可能避免生产遭受损失。当因采取安全措施而可能严重影响生产时,尤其要采取慎重的态度。

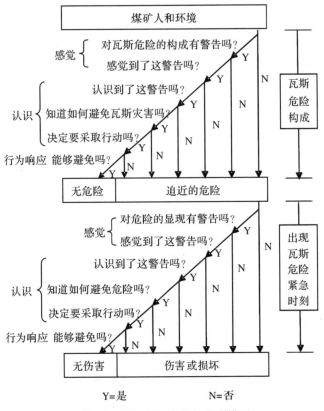

图 2.7　煤矿瓦斯事故的瑟利模型

2.4.2　安德森模型

瑟利模型实际上研究的关系是在客观已经存在潜在危险(存在于机械的运行和环境中)的情况下,人与危险之间的相互关系、反馈和调整控制的问题。然而,瑟利模型没有探究何以会产生潜在危险,没有涉及机械及其周围环境的运行过程。安德森等人曾在 60 起工业事故的分析中应用瑟利模型,发现了上述问题,从而对它进行了扩展,形成了安德森模型。该模型是在瑟利模型之上增加了一组问题,所涉及的是:危险线索的来源及可觉察性,运行系统内的波动(机械运行过程及环境状况的不稳定性),以及控制或减少这些波动使之与人(操作者)的行为的波动相一致,如图 2.8 所示。

企业生存于社会中,其经营目标和策略等都要受到市场、法律、国家政策等的制约,所有这些都会从宏观上对企业的安全状况产生影响。

安德森模型针对工作过程提出了以下几个问题:

第一个问题:过程是可控的吗? 即不可控的过程(如闪电)所带来的危险是无法避免的,此模型所讨论的是可以控制的工作过程。

第二个问题:过程是可观察的吗? 指的是依靠人的感官或借助于仪表设备能否观察了解工作过程。

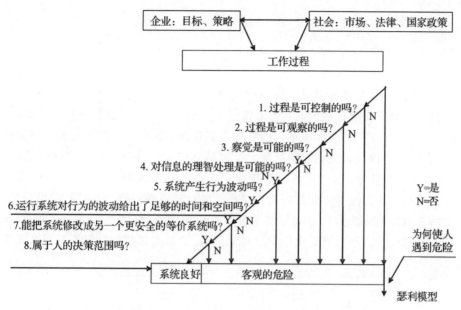

图 2.8　安德森模型

第三个问题：察觉是可能的吗？指的是工作环境中的噪声、照明不良、栅栏等是否会妨碍对工作过程的观察了解。

第四个问题：对信息的理智处理是可能的吗？此问题包含两方面的含义：一是问操作者是否知道系统是怎样工作的，如果系统工作不正常，他是否能感觉、认识到这种情况。二是问系统运行给操作者带来的疲劳、精神压力（如此长期处于高度精神紧张状态）以及注意力减弱是否会妨碍其对系统工作状况的观察和了解。

上述问题的含义与瑟利模型第一组问题的含义有类似的地方，所不同的是，安德森模型是针对整个系统，而瑟利模型仅仅是针对具体的危险线索。

第五个问题：系统产生行为波动吗？问的是操作者的行为响应的稳定性如何，是否存在不稳定性，以及其程度。

第六个问题：运行系统对行为的波动给出了足够的时间和空间吗？问的是运行系统（机械、环境）是否有足够的时间和空间以适应操作行为的不稳定性。如果是，则可以认为运行系统是安全的（图 2.8 中 7、8 问题，直接指向系统良好），否则就转入下一个问题，即能否对系统进行修改（机器或程序）以适应操作者行为在预期范围内的不稳定性。

第七个问题：属于人的决策范围吗？指修改系统是否可以由操作和管理人员做出决定。尽管系统可以被改为安全的，但如果操作和管理人员无权改动，或者涉及政策法律，不属于人的决策范围，那么修改系统也是不可能的。

对模型提出的每个问题，如果回答是肯定的，则能保证系统安全可靠（图中沿斜线前进）如果对问题 1～4、7、8 做出了否定的回答，则会导致系统产生潜在的危险，从而转入瑟利模型。对问题 5 如果回答是否定的，则跨过问题 6、7 而直接回答问题 8。对问题 6 如果回答是否定的，则要进一步回答问题 7，才能继续系统发展。

2.4.3 系统模型

系统理论事故建模与过程（Systems Theoretic Accident Modeling and Process，STAMP）是 Leveson 于 2004 年提出的一种新型危险性分析方法，该方法已广泛应用于航空、核电、能源开采和卫生保健等领域。该模型吸收了 AcciMap 模型中将社会技术系统分为若干层级的做法，但该模型把系统的运行看作是上一层级向下一层级传达控制信息（信息可以是法律、法规、标准、指令、操作程序、方案、理念等各种形式）、下一层级向上一层级反馈运行信息的信息流动过程或者说是控制过程。控制信息中有一部分是安全方面的信息、措施或硬件设施及其实施指令，这些信息称为安全约束（safety constraints）在社会技术系统的物理层级，这些信息流的流动就像控制论中信息流的运转机制一样，由控制器、执行器、传感器、反馈回路等组件组成。信息流动的整个过程可以用图形（见图 2.9）表示，Leveson 把这个图称为安全控制结构，事故就是由于信息流动路径、信息的理解和执行等方面出现异常而引发的。

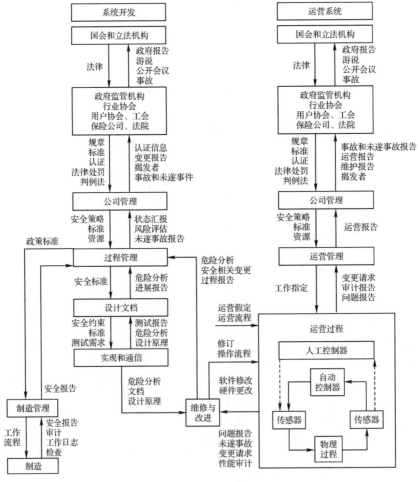

图 2.9　STAMP 模型的信息流

STAMP 模型能够从控制的角度分析复杂系统事故的原因,厘清复杂系统内各个组件内部运行缺陷及组件之间的控制关系,从而较为系统地阐释事故原因,为事故预防提供指导。STAMP 模型认为事故原因一般分为三类:控制器操作、执行器和被控制过程的行为以及控制器和决策者之间的沟通和协调(见图 2.10)。

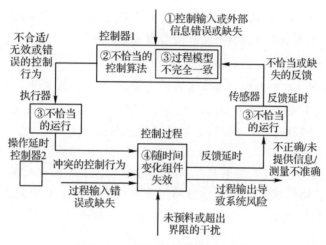

图 2.10　导致危险的控制缺陷分类

不同于传统分析方法,STAMP 在分析系统失效及其因果关系时,将系统视为一个整体,并把安全作为一个控制问题来处理。STAMP 理论认为安全是某一环境下系统组件间交互而呈现出的一种涌现特性,该涌现特性受系统组件行为有关约束的控制。不难理解,事故诱因中除了组件失效或人的失误之外,还应涵盖组件间的非功能交互作用。而这种系统内组件间的非功能交互诱发的事故又称为系统事故,系统事故就是因缺少适当控制以约束组件间的交互而造成的。相应地,STAMP 安全思想是预防事故需要辨识和消除(或减轻)组件间的不安全交互。在 STAMP 模型中,事故控制结构可以分为 4 个层级,事故原因可以分为控制器操作、执行器和被控制过程的行为、控制器和决策者之间的沟通与协调 3 个中间过程,对不同层级的不同过程采取干预手段,有利于避免事故的发生,即在系统开发、设计和运行中加强控制和强化有关安全约束。

2.5　事故倾向论和变化-失误论

2.5.1　事故频发倾向论

事故频发倾向论(accident proneness)是指个别人容易发生事故的、稳定的、个人的内在倾向。1919 年,格林伍德(M.Greenwood)和伍兹(H.H.Woods)对许多工厂里伤害事故的发生次数按如下 3 种统计分布进行了统计检验。

1.泊松分布(poisson distribution)

当人员发生事故的概率不存在个体差异时,即不存在事故频发倾向者时,一定时间内事故发生的次数服从泊松分布。在这种情况下,事故的发生是由工厂里的条件、机械设备等方面的问题,以及一些其他偶然因素引起的。

2.偏倚分布(biased distribution)

由于精神或心理方面的原因,如果一些工人在生产操作过程中发生过一次事故,则会造成胆怯或神经过敏,当再继续操作时,就有重复发生第二次、第三次事故的倾向。造成这种事故分布的原因是人员中存在少数有精神或心理缺陷的人。

3.非均等分布(distribution of unequal liability)

当工厂中存在着许多特别容易发生事故的人时,发生不同次数事故的人数服从非均等分布,即每个人发生事故的概率不相同。在这种情况下,事故的发生主要是由人的因素引起的。进一步的研究结果发现,工厂中存在事故频发倾向者。

1926年,纽鲍尔德(E. M. Newbold)对这项研究进行了检验。随后,马勃(Marbe)跟踪调查了一个有3 000人的工厂,结果发现:第一年没有发生事故的工人在以后几年里平均发生0.3～0.6次事故,第一年发生一次事故的工人在以后几年里平均发生0.86～1.17次事故,第一年发生两次事故的工人在以后几年里平均发生1.04～1.42次事故。结果证明了工厂中存在事故频发倾向。

从这种现象出发,1939年,法默(Farmer)和查姆勃(Chamber)明确提出了事故频发倾向的概念,也就是我们现在称为的事故频发倾向理论。

据文献介绍,事故频发倾向者往往具有如下性格特征:①感情冲动,容易兴奋;②脾气暴躁;③慌慌张张、不沉着;④动作生硬而工作效率低;⑤喜怒无常、感情多变;⑥理解能力低、判断和思考能力差;⑦极度喜悦和悲伤;⑧厌倦工作、没有耐心;⑨处理问题轻率、冒失;⑩缺乏自制力。

根据这种理论,工厂中少数人具有事故频发倾向,是工业事故频发倾向者,他们的存在是工业事故发生的主要原因,但过于强调主观因素,这是该理论的误区。尽管如此,从职业适合性的角度来看,该理论也有一定的可取之处。

2.5.2 事故遭遇倾向论

事故遭遇倾向(accident liability)是指某些人员在某些生产作业条件下存在着容易发生事故的倾向。

许多研究结果表明,前后不同时期内事故发生次数的相关系数与作业条件有关。例如,罗奇(Roche)曾调查发现,工厂规模不同,生产作业条件也不同,大工厂的场合相关系数在0.6左右,小工厂则或高或低,表现出劳动条件的影响。高勃(P.W.Gobb)考察了6年和12年间两个时期事故频发倾向的稳定性,结果发现前后两段时间内事故发生次数的相关系数与职业有关,变化在-0.08～0.72的范围之内。当从事规则的、重复性作业时,事故频发倾向较为明显。

明兹(A.Mintz)和卢姆(M.L.B)建议用事故遭遇倾向取代事故频发倾向的概念,认为事故的发生不仅与个人因素有关,而且与生产条件有关。根据这一见解,克尔(W.A.Ker)调查了53个电子工厂中40项个人因素及生产作业条件因素与事故发生频度和伤害严重度之间的关系,发现影响事故发生频度的主要因素有搬运距离短、噪声严重、临时工多、工人自觉性差等客观条件,与事故后果严重度有关的主要因素是工人的"男子汉"作风,其次是工人缺乏自觉性、缺乏指导、老年职工多、不连续出勤等因素。这些因素证明事故发生情况与生产作业条件有着密切关系。

一些事故表明,事故的发生与工人的年龄有关,青年人和老年人容易发生事故。此外,事故的发生与工人的工作经验、熟练程度有关。米勒等人的研究表明,对于一些危险性高的职业,工人会有一适应期间,新工人容易在此期间发生事故。内田和大内田对东京都出租汽车司机的年平均事故件数进行了统计,发现平均事故件数与参加工作后一年内的事故件数无关,而与进入公司后工作时间的长短有关。司机们在刚参加工作的前三个月里发生事故件数相当于每年五次,之后的三年里事故件数急剧减少,从第五年开始稳定在每年一次左右。这符合通过练习可以减少失误的心理学规律,表明熟练可以大大减少事故的发生。

2.5.3　变化-失误论

世界是不断运动、变化着的,工业生产过程的诸因素也在不停地变化着。针对客观世界的变化,我们的事故预防工作也要随之改进,以适应新变化。如果管理者不能或没有及时地适应变化,则将发生管理失误;如果操作者不能或没有及时地适应变化,则将发生操作失误;外界条件的变化也会导致机械、设备等故障,进而导致事故。

1.变化-失误分析

约翰逊(Johnson)很早就注意到变化在事故发生、发展中的作用。他把事故定义为一起不希望的或意外的能量释放,其发生是由于管理者的计划或操作者的行为,没有适应生产过程中的物的或人的因素的变化,从而导致不安全行为或不安全状态,破坏了对能量的屏蔽或控制,在生产过程中造成人员伤亡或财产损失。约翰逊的事故因果连锁模型如图 2.11所示。

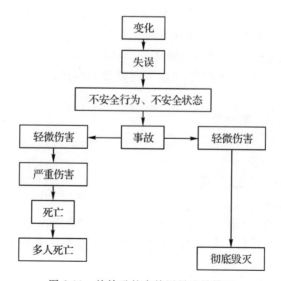

图 2.11　约翰逊的事故因果连锁模型

在系统安全研究中,人们注重作为事故致因的人的失误和物的故障。按照变化的观点,人失误和物故障的发生都与变化有关。例如,新设备经过长时间的运转,即随着时间的变化,设备会逐渐磨损、老化而发生故障,正常运转的设备由于运转条件突然变化而发生故障等。

在安全管理工作中,变化被看作是一种潜在的事故致因,应该被尽早地发现并对其采取相应的措施。作为安全管理人员,应该注意下述的一些变化:

(1)企业外的变化及企业内的变化。企业外的社会环境,特别是国家政治、经济方针、政策的变化,对企业内部的经营管理及人员思想都有巨大影响。

(2)宏观的变化和微观的变化。宏观的变化是指企业整体上的变化,如领导人的更换、新职工的录用、人员的调整、生产状况的变化等。微观的变化是指一些具体事物的变化。安全管理人员应通过微观的变化发现其背后隐藏的问题,及时采取恰当的对策。

(3)计划内的变化与计划外的变化。对于有计划进行的变化,应事先进行危害分析并采取安全措施;对于没有计划到的变化,首先是发现变化,然后根据发现的变化采取改善措施。

(4)实际的变化和潜在的或可能的变化。实际存在的变化可以通过观测和检查发现,潜在的或可能出现的变化则要经过分析研究才能发现。

(5)时间的变化。随着时间流逝,性能变得低下或劣化,并与其他方面的变化相互作用。

(6)技术上的变化。采用新工艺、新技术或开始新的工程项目时,人们不熟悉而发生失误。

(7)人员的变化。人员的各方面变化影响人的工作能力,进而引起操作失误及不安全行为。

(8)劳动组织的变化。劳动组织方面的变化,例如交接班不当造成工作不衔接,进而导致人的失误和不安全行为。

(9)操作规程的变化。

应该注意,并非所有的变化都是有害的,关键在于人们是否能够适应客观情况的变化。另外,在事故预防工作中也经常利用变化来防止人发生失误。例如,按规定用不同颜色的管路输送不同的气体,把操作手柄、按钮做成不同形状防止混淆,等等。

应用变化的观点进行事故分析时,可由下列因素的现在状态与以前状态之间的差异来发现变化:

(1)对象物、防护装置、能量等。

(2)人员。

(3)任务、目标、程序等。

(4)工作条件、环境、时间安排等。

(5)管理工作、监督检查等。

约翰逊认为,事故的发生往往是多重原因造成的,包含着一系列的变化——失误连锁,例如企业领导者的失误、计划人员失误、监督者的失误及操作者的失误等(见图2.12)。例如,某化工装置事故发生经过如下:

变化前——装置安全地运转了多年;

变化1——用一套更新型的装置取代;

变化 2——拆下的旧装置被解体；

变化 3——新装置因故未能按预期目标进行生产；

变化 4——对产品的需求猛增；

变化 5——把旧装置重新投入生产；

变化 6——为尽快投产恢复必要的操作控制器；

失误——没有进行认真检查和没有检查操作的准备工作；

变化 7——部分冗余的安全控制器没起作用；

变化 8——装置爆炸,6 人死亡。

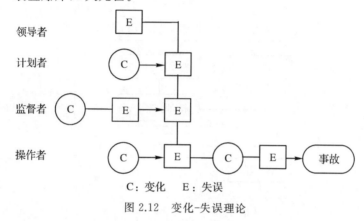

C：变化　　E：失误

图 2.12　变化-失误理论

图 2.13 为煤气管路破裂而失火事故的变化失误分析。由图可以看出,从焊接缺陷开始,一系列变化和失误相继发生的结果,导致了煤气管路失火事故。

2.扰动 P 理论模型

1972 年,本尼尔(Benner)认为,事故过程包含着一组相继发生的事件。所谓事件是指生产活动中某种发生了的事物,一次瞬间的或重大的情况变化,一次已经避免了的或已经导致了另一事件发生的偶然事件。因而,可以把生产活动看做是一组自觉地或不自觉地指向某种预期的或不可预测的结果的相继出现事件的组合,它包含生产系统元素间的相互作用和变化着的外界的影响。这些相继事件组成的生产活动是在一种自动调节的动态平衡中进行的,在事件的稳定运动中向预期的结果方向发展。

事件的发生一定是某人或某物引起的,如果把引起事件的人或物称为"行为者",则可以用行为者和行为者的行为来描述一个事件。在生产活动中,如果行为者的行为得当,则可以维持事件过程得以顺利进行；否则,可能中断生产,导致伤害事故。

生产系统的外界影响是经常变化的,可能偏离正常的或预期的情况。这里称外界影响的变化为扰动,扰动将作用于行为者。

当行为者能够适应不超过其承受能力的扰动时,生产活动可以动态平衡而不发生事故。如果其中的一个行为者不能适应这种扰动,则自动动态平衡过程被破坏,开始一个新的事件过程,即事故过程。该事件过程可能使某一行为者承受不了过量的能量而发生伤害或损坏；这些伤害或损坏事件可能依次引起其他变化或能量释放,作用于下一个行为者,使其承受过量的能量,发生串联的伤害或损坏。当然,如果行为者能够承受冲击而不发生伤害或损坏,则依据行为者的条件、事件的自然法则,过程将继续进行。

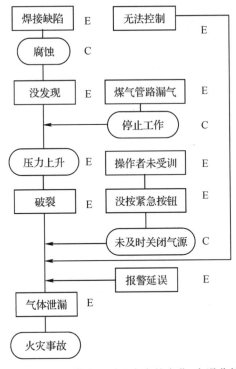

图 2.13　煤气管路破裂而失火的变化-失误分析

综上所述,可以把事故看作是由相继事件过程中的扰动开始,以伤害或损坏为结束的过程。这种对事故的解释叫作扰动 P 理论模型。图 2.14 为该理论模型示意图。

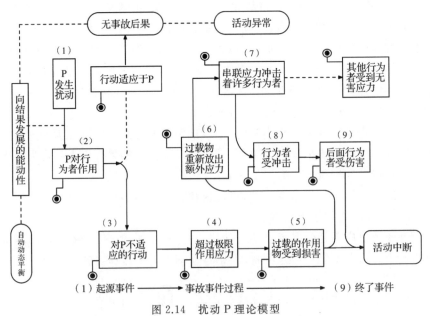

图 2.14　扰动 P 理论模型

2.5.4　危险源理论

在系统安全研究中,认为危险源的存在是事故发生的根本原因,防止事故就是消除、控制系统中的危险源。危险源是可能导致人员伤害或财物损失事故的、潜在的不安全因素。按此定义,生产、生活中的许多不安全因素都是危险源。

根据危险源在事故发生、发展中的作用,把危险源划分为两大类,即第一类危险源和第二类危险源。

1.第一类危险源

根据能量意外释放论,事故是能量或危险物质的意外释放,作用于人体的过量的能量或干扰人体与外界能量交换的危险物质是造成人员伤害的直接原因。于是,把系统中存在的、可能发生意外释放的能量或危险物质称作第一类危险源。

一般地,能量被解释为物体做功的本领。做功的本领是无形的,只有在做功时才显现出来。因此,实际工作中往往把产生能量的能量源或拥有能量的能量载体看做第一类危险源来处理,例如,带电的导体、奔驰的车辆等。

常见的第一类危险源如下:

(1)产生、供给能量的装置、设备。

(2)使人体或物体具有较高势能的装置、设备、场所。

(3)能量载体。

(4)一旦失控可能产生巨大能量的装置、设备、场所,如强烈放热反应的化工装置等。

(5)一旦失控可能发生能量蓄积或突然释放的装置、设备、场所,如各种压力容器等。

(6)危险物质,如各种有毒、有害、可燃烧爆炸的物质等。

(7)生产、加工、储存危险物质的装置、设备、场所。

(8)人体一旦与之接触将导致人体能量意外释放的物体。

表 2.5 列出了导致各种伤害事故的典型的第一类危险源。

表 2.5　伤害事故类型与第一类危险源

事故类型	能 源 类 型	能量载体或危险物质
物体打击	产生物体落下、抛出、破裂、飞散的设备、场所、操作	落下、抛出、破裂、飞散的物体
车辆伤害	车辆,使车辆移动的牵引设备、坡道	运动的车辆
机械伤害	机械的驱动装置	机械运动部分、人体
起重伤害	起重、提升机械	被吊起的重物
触电	电源装置	带电体、高垮步电压区域
灼烫	热源设备、加热设备、炉、灶、发热体	高温体、高温物质
火灾	可燃物	火焰、烟气
高处坠落	高差大的场所、人员借以升降的设备、装置	人体
坍塌	土石方工程的边坡、料堆、料仓、建筑物、构建物	边坡土(岩)体、物体、建筑物、构建物、载荷

续表

事故类型	能 源 类 型	能量载体或危险物质
冒顶片帮	矿山采掘空间的围岩体	顶板、两帮围岩
放炮、火药爆炸	炸药	
瓦斯爆炸	可燃性气体、可燃性粉尘	
锅炉爆炸	锅炉	蒸汽
压力容器爆炸	压力容器	内容物
事故类型	危险物质的产生、贮存	危险物质
淹溺	江、河、湖、海、池塘、洪水、贮水容器	水
中毒窒息	产生、贮存、聚积、有毒有害物质的装置、容器、场所	有毒有害物质

第一类危险源具有的能量越多,一旦发生事故其后果越严重。相反,第一类危险源处于低能量状态时比较安全。同样,第一类危险源包含的危险物质的量越多,干扰人的新陈代谢的程度就越严重,其危险性越大。

2.第二类危险源

在生产、生活中,为了利用能量,让能量按照人们的意图在系统中流动、转换和做功,必须采取措施约束、限制能量,即必须控制危险源。约束、限制能量的屏蔽应该可靠地控制能量,防止能量意外地释放。实际上,绝对可靠的控制措施并不存在。在许多因素的复杂作用下,约束、限制能量的控制措施可能失效,能量屏蔽可能被破坏而发生事故。导致约束、限制能量措施失效或破坏的各种不安全因素称作第二类危险源。

如前所述,札别塔基斯认为人的不安全行为和物的不安全状态是造成能量或危险物质意外释放的直接原因。从系统安全的观点来考察,使能量或危险物质的约束、限制措施失效、破坏的原因因素,即第二类危险源,包括人、物、环境三个方面的问题。

在系统安全中涉及人的因素问题时,采用术语"人失误"。人失误是指人的行为的结果偏离了预定的标准,人的不安全行为可被看做是人失误的特例。人失误可能直接破坏对第一类危险源的控制,造成能量或危险物质的意外释放。例如,合错了开关使检修中的线路带电;误开阀门使有害气体泄放等。人失误也可能造成物的故障,物的故障进而导致事故。例如,超载起吊重物造成钢丝绳断裂,发生重物坠落事故。

物的因素问题可以概括为物的故障。故障是指由于性能低下不能实现预定功能的现象,物的不安全状态也可以看做是一种故障状态。物的故障可能直接使约束、限制能量或危险物质的措施失效而发生事故。例如,电线绝缘损坏发生漏电,管路破裂使其中的有毒有害介质泄漏,等等。有时一种物的故障可能导致另一种物的故障,最终造成能量或危险物质的意外释放。例如,压力容器的泄压装置故障,使容器内部介质压力上升,最终导致容器破裂。物的故障有时会诱发人失误;人失误会造成物的故障,实际情况比较复杂。

环境因素主要指系统运行的环境,包括温度、湿度、照明、粉尘、通风换气、噪声和振动等物理环境,以及企业和社会的软环境。不良的物理环境会引起物的故障或人的失误。例如,潮湿的环境会加速金属腐蚀而降低结构或容器的强度;工作场所强烈的噪声影响人的情绪,分散人的注意力而发生人失误。企业的管理制度、人际关系或社会环境影响人的心理,可能引起人失误。

第二类危险源往往是一些围绕第一类危险源随机发生的现象,它们出现的情况决定事故发生的可能性。第二类危险源出现得越频繁,事故发生的可能性越大。

3.危险源与事故

一起事故的发生是两类危险源共同起作用的结果。第一类危险源的客观存在是事故发生的前提和根源,没有第一类危险源存在就谈不上能量或危险物质的意外释放,也就无所谓事故。另外,如果没有第二类危险源状态的破坏对第一类危险源的控制,也不会发生能量或危险物质的意外释放。第二类危险源的出现是第一类危险源导致事故的必要条件。

危险源在时间、空间上相互影响、相互联系、相互交错,共同组成了事故发生的危险源系统。系统中的各个要素以一定的组织性(有序性)、多样性(复杂性)相互影响和作用,进而将整个系统保持在一定的稳定状态。一旦某一因素的运行状态被破坏,扰乱危险源系统的稳定状态,那么事故就会发生,若不加以有效控制就会导致灾害的发生。第一类危险源在事故发生时释放出的能量是导致人员伤害或财物损坏的能量主体,决定事故后果的严重程度;第二类危险源出现的难易决定事故发生的可能性的大小。两类危险源在一定条件下,共同决定着危险源的危害等级和风险度。

在企业实际安全工作中,第一类危险源客观上已经存在并且在设计、建造时已采取了必要的控制措施,因此安全工作的重点乃是第二类危险源的控制问题。

2.6　事　故　预　防

与其他一切事物一样,事故亦有其发生、发展及消除的过程,因而是可以预防的。事故的发展可归纳为三个阶段:孕育阶段,人们可以感觉到它的存在,而不能指出它的具体形式;生长阶段,由于基础原因的存在,出现管理缺陷,不安全状态和不安全行为得以发生,构成生产中事故的隐患阶段,此时,事故处于萌芽状态,人们可以具体指出它的存在;损失阶段,是生产中的危险因素被某些偶然事件触发而发生事故,造成人员伤亡和经济损失的阶段。

安全工作的目的,是要避免因事故而造成损失,因此要将事故消灭在孕育阶段和生长阶段。为达到这一目的,首先就需要识别事故,即在事故的孕育阶段和生长阶段中明确识别事故的危险性,所以需要进行事故的分析和评价工作。

2.6.1　事故金字塔

事故法则即事故的统计规律,又称 1:29:300 法则,同时也称为事故金字塔。即,在每330 次事故中,会造成死亡重伤事故 1 次,轻伤、微伤事故 29 次,无伤事故 300 次。这一法则是美国安全工程师海因里希通过对 55 万起事故进行统计分析后提出的,得到了安全界的普遍承认。人们经常根据事故法则的比例关系绘制成三角形图,称为事故三角形,如图 2.15所示。

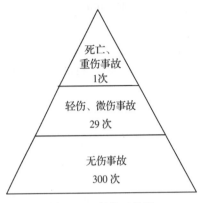

图 2.15　事故三角形

事故法则告诉人们,要消除 1 次死亡重伤事故以及 29 次轻伤事故,必须首先消除 300 次无伤事故。也就是说,防止灾害的关键,不在于防止伤害,而是要从根本上防止事故。所以,安全工作必须从基础抓起,如果基础安全工作不到位,小事故频发,就很难避免大事故的发生。

上述事故法则是从一般事故数据统计中得出的规律,其绝对数字不一定适用于每一个行业事故。因此,为了进行行业事故的预测和评价工作,有必要对行业事故的事故法则进行研究。有关学者曾对这一问题做过一些初步研究,对煤矿事故得出的结论如下:

对于采煤工作面所发生的顶板事故,其事故法则为

$$死亡:重伤:轻伤:无伤=1:12:200:400$$

对于全部煤矿事故,事故法则为

$$死亡:重伤:轻伤=1:10:300$$

2.6.2　事故预防的原则

综上所述,事故有其规律,除了人类无法抗拒的自然因素造成的事故(如地震、山崩等)以外,在人类生产和生活中所发生的各种事故均可以预防。

事故的预防工作应该从技术和管理两个方面考虑,应当遵循的基本原则如下所述:

1.技术原则

在生产过程中,客观上存在的隐患是事故发生的前提。因此,要预防事故的发生,就需要针对危险隐患采取有效的技术措施进行治理。在采取有效技术措施进行治理过程中,应当遵循的基本原则如下:

(1)消除潜在危险原则,即从本质上消除事故隐患,其基本做法是,以新的系统、新的技术和工艺代替旧的不安全的系统和工艺,从根本上消除发生事故的可能性。例如,用不可燃材料代替可燃材料,改进机器设备、消除人体操作对象和作业环境的危险因素,消除噪声、尘毒对工人的影响等,从而最大可能地保证生产过程的安全。

(2)降低潜在危险严重度的设备原则,即在无法彻底消除危险的情况下,最大限度地限制和减少危险程度。例如,手电钻工具采用双层绝缘措施,利用变压器降低回路电压,在高

压容器中安装安全阀等。

（3）闭锁原则：在系统中通过一些原容器件的机器连锁或机电、电气互锁，作为保证安全的条件。例如，冲压机械的安全互锁器、电路中的自动保护器、煤矿上使用的瓦斯——电闭锁装置等。

（4）能量屏蔽原则：在人、物与危险源之间设置屏蔽，防止意外能量作用到人体和物体上，以保证人和设备的安全。例如，建筑高空作业的安全网、核反应堆的安全壳等都应起到保护作用。

（5）距离保护原则：当危险和有害因素的伤害作用随着距离的增加而减弱时，应尽量使人与危险源距离远一些。例如，化工厂建立在远离居民区的地方，爆破时的危险距离控制等。

（6）个体保护原则：根据不同作业性质和条件，配备相应的保护用品及用具，以保护作业人员的安全与健康。例如，安全带、护心镜、绝缘手套等。

（7）警告、禁止信息原则：用光、声、色等其他标志作为传递组织和技术信息的目标，以保证安全。例如，警灯、警报器、安全标志、宣传画等。

此外，还有时间保护原则、薄弱环节原则、坚固性原则、代替作业人员原则等，可以根据需要，确定采取相关的预防事故的技术原则。

2.组织管理原则

预防事故的发生，不仅要遵循上述技术原则，而且还要在组织管理上采取相关的措施，才能最大限度地减少事故发生的可能性。

（1）系统整体性原则：安全工作是一项系统性、整体性的工作，它涉及企业生产过程中的各方面。安全工作的整体性要体现出：有明确的工作目标，综合地考虑问题，动态地认识安全状况，而且落实措施要有主次，要有效地抓住各个环节，适应变化的要求。

（2）计划性原则：安全工作要有计划和规划，近期的目标和长远的目标要协调进行。工作方案、人员、财务的使用要按照规划进行，并且要有最终的评价，形成闭环的管理模式。

（3）效果性原则：安全工作的好坏，要通过最终成果的指标来衡量。但是，由于安全问题的特殊性，安全工作的成果既要考虑经济效益，又要考虑社会效益。正确认识和理解安全的效果性，是落实安全生产措施的重要前提。

（4）党政工团协调安全工作原则：党制定正确的安全生产方针和政策。教育干部和群众遵章守法，了解和解决工人的思想负担，把不安全行为变为安全行为。政府履行安全监察管理职责，要不断改善劳动条件，提高企业生产的安全性。工会要切实代表工人的利益，要监督政府和企业落实安全工作。青年是劳动力中的有生力量，但是青年工人中往往事故发生率高，因此，动员青年开展事故预防活动，是安全生产的重要保证。

（5）责任制原则：各级政府及相关的职能部门和企事业单位应当实行安全生产责任制，对违反安全劳动法规和不负责任而造成伤亡事故的人员应当给予行政处分（如《国务院关于特大安全事故行政责任追究的规定》），造成重大伤亡事故的应当根据刑法追究刑事责任。只有将安全责任落到实处，安全生产才能得以保证，安全管理才能有成效。

综上所述，事故的预防要从技术、组织管理和教育等多方面采取措施，只有从总体上提高预防事故的能力，才能有效地控制事故，保证生产和生活的安全。

【延伸阅读】

随着科学技术的发展进步,人们对事故发生的本质规律性认知也在不断变化,对事故原因的分析也在不断深入,因此而建立的各个典型的事故致因理论则给安全工程师带来了不同的安全性分析方法。随着认识的不断加深,研究者对事故模型的研究仍在不断深入和拓展,从简单系统向复杂系统延伸,从单一因素向多因素的耦合;有些理论被后来的研究证明并不科学从而被淘汰,也有新的事故模型随着新的系统出现的新的特点被提出。常见的主要有里森事故模型、事故致因"2-4"模型、第三类危险源理论等。

1.里森事故因果连锁论

里森(Reason)等人于 1990 年提出基于复杂因果关系的"瑞士奶酪模型"或"复杂系统事故因果模型",又称 Reason 模型。该模型由四个层级构成,即组织因素(organizational influences)、不安全的监督(unsafe supervision)、不安全行为的前提(pre-conditions for unsafe)以及不安全行为(unsafe act),如图 2.16 所示。Reason 模型剖析了组织因素及不安全的监督对人的行为的潜在影响,实质上是追查事故发生的不同原因并分析致使事故发生的原因组合,强调事故内部多层次的组织缺陷或多种缺陷的共同作用。Reason 模型的每一层级亦可视作一道屏障,单一的层级缺陷不一定导致事故的发生,多层级的缺陷同时作用或次第作用便会导致事故的发生。事故的发生除了存在一个致因链,还存在一个穿透屏障的缺陷漏洞集,即多层级因素之间相互影响。

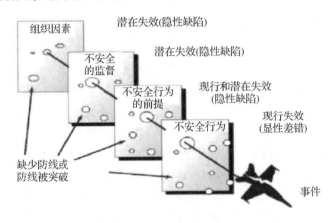

图 2.16　里森模型

(1)不安全行为。根据 Reason 模型,操作者的不安全行为可以分为差错和违规,差错是无意之举,违规是有意为之。

(2)不安全行为的前提。不安全行为的前提有两类:一类是主观原因,即操作者本人低于标准条件。另一类是客观原因,即操作者的做法低于标准,例如工作准备不充分、工作资源的管理不完善等。

(3)不安全的监督。不安全的监督包含以下几种:①监督不充分。管理层没有严格按照法规的要求对维修的全过程实施监督和管理。②工作计划不恰当。管理层制定的工作计划可操作性不够,分工不明确或不合理等。③未及时纠正已知的问题。监督人员明知操作人员、设备等有安全隐患,却没有及时处理而是允许问题一直存在。④监督违规。管理者未强制操作者执行规章,或者授权不具备资格的工作人员参与工作等。

(4)组织因素。当事故发生时,组织决策失误往往是事故发生的根源。组织因素包含以下三部分:①资源管理不当。组织管理者在资源的管理和分配上的偏差,例如过度节约开支,维修必需的工具和设备不足。②不良的组织文化。公司内部风气不好,只关注个人利益、不重视沟通等。③运行流程缺陷。管理层制定的决策不完善,工作分配不均、员工时间压力过大等。

2.事故致因“2-4”模型

在海因里希事故致因链、瑞士奶酪模型等基础上,傅贵等人于 2005 年提出了“2-4”模型。模型中事故的直接原因是事故引发者的不安全动作和不安全物态;间接原因为事故引发者的安全知识不足、安全意识不强、安全习惯不佳以及安全心理和安全生理的不良状态;根本原因为组织的安全管理体系缺陷;根源原因为组织的安全文化缺陷。该模型体现了个人行为和组织行为之间的关系,在多起事故分析中得到了良好应用,模型如图 2.17 所示。

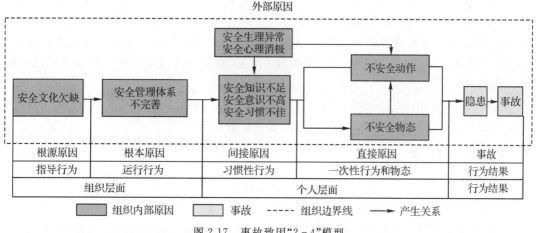

图 2.17　事故致因“2-4”模型

该模型将事故的原因定位在“2 个层面”“4 个阶段”上,因此称作行为安全“2-4 模型”。“2 个层面”是指组织层面行为控制和个人层面行为控制。“4 个阶段”是指组织指导行为、组织运行行为、个人习惯性行为和个人一次性行为,分别对应着事故的根源、关键、间接和直接原因,具体内容分别为安全文化、安全管理体系、安全知识、安全意识和安全习惯,以及不安全行为和不安全物态。

非意向性不安全行为是行为人在原有计划执行过程中受个体因素(知识、技能等)、机器设备(技术、设计等)、工作环境(组织管理、作业环境等)等因素影响而产生的疏忽、过失行为。2-4 模型中的安全意识、安全知识、安全习惯、安全生理及安全心理是个体特征的表现,所以由其引发的不安全行为通常为非意向性不安全行为。

3.第三类危险源

田水承等人于 2001 年提出了第三类危险源理论。三类危险源分别指:能量载体或危险物质,即第一类危险源;物的故障、物理性环境因素,个体人失误,即第二类危险源(侧重安全设施等物的故障、物理性环境因素);组织因素——不符合安全的组织因素(组织程序、组织文化、规则、制度等),即第三类危险源,包含组织人(不同于个体人)不安全行为、失误等。因此,第三类危险源是指个体人失误因素和组织管理因素,既包括员工的"三违"、员工的技能和经验、员工的培训程度、规章制度制定的合理性、规程标准化执行水平、管理队伍的素质与水平,还包括安全文化、安全氛围、安全责任感等"软约束"因素。

管理的缺陷等第三类危险源,导致了物的故障的产生或未及时消除,导致了人的不安全行为的多发,导致了事故/事件的发生。第三类危险源的存在,从根本上导致了前两类危险源的出现,预防事故的关键在于对第三类危险源的管控。

一方面随着科技的发展,设备可靠性不断提高,安全生产硬支撑总体上得到了较大的改善;另一方面由于现代工业生产和组织的复杂性,以及人在生理、心理、社会和精神等方面的特点,存在较大的可塑性、不可靠性(与机器相比)和难控性,更重要的是企业没有建立起完善的、有效的安全生产自我约束机制。面对繁杂多样的事故原因因素,如果能加以分类区别,则有利于更加准确迅速地进行危险辨识,更加科学有效地进行危险控制。当前在装备研制过程中,装备和系统变得越来越复杂,系统工程理论在装备研制中的应用也越来越深入,故而基于系统理论的安全性分析方法在面向这种复杂系统和装备的工作中将会发挥越来越大的作用。

来自《基于 Reason 模型的航空事故人为因素分析》《事故致因理论及其发展综述》《第三类危险源辨识与控制研究》《3 类危险源与煤矿事故防治》。

【思考练习】

(1)何谓工伤事故?其构成要素主要包括哪些?

(2)如何认识安全、风险与事故的关系?

(3)试描述海因里希的事故因果连锁理论,并说明如何根据该理论预防事故的发生。

(4)试描述博德的事故因果连锁理论,并说明如何根据该理论预防事故的发生。

(5)根据能量意外释放论,在工业生产中通常采用的措施主要有哪些?

(6)如何理解安德森模型的系统性?

(7)请从系统观点的事故致因理论发展谈能源开采复杂系统的安全控制。

(8)何谓事故法则?并说明如何应用事故法则指导生产。

(9)根据所学事故致因理论,试述在企业中如何预防事故的发生。

第3章 安全系统原理

【学习导读】

安全系统工程是以安全工程、系统工程、可靠性工程等为手段,对系统风险进行分析、评价、控制,以期实现系统及其全过程安全目标的科学技术。半个多世纪以来,系统科学、系统工程、安全系统工程学科吸引了众多领域的专家对其进行研究和广泛应用,逐渐形成了多种新兴的学科体系。马克思、恩格斯的辩证唯物主义认为,物质世界是由许多相互联系、相互依赖、相互制约、相互作用的事物和过程形成的统一体,这也是系统概念的实质。

系统是进行分析和综合的辩证思维工具,它充分吸取了辩证唯物主义哲学思想,在运筹学、控制论、各门工程学和社会科学那里获得了定性与定量相结合的科学方法,并通过系统工程充实了实践内容。

安全科学技术及工程问题是一个复杂的系统工程问题,了解系统及系统工程的发展,明确安全系统的主要内容及特点,掌握安全系统的工程方法、精通安全系统工程的布尔代数计算方法,熟悉系统的可靠性分析,才能有效解决复杂的安全系统工程问题。

3.1 系统与系统工程

系统工程的核心是利用系统性思维原则建构其知识体系。当处理大型、复杂的工程问题时,要解决所面临的相关问题(如需求工程、可靠度、物流、协调、测试与评估、可维修性,和许多其他能够成就系统开发、设计、执行和最终除役的学科)变得更加困难。系统工程借由工作流程、优化的方法以及风险管理等工具来处理此类工程问题。系统工程是研究由具有不同目标和功能的多个子系统构成的整体系统的相互协调,最大限度地发挥各子系统的部分能力,以期实现系统整体功能的最优化而发展起来的一门科学。

3.1.1 系统及其特性

系统是由相互作用和互相依赖的若干组成部分(要素)集合成的、具有特定功能的有机整体。而且这个"系统"本身往往又是它所从属的一个更大系统的组成部分。系统按照规模、结构、行为、功能等特性可以划分为:简单系统与复杂系统、自然系统与人造系统、封闭系统与开放系统、静态系统与动态系统、实体系统与概念系统、宏观系统与微观系统、软件系统与硬件系统。把系统规模与系统的简单或复杂性质结合起来,又可以划分为:简单系统、简

单巨系统、复杂巨系统、特殊复杂巨系统(社会系统)。但不管系统如何划分,只要其称之为系统,就具有下述特性:

(1)整体性。系统是由两个或两个以上相互区别的要素(元件或子系统)组成的整体。构成系统的各要素虽然具有不同的性能,但它们通过综合、统一形成的整体就具备了新的特定功能。就是说,任何一个要素不能离开整体去研究,要素之间的联系和作用也不能脱离整体的协调去考虑。系统不是各个要素的简单集合或功能的简单叠加,否则它就不会具有作为一个整体的特定功能,呈现出各个组成要素所没有的新功能。脱离了整体性,要素的机能和要素间的作用便失去了意义,研究任何事物的单独部分都不能得出整体的结论。系统只有作为一个整体才能发挥其应有功能。换句话说,即使每个要素并不都很完善,但它们可以综合、统一成为具有良好功能的系统。反之,即使每个要素是良好的,而构成整体后没有协调统一,不具备某种良好的功能,也就不能称之为完善的系统。因此,系统的观点是一种整体的观点,一种综合的思想方法。

(2)相关性。构成系统的各要素之间、要素与子系统之间都存在着相互联系、相互依赖、相互作用的特殊关系,通过这些关系,将系统有机地联系在一起,发挥其特定功能。而相关性恰恰说明这些联系之间的特殊性,包括系统内部各要素间、要素与系统间、系统与环境间的有机联系。如果不存在相关性,众多的要素如同一盘散沙,只是一个集合,而不是一个系统。

(3)目的性。通常系统都是为完成某种任务或实现某种目的而发挥其特定功能的,而这正是区别这一系统和另一系统的标志。要达到系统的既定目的,就必须赋予系统规定的功能,这就需要在系统的整个生命周期,即系统的规划、设计、试验、制造和使用等阶段,对系统采取最优规划、最优设计、最优控制、最优管理等优化措施。

(4)有序性。系统有序性主要表现在系统空间结构的层次性和系统发展的时间顺序性。系统可分为若干子系统和更小的子系统,而该系统又是其所属系统的子系统。这种系统的分割形式表现为系统空间结构的层次性。另外,系统的生命过程也是有序的,它总是要经历孕育、诞生、发展、成熟、衰老、消亡的过程,这一过程表现为系统发展的有序性。系统的分析、评价、管理都应考虑系统的有序性。

(5)环境适应性。系统是由许多特定部分组成的有机集合体,而这个集合以外的部分就是系统的环境。一方面,系统从环境中获取必要的物质、能量和信息,经过系统的加工、处理和转化,产生新的物质、能量和信息,然后再提供给环境。另一方面,环境也会对系统产生干扰或限制,即约束条件。环境特性的变化往往能够引起系统特性的变化,系统要实现预定的目标或功能,必须能够适应外部环境的变化。研究系统时,必须要重视环境对系统的影响。

(6)动态性。世界上没有一成不变的系统。系统的功能和目的,是通过与环境进行物质、能量、信息的交流实现的。因此,物质、能量、信息的有组织运动,构成了系统活动动态循环。系统过程也是动态的,系统的生命周期所体现出的系统本身也处在孕育、产生、发展、衰退、消灭的变化过程中。在整个人类社会和自然环境的运行中,系统的各个元素、子系统,都是随着时间的改变而不断改变的。

3.1.2　系统工程及其理论基础

系统工程是指为了更好地、最优化地实现系统的目的,对系统的组成要素、组织结构、信息流、控制机构等进行分析研究的科学方法,是一门高度综合性的管理工程技术,涉及应用数学(如最优化方法、概率论、网络理论等)、基础理论(如信息论、控制论、可靠性理论等)、系统技术(如系统模拟、通信系统等)以及经济学、管理学、社会学、心理学等多个学科。运用各种组织管理技术,使系统的整体与局部之间相互协调和相互配合,实现总体的最优运行。

追溯到我国古代,如秦国蜀郡太守李冰父子主持建造的四川都江堰水利工程,宋真宗时期大臣丁渭主持的皇宫失火修复工程,以及田忌赛马的故事和孙子兵法等,都是包含系统工程思想萌芽的著名范例。但这些却都不能同现代系统工程相提并论,因为古人没有系统工程概念,没有理论指导,所凭借的主要是个别杰出人物在实践中练就的杰出办事艺术,因而不能系统地传授,也无法大规模地推广应用。

因此,可以说系统工程是人类进行工程活动,特别是复杂性重大工程活动时总结、归纳、提炼出来的学问。凡是科学的、客观存在的,它一定是人们主观提炼的,是事物规律性在人类面前的呈现。不论是现代人,还是古代人,或是未来人,都离不开这个认识论。系统工程的概念是 20 世纪 40 年代提出的,而正式作为一门学问在我国的工程实践中进行研究和应用,应当是在 1978 年钱学森提出了"系统工程"这个词。在钱学森的启蒙和推动下,"系统工程"首先在中国的"两弹一星"工程研制中得到应用,具体表现在:形成总指挥、总设计师的两条指挥线;负责工程总体规划和具体实施保障的总体设计部;细分系统专业研究所;以及保证工程系统能够可靠运行的技术基础建设体系(包括计量、标准、工艺、规范、工程各分支层次的仿真、模拟、试验、验证、评定、评审、评价)的建立等。

系统工程不同于一般的传统工程学,它既不是理论,又不是学术,而是一种以系统为研究对象,以现代科学技术为研究手段,以系统最佳化为研究目标的科学技术,它能直接应用于改造客观世界的实践活动,应用于解决实际问题,强调的是实用性。系统工程与传统的工程技术不同。传统的采矿工程、土木工程等"物理"工程技术都属于硬技术,即关于设计、制造、操作使用物质工具和机器的技术。系统工程则是"事理"工程技术,即人们办事的技术,属于软技术,即组织管理各种社会活动的方法、步骤、程序的总和。建设一个新系统,改造一个既有系统、经营一个已建成的系统,都需要组织管理技术,即系统工程。系统工程是一门发展很快、适用范围很广的管理科学,它广泛应用于各行各业、各个领域,为管理现代化提供了基础理论和方法。

简单地说,系统工程是用现代科学方法组织管理各种系统的规划、设计、生产和使用的一门科学,是指系统所有组成部分为达到全系统的最优效率,按照此目标对系统各部分进行控制和运行。这个定义表示:①系统工程属于工程技术范畴,主要是组织管理各类工程的方法论,即组织管理工程;②系统工程是解决系统整体及其全过程优化问题的工程技术;③系统工程对所有系统都具有普遍适用性。

系统工程具有整体性(系统性)、协调性(关联性)、综合性、动态性、满意性(最优化)等多重特性。其中综合性是指综合运用相关学科和技术领域的成就,从整体目标出发,统筹兼顾系统目标的多样性与综合性,全面考虑一项措施引起的多方面后果,一个问题可用集中方案配合解决,以达到最优化的目的。动态性是指系统的状态会随时发展和变化,必须在动态中协调各要素间、系统与环境间的动态平衡。满意性是指系统整体目标达到最优,因此不能刻意追求系统个别部分的最优,而是通过对整体系统的最优设计、最优选择、最优控制和管理,达到最优目标。

系统工程学的主要研究内容是系统的模式化、最优化和综合评价,进而对系统进行定性和定量分析,为决策提供最优方案。系统工程几乎使用了各种学科的知识,其中最重要的是数学、运筹学、控制论。系统工程方法所解决的问题,几乎都适用于解决安全问题。例如,使用决策论,在安全方面可以预测发生事故可能性的大小;利用排队论,可以减少能量的贮积危险;使用线性规划和动态规划,可以合理的防止事故。至于数理统计、概率论和可靠性,则更广泛地用于预测风险、分析事故。因此,在研究安全问题时,使用系统工程方法可以使系统的安全达到最佳状态。

系统工程涉及很多学科,究其理论基础,大致可分为共同理论基础和分支理论基础。共同理论基础是奠定和发展系统工程理论和方法的专业知识。如运筹学、控制论、信息论、计算科学等,其发展为系统工程提供了理论和方法,为系统分析、综合、优化和控制提供了可靠的理论依据和手段。分支理论基础是系统工程实践中所需的专业知识。它是系统工程应用到某一特定领域时所需的特殊理论基础。如安全系统工程是系统工程在安全领域中的应用,应用时,必须以安全工程为理论基础,才能解决生产过程中的安全问题,并使之达到最优状态。

系统工程的理论基础是由一般系统论、大系统理论、经济控制论、系统控制论和系统信息论等学科相互渗透、交叉发展而成的。

1. 一般系统论

一般系统论是通过对各种不同系统进行科学理论研究而形成的关于适用于一切种类系统的学说。其主要创始人是美国理论生物学家L.V.贝塔朗菲,他把一般系统论的研究内容概括为关于系统的科学、数学系统论、系统技术、系统哲学等。由于以往对系统的研究属于哲学观念的范围,未能形成科学,因而贝塔朗菲在创立一般系统论时强调它的科学性,指出一般系统论属于逻辑学和数学的领域,它的任务是确立适用于"系统"的一般原则。而随后的控制论、耗散结构理论、协同论的创立和发展推动着系统工程的快速发展。

2. 大系统理论

大规模复杂系统一般是规模庞大、结构复杂、环节数量大或层次较多、期间关系错综复杂、影响因素众多,并常带有随机性质的系统,如经济计划管理系统、信息分级处理系统等。大系统的输入、输出、反馈、信息转换和传递等,与一般的工程控制系统有相似之处,又有其特定的规律性。研究大系统的结构方案、稳定性、最优化、建立模型的简化等问题称为大系统理论。大系统的主要特征之一体现在其结构的复杂上。大系统结构取决于组成大系统的子系统集合和各子系统之间的关联,并且其决定了大系统的功能,不同结构往往会产生不同的总体功能。

3. 经济控制论

经济控制论是应用现代控制论的科学方法分析经济过程的学科。它为合理地控制经济过程提供了新的见解,并提供了一种有效的计划和管理国民经济及其各部门的工具。

4.系统控制论

系统控制论思想首次出现在 1948 年诺伯特·维纳发表的《控制论——关于在动物和机器中控制和通讯的科学》一书中,目前控制论的思想和方法已经反映在了几乎所有的科学领域。系统控制论是研究动态系统在变化的环境条件下如何保持平衡状态或稳定状态的科学。为了使管理的对象向既定目标移动或发展,就需要获得并使用信息,然后根据信息对受控对象实施相应手段或措施,即所谓的控制。实现控制必须依靠信息,信息反馈是一个极其重要的手段。

5.系统信息论

随着科学技术的发展和社会进步,越来越多的事实证明,系统元素之间、子系统之间的相互联系和作用,系统与环境的相互联系和作用,都要通过交换、加工、利用信息来实现,系统的演化行为也需要从信息观点来理解。人们根据不同的研究内容,把信息论分成三种不同的类型。狭义信息论:主要研究消息的信息量、信道容量以及消息的编码问题;一般信息论:主要研究通信问题,但还包括噪声理论、信号滤波与预测、调制、信息处理等问题;广义信息论:不仅包括前两项的研究内容,而且包括所有与信息有关的领域。

3.2　安全系统工程

3.2.1　安全系统及其特点

安全问题是一个复杂的系统工程问题,或者说解决安全工程问题要用系统工程的理论和方法。对此目前已经具有广泛的共识。依据安全问题所涉及范围大小不同,安全系统大小的差别可能很大。一般地讲,纯属技术领域的安全系统,比如一台设备、一件器物,可能只涉及机和物;而对于一个车间甚至一个工厂,考虑安全问题的系统范围,则不只是机和物,还和环境有关。因此,与安全有关的因素纷繁交错,很难找到一个因素数及其相关性如此复杂的能与之相比的系统,从大的方面看,可从人-机-环境系统着眼(见图 3.1),因此与安全有关的影响因素构成了安全系统。

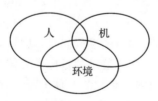

图 3.1　安全系统典型的组成因素及其关系图

安全系统可以定义为由相互作用和相互制约,以实现系统安全为目的的一组有机元素(人员、设备、材料、环境和管理软件)构成的集合体。安全系统具有一定的关联结构,安全系统承受着所处环境系统的塑造、限制和压力等。

安全系统是灾害和事故发生的场所,是安全管理的对象,安全系统思想是安全科学的核心思想,安全系统科学是安全科学学科的主体。安全系统的构成要素包括人、机、环境、信息、管理等。因此,可以将安全系统科学原理划分为安全系统管理原理、安全环境系统原理、安全人机系统原理、安全信息系统原理、安全局部和谐原理等。安全系统具有一般系统的各项基本特征,必须用系统科学与系统工程的观点和方法来研究。安全系统是由人、机、环三要素组成的集合体,安全系统的管理就是协调人-机-环三要素,实现系统的动态平衡,使安全系统整体得到优化并向安全的更高的形式转化,达到安全系统的自组织良性循环最佳状态。安全科学的研究核心就是认识安全系统、发掘安全系统中所蕴藏的安全科学原理,再利用所发现的原理指导安全系统的管理,优化安全系统的状态,保障人的安全健康。

安全系统具有下述特点:

1.客观性

在人们一般的、惯性的思维方式中,客观性一般表现为物质性。安全系统作为一个抽象的系统,其客观性就只能通过把观念性的东西转化为物质性、实体性的东西表现出来。概念性的东西是不会自动表现出其物质特性的,只有通过特定条件转化为物质性的东西,才会表现出其客观性。例如:当消除了一次事故隐患,或避免了一次事故时,人们才能体会到某些安全技术条件或安全规程存在的必要,而这正是安全系统的构成要素。

2.本征性

根据是否具有物理原型,可将系统区分为本征性系统和非本征性系统。本征性系统一般指不具有物理模型的、客观抽象的系统,如社会系统、经济系统、农业系统、生态系统等。从安全系统的定义可以看出,安全系统应属于本征性系统。对于本征性系统,一般是采用某种观念、某种逻辑思维、某种推导等方法进行研究的。因此,安全系统一切研究的出发点也就只能以安全这一抽象的思维进行定义、判断和推演。

3.目的性

任何系统都有其功能目的,没有目的的系统是不存在的,安全系统也是有其目的的。安全系统的目的或目标就是与系统当时当地条件相耦合的安全度。所说的安全度可解释为人们在当时当地条件下可接受的或满意的安全程度。若以系统的方式研究某一状态的安全问题,则系统的目的就是要达到安全要求。具体地说,安全系统研究的目的就是研究某种状态中的各自因素所表现出的各自的安全,以及各自的安全如何通过各自的载体相互作用表现出整体的安全度。

安全系统在具有一般系统共有的目的性的同时,其目标却具有其独特的性质,即综合性和模糊性。其综合性表现在安全系统所追求的目标是整体的安全,而不是局部的、片面的安全,用一般的安全指标难以反映出安全系统的整体安全。而安全系统目标的模糊性则在于安全系统本身具有灰色性,灰色的安全系统决定其目标必然具有模糊性。

4.开放性与动态性

安全系统是客观存在的。这是因为安全系统是建立在安全功能构件的物质基础之上的,但同时安全系统总是寄生在客体(另一个系统)中。在处理方法上,如果把客体看成一个黑匣子,安全系统通过客体的能量流、物流和信息流的流入-流出的非线性变化趋势,确认安全和事故发生的可能性,因此安全系统具有开放性特点。开放性不仅是安全系统在动态中保持稳定存在的前提,也是安全系统复杂性及安全—事故转换发生的重要机制。

安全系统的动态性如何证明? 一方面,从安全的自然和社会属性来看,人类对安全的需求是动态的、不断提高的,这是从人类的安全需求来考察安全系统的动态性。另一方面,从唯物发展史观看,任何系统都具有动态的特性,一成不变的系统是不存在的,这是从系统普遍的动态性来考察安全系统的动态性。上述两方面就足以说明安全系统是具有动态特性的。

5.确定性与非确定性

"确定性"是指制约系统演化的规则是确定性的,不含任何随机性因素。其特征是演化方向及演化结果是确定的,可精确预测。"非确定性"具有演化方向和演化结果不确定,或者刻画事物运动特征的特征量不能客观精确地确定的特征。非确定性包括随机性和模糊性。

"随机性"可能有两个方面的来源:一是在不含任何外在的随机影响因素作用下,完全由"确定性"系统演化而产生的随机性(例如产生混沌),这种随机性称为本质随机性。二是系统还可能因其外在影响因素的随机作用而产生随机行为,从而使系统在一定条件下表现出随机性的特征(外在随机性)。由于安全系统把环境看成它的组成部分,所以对安全系统而言,本质随机性和外在随机性的区别不是绝对的。

"模糊性"是指事物的本身不清楚或衡量事物的尺度不清楚。对于安全系统而言,就是指系统的构成及其相互关系,以及组成与目标的关系不清楚。造成这些不清楚的可能来源分为主观和客观两个方面,即具有主观模糊性和客观模糊性。首先,刻画安全运行轨迹的以模糊数学方法建立的数学模型具有主观模糊性。因为数学模型常常不可能"严格地"确定安全系统各要素之间及其与目标之间完整的客观关系。当然,对于自然的技术因素之间的关系尚好一些。而对于社会的因素及其与技术因素的耦合关系将难于量化,因而也将难于建立准确的数学关系。应该强调的是,出现上述问题不完全是由于安全系统本身不清楚,也可能只是人们对安全系统主观模糊性的表现。

另外,对安全系统安全度的评价尺度以及构成安全度等级的评价指标体系也具有客观模糊性,即从事物的本质上无法给出其客观衡量的尺度。

6.安全系统是有序与无序的统一体

序主要反映事物的组成的规律和时域。依据序的性质,可分为有序、混沌序和无序。有序通常同稳定性、规则性相关联,主要表现为空间有序、时间有序和结构有序。无序通常与不稳定、无规则相关联。而混沌序则是不具备严格周期和对称性的有序态。现代复杂系统演化理论认为,复杂系统的演化中,不同性质的序之间可以相互转化。安全系统序的转化结果是否引发灾害或使灾害扩大,取决于序结构的类型及系统对特定序结构下的运动的(灾害意义上的)承受能力。

有序和无序,确定性和非确定性都会在系统演化过程中通过其空间结构、时间结构、功能结构和信息结构的改变体现出来。

7.突变性或畸变性

安全系统过程的突变或畸变,或过程由连续到非连续变化在本质上服从于量变引起质变的哲理。量变到质变的转化形式可以用畸变、突变或飞跃来描述,但也可通过渐变来实现。因此,安全系统的渐变也可能孕育着事故,而突变、畸变则肯定对应于灾害事故的启动,是致灾物质,或能量的突然释放。安全系统虽与一般系统、非线性系统等有若干共同点,但安全系统的个性仍非常明显,这是决定它客观存在并区别于其他系统的根本原因。

8.耗散结构特性

安全系统能否完成其整体安全的功能,往往取决于安全系统的结构。不同等级的安全系统结构决定其具有的完成整体安全功能的能力。安全系统是个多因素、多层次的复杂系统,其结构性必然表现在安全系统因素和层次的有机组合,从而具有一定的水平功能。而这种结构性则往往以耗散结构的形式表现出来。

安全系统若以耗散结构形式存在,根据耗散结构理论,必须符合以下几个条件:开放的动态系统、非线性系统、远离原始态的系统。安全系统的非线性具体表现在以下两个方面:一方面,如果安全系统是单纯的线性系统,就不会出现突变,没有突变也就不会有事故或灾害的发生。这从反面论证了安全系统具有非线性特征。另一方面,当构成安全系统的各种因素变化时,并非与系统运行结果成线性对应。例如:安全投入的多少,并非可直观地、立即反映出系统安全状态的变化。同时,安全系统的非线性也是安全的社会属性和自然属性的体现。

安全系统的原始态是指安全系统中安全因素处于熵、自由度、无序度最大的无组织、无结构的状态。具体表现为人、机、环境三部分的混乱状态:安全系统中人的安全意识薄弱、安全教育程度低下、安全管理薄弱等;人的不安全行为、物的不安全状态、两者相互作用潜在的危险性都暴露无遗;安全防护缺乏;环境对人的不利影响和人对环境的破坏都非常严重;等等。原始态下,安全系统的危险性是相当大的,发生事故的概率是最大的,处于事故频发状态。长期处于原始态,即事故的高发期,由于人们自身的安全需要和社会进步的需要,人们就会不断地从中改善自己的不安全行为、改变物的不安全状态,加强安全管理和自身的安全教育以便提高安全意识、注意自身的防护和改善与环境的关系等。种种自发的、零碎的措施使事故的发生减少,人们受到的危害也相应地减少。使人们被动摆脱那种事故高发的状态,是安全系统被动摆脱原始态的具体表现。但是,该状态只是安全系统的各因素自发地、零碎地改善自身的安全状况,没有系统加以解决,即没有形成特定的结构、不具备特定功能的安全系统,只能算是被动摆脱原始态的安全系统。只有当人们应用系统工程的理论和方法,建立以安全学为理论基础的安全系统来分析处理复杂的安全问题时,才能达到或建立远离原始态的安全系统。

安全系统之所以会远离原始态,主要是由基于安全系统本身的属性决定的,即由安全的自然属性和社会属性决定的。由于安全的自然属性和社会属性的推动,特别是社会属性中主动因素的推动,安全系统远离原始态。从哲学上说,事物的内因是推动事物发展的动力。安全属性就是安全系统的内因,没有安全属性,安全系统就失去动力来源,也就不会有安全系统远离原始态的现象。

当安全系统达到耗散结构理论所要求的条件时,安全系统如何实现从远离原始态向耗散结构转化的这一飞跃?安全系统需要通过一个微小的扰动来激发,激发其处于远离原始态的非线性区,使得这种非线性的相互作用能够促进安全系统的各安全要素之间产生协调动作和相干效应,从而使安全系统从杂乱无章变为井然有序。如果安全系统中各安全要素的相互作用仅仅呈线性关系,那么安全系统只有量的增减,不可能有任何质的飞跃。

在正常情况下,安全系统中的扰动,不会对安全系统造成太大影响。只有在安全系统处于远离原始态,而且这种扰动又是在非线性区的情况下,这种微小的扰动才会造成安全系统质的变化,即质的飞跃——层次结构的更换。这种现象就是"蝴蝶效应"所表现出来的现象。因此,安全系统中的扰动和远离原始态的非线性的相互作用,是安全系统从远离原始态向耗散结构转变的决定性因素。

因此,安全系统通过在非线性区自身的扰动,会远离原始态,在没有外界干预下形成在空间、时间或功能上有序的耗散结构。

3.2.2　安全系统工程及其研究内容

1.安全系统工程

安全系统工程是系统工程理论在安全领域内发展的工程技术。它采用系统工程的基本原理和方法,预先识别、分析系统存在的危险因素,通过指导设计、调整工艺和设备、协调操作过程、生产周期和资金投入等因素,评价并控制系统风险,使系统安全性达到预期目标。

对这个定义,可以从以下几个方面理解:

(1)安全系统工程的理论基础是安全科学和系统科学。它是工矿企业劳动安全卫生领域的系统工程。

(2)安全系统工程追求的是整个系统的安全和系统全过程的安全。

(3)安全系统工程的重点是系统危险因素的识别、分析,系统风险评价和系统安全决策与事故控制。

(4)安全系统工程要达到的预期安全目标是将系统风险控制在人们能够容忍的限度以内,也就是在现有经济技术条件下,最经济、最有效地控制事故,使系统风险在安全指标以下。

安全系统工程的基本程序(见图 3.2)为:①发现系统中的事故隐患;②预测由事故隐患和人为失误可能导致的伤亡或损失事件;③设计和选用控制事故的安全措施和方案进行安全决策;④组织安全措施和对策的实施;⑤对系统及其安全措施效果做出评价;⑥动态反馈并适时调整和改进,以求系统运行能取得最佳安全效果。

安全系统工程的优点:全面、系统地处理系统的安全性,防止了片面性和轻重倒置;通过分析,掌握系统的薄弱环节和风险,预测事故发生的可能性,从而有备无患;通过安全评价和优化技术,可以找出使各子系统达到最佳配合的方法,用较少的投资得到最佳的安全效果,从而大幅度减少人员财产损失;定性、定量的安全评价需要各种标准和数据,安全系统工程将促进各项技术标准的制定和有关数据的收集;通过参与安全系统工程的开发和应用,可以迅速提高安全技术人员、操作人员和管理人员的业务水平及安全管理能力。

2.安全系统工程的研究内容

安全系统工程是专门研究如何用系统工程的原理和方法确保实现系统安全功能的科学技术。其研究内容主要有危险的识别、分析与事故预测;消除、控制导致事故的危险;分析构成安全系统各单元间的关系和相互影响,协调各单元之间的关系,取得系统安全的最佳设计等。其主要技术手段有系统安全分析、系统安全评价和安全决策与事故控制。

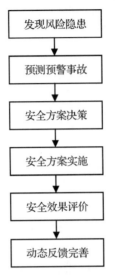

图 3.2　安全系统工程的基本程序

（1）系统安全分析。

系统安全分析是对处于一定环境中的系统具有的安全性进行分析。它是指运用系统工程的原理和方法,着重对系统的结构转换、静态和动态过程的事故预知、预防、消除和控制功能进行分析,辨别系统中存在的危险因素,并根据实际需要对其进行定性、定量描述的技术方法。它是安全工程的核心内容,是实现系统安全的重要手段。

要提高系统的安全性,使其不发生或少发生事故,前提条件就是预先发现系统可能存在的危险因素,全面掌握其基本特点,明确其对系统安全性影响的程度。只有这样,才能针对系统可能存在的主要危险,采取有效的安全防护措施,改善系统安全状况。这里所强调的"预先"是指:无论系统生命过程处于哪个阶段,都要在该阶段开始之前进行系统的安全分析,发现并掌握系统的危险因素。这就是系统安全分析要解决的问题。

系统安全分析的内容主要包括:事故原点、触发因素、耦合条件及其相互关系,与安全有关的人、机（物）、环境等因素,利用适当设备、规程等避免或根除某些特殊危害的措施,控制危害的措施及保证系统安全的最佳方法,难以消除的风险变成事故的可能后果,发生事故时为防止和减少损失和伤害应采取的应急措施,等等。

系统安全分析主要包括:安全目标、可选用方案、系统模式、评价标准、方案选优五个基本要素和程序。①把所研究的生产过程或作业形态作为一个整体,确定安全目标,系统地提出问题,确定明确的分析范围;②将工艺过程或作业形态分成几个单元和环节,绘制流程图,选择评价系统功能的指标或顶端事件;③确定终端事件,应用数学模式或图表形式及有关符号,使系统数量化或定型化,抽象化系统的结构和功能,将其因果关系、层次关系及逻辑结构变换为图像模型;④分析系统的现状及其组成部分,测定与诊断可能发生的事故的危险性、灾害后果,分析并确定导致危险的各个事件的发生条件及其相互关系,建立数学模型或进行数学模拟;⑤对已建立的系统,综合采用概率论、数理统计、网络技术、模糊技术、最优化技术等数学方法,对各种因素进行数量描述,分析它们之间的数量关系,观察各种因素的数量变化及规律。根据数学模型的分析结论及因果关系,确定可行的措施方案,建立消除危险、防止危险转化或条件耦合的控制系统。系统安全分析内容与程序如图 3.3 所示。

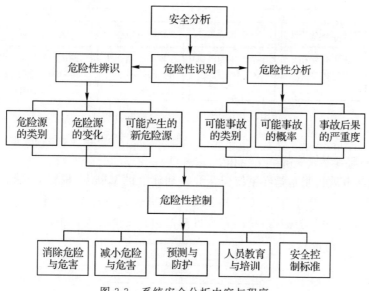

图 3.3　系统安全分析内容与程序

根据有关文献介绍,系统安全分析有多种形式和方法,使用中应注意以下几方面:①根据系统的特点、分析的目标和要求,采取不同的分析方法。每种方法都有其自身的特点和局限性,并非处处适用。使用中有时要综合应用多种方法,相互比较以取长补短,验证分析结果的正确性。②使用现有分析方法时不能死搬硬套,必要时要根据实用、好用的需要对其进行改造或简化。③不能局限于分析方法的应用,而应从系统原理出发,开发新方法、开辟新途径,还要在以往行之有效的一般分析方法基础上总结提高,形成系统性的安全分析方法。

（2）系统安全评价。

系统安全评价又称系统危险度评价或风险评价,是对整个系统做出的安全评价。它是以系统安全分析为基础,通过分析,了解和掌握系统存在的危险因素,但不一定要对所有危险因素采取措施。而是通过评价掌握系统的风险事故大小,以此与预定的系统安全指标相比较,如果超出指标,则应对系统的主要危险因素采取控制措施,使其降至该标准以下。这就是系统安全评价的任务。评价的方法也有多种,应考虑评价对象的特点、规模,评价的要求和目的,采用不同的方法。同时,在使用过程中也应和系统安全分析的使用要求一样,坚持实用和创新的原则。目前在我国许多领域都进行了系统安全评价的实际应用和理论研究,开发了许多实用性很强的评价方法,特别是企业安全评价技术和重大危险源的评估、控制技术。系统安全评价内容和程序如图 3.4 所示。

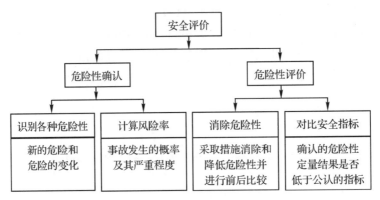

图 3.4　系统安全评价内容和程序

（3）安全决策与事故控制。

安全决策与事故控制是指在系统安全分析和评价的基础上，根据安全法律法规、标准、规范等，运用现代安全管理理论、方法和手段，提出并优化各种安全措施方案，对系统实施全面、全过程的安全管理，实现对系统的安全目标控制。安全决策程序环节如图 3.5 所示。

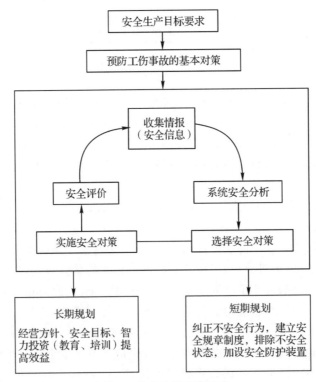

图 3.5　安全决策程序环节

任何一项系统安全分析技术或系统安全评价技术，如果没有一种强有力的管理手段和方法，就无法发挥其应有的作用。因此，在出现系统安全分析和系统安全评价技术的同时，也出现了系统安全决策。其最大的特点是从系统的完整性、相关性、有序性出发,对系统实施全面、全过程的安全管理,实现对系统的安全目标控制。最典型的例子是美军标准《系统安全程序》,美国道化学公司的安全评价程序,国际劳工组织、国际标准化组织提倡的《职业安全卫生管理体系》。系统安全管理是以系统安全分析和系统安全评价技术,以及安全工程技术为手段,控制系统安全性,使系统达到预定安全目标的一整套管理方法、管理手段和管理模式。

3.2.3 系统安全与安全系统的关系

系统安全一词是美国于 1948 年提出的,是运用系统理论和系统工程的方法,预防可预知的事故和减少不可预知的事故的结果,主要考量的是危险的管理,即通过分析、设计和管理过程识别、评价、消除和控制危险。

人类对安全的认识阶段层层递进,上升幅度不断加大,这也符合人类科学技术发展趋势。在农业经济时期,人类不是专门解决安全问题,而是在解决生产技术问题的同时,不自觉附带解决了安全问题,在认识上安全处于自发认识阶段;工业革命以后,劳动者用机器作业时,危险程度大大增加,为了生产不得不考虑安全问题,这时主要针对某类生产过程或某种机器设备的局部问题利用安全技术,从而形成解决局部安全问题的专门技术,人类对安全的认识就过渡到了局部认识阶段;20 世纪初,随着生产力高度发展,人类全面进入工业化时代,特别是第二次世界大战后,航天和原子能利用的实现,使生产技术向复杂化、规模化和高速化方向发展,对安全问题的局部认识已经很难适应要求,需要从生产部门的整个领域去考虑实现全面和整体的安全,这种社会需求导致安全专门人才在工业工程人才中的角色独立,产生了专门针对某一生产领域(即系统)全面负责实施该"系统安全"的工程师工作岗位,从认识上说,人类由局部安全认识进入了系统安全的认识阶段;进入 21 世纪,随着航空、航天、军事技术快速发展,人类社会已经处在一个知识经济和信息时代,经济全球化已成为发展的主流趋势。

现代社会是一个危险因素多样化、安全利益多元化、安全问题国际化纵横交错的复杂系统,需要更高层次的、具有安全系统理论知识结构和思维方法的"安全系统"的工程师人才,从宏观和微观的结合上全面进行安全工程设计,提出安全要求、给出安全决策,协调相关方面、在不同层次通过不同渠道、采取不同的方式加以组合解决安全问题。新经济形势要求安全工程专业技术人才的思想观念、知识结构和思维方法必须实现由系统安全认识向安全系统认识的转变。

从上面对安全认识阶段的发展分析中,可以用以下几句话高度概括系统安全与安全系统之间的关系:

(1)系统安全是安全的静态认识,是安全的外延。

(2)安全系统是安全的自身系统,是对安全的动态认识,是安全的内涵。

(3)安全专业人才就是要运用安全系统的理论去解决系统安全中的实际问题。

可以说从系统安全到安全系统的认识是安全认识的飞跃与升华,是安全科学学科创立的过程,是安全从外延到内涵的认识上的一次革命。

在生产领域中,系统安全是以生产系统作为主体,从生产对象需要安全的角度或着眼点提出来的。在分析和解决安全问题时,习惯做法是把已复合成为生产系统的不安全因素逐个地分割开来,孤立地、静止地采取安全工程技术措施来消除(或控制)该系统的不安全因素。这样做仅可实现系统的静态安全,但保证不了系统的动态安全。

安全系统的理论基础是把安全和生产(生活、生存也一样)有机结合起来,二者相互依赖,齐头并进。它必须使系统内的各个安全要素按着确定的功能和相互作用的关系有机地结合起来,构成一个自身的安全自组织。安全自组织即构成系统的各个安全因素除准确达到静态安全要求外,还必须具有迅速准确复合的安全性能。一旦某个安全因素的存在或动作状态出现恶化,则立即通过该因素自身或与其他关联的因素重新组织、补救和调整等功能,快速动作,各因素共同协力的宏观表现即实现静、动态全过程都安全,也就是实现了安全系统。

系统安全与安全系统均有各自的内涵和外延,其主要区别为以下几方面。

1.科学技术体系结构

系统安全属于经验型的安全技术范畴,对安全来说,其知识体系属于以生产技术为主体的应用科学技术体系结构。它的理论特征是,它是以分门别类的自然科学理论构架成的不同领域的安全知识拼盘,在安全上缺乏彼此间有机的内在联系,其理论处于工程技术或技术科学层次,难以进入基础科学层次和哲学层次。其处理问题时以物的安全为着眼点,为实现生产系统的安全服务。在工程技术措施上或多或少地带有经验性的因素,这种用局部技术控制技术风险的方法,对解决单因素和静态系统的安全问题是成功的,而面对现代庞大又复杂的生产系统,显然是无能为力的。安全系统理论隶属于安全科学范畴,以安全科学为理论基础。安全科学的学科技术体系具有完整的纵向四个分支学科(即安全设备类、安全社会类、安全系统类和安全人体类)和横向理论四层次[即工程技术层次(安全工程)、技术科学层次(安全工程学)、基础科学层次(安全学)及哲学层次(安全观)]。

2.产生的时代背景

系统安全认识产生于现代。在这个时代自然科学技术已全面发展成熟,技术普遍应用于生产领域,技术安全已备受人们的重视,但其弱点正像安全专家库尔曼所指出的那样:"发展安全技术的驱动力,是在应用有关技术时从损害中获得的经验。然而,这种经验只有在有限的认识能力范围内取得,它感知的只是损害与原因之间简单的因果关系,而不是洞察许多不同现象之间普遍的因果关系。"这种被动局面已到了非改变不可的时候了。

安全系统认识产生于当代。特别是近20年,越来越多地被人们认识、感兴趣和深入研究。当代科学技术发展的重要特征之一是已有学科的继续高度分化和新生学科的纵横高度综合。由于人们对客观世界的认识能力不断提高,更需要了解事物间的纵横联系和交叉、整体效应。而当代技术的潜在危害涉及范围广,产生的后果严重,不允许再用"从错误中学习安全"的方法,总是当事后诸葛亮。要学会洞察和分析安全的不同现象之间普遍因果联系运动及其变化规律,要求实现全面的、整体的、有机的和理论与实践密切相结合的安全系统认识。

3.哲学观点

系统安全是把生产体系当作主体的"安全技术",即从生产角度和着眼点看安全,把安全视为生产（主体）的需要。若从安全的角度和着眼点看，这是形而上学地就问题看问题，把本来具有独立本质和运动变化规律的安全问题简单地视为生产的附属对象，从而对安全进行分割、孤立、静止和就事论事地认识、研究并形成习惯性的安全技术处理做法。这种思想方法仅适用于生产技术人员处理安全问题，而不适用于安全工程师。

安全系统是把"安全"和"生产"视为寓于人类活动中的相互依存、互为条件的两个不同目标。为了真正把握安全，就得把安全当作主体，将其即视为看问题的着眼点和角度，将生产视为安全的客观条件，在重视运用各学科技术手段解决好系统的各个组成部分的静态安全的同时，必须强调全局（整体）的动态安全，将局部与全局统一起来认识。用控制论、信息论、系统论等现代科学理论和方法揭示安全在多因素、动态、复杂系统中诸因素之间信息能量联系与相互作用的关系。

4. 方法论

系统安全强调系统工程的方法和工具，包括系统工程原则、风险评估和管理、绩效评估等方法。而安全系统则更注重从系统设计的角度出发，通过制定安全策略、安全控制措施等来保障特定系统的安全。系统安全是现代工程系统中不可或缺的一个重要方面，它强调运用系统工程的方法和工具来确保系统的安全性和可靠性。系统工程原则是在系统设计、开发和运营过程中遵循的基本原则，包括整体性、多学科协同、阶段性和可追溯性等。这些原则可以帮助工程师全面、系统地考虑系统的安全要求，并确保系统满足用户和环境的安全需求。

3.2.4　安全系统工程与传统的技术安全

安全系统工程是从根本上提高工程系统安全水平的技术工作方法，是在企业传统的生产技术安全工作基础上发展起来的。当前系统日益复杂，伴随而来的事故发生可能性日益增加，传统的技术安全工作总是跟在事故后面跑，很难做到事故之前的系统分析，将事故防患于未然，这已不能适应现代化生产和现代工程系统发展的需要。

随着科学技术的发展，特别是系统分析方法的应用，人们从工程系统内部条件和外部环境出发，研究它们与安全问题的相互关系，掌握危险发生的规律，通过产品设计和规范使用操作来减少或控制危险，把事故发生的可能性降到最小，促进了安全系统工程的发展和应用。

对比安全系统工程与传统的技术安全，发现二者主要有下述区别：

（1）传统的技术安全工作范围主要是在生产和使用场所能够保证操作人员和设备不致受到伤害或损坏，它并不直接涉及工程系统的设计（最多只是向设计反馈不安全因素）。而安全系统工程则主要研究工程系统全寿命过程，包括方案论证、设计、试验、制造以及使用等方面的安全工作，并且重点在研制阶段。

（2）传统的技术安全工作大多凭经验和直觉来处理安全问题，而较少由表及里深入分析，从事物的相互联系去发现潜在危险，因而难以彻底改善安全状态。而安全系统工程利用系统工程的方法，从系统、分系统、环境影响以及它们之间的相互联系来研究安全问题，从而能比较深入而全面地找到潜在危险和不安全问题，以预防事故的发生。

（3）传统的技术安全工作多从定性方面进行研究，一般只提出"安全"或"不安全"的概念,对安全性没有定量的描述,因而难以做出准确的判断和评价,不便于控制和管理。而安全系统工程利用危险严重性等级、危险可能性等级、危险事件发生概率以及人因可靠性指标来定量评价安全的程度,使预防事故的措施有了客观的度量。

(4)传统的技术安全工作只是从局部的、零碎的或处于被动状态来解决安全问题的,因而不能从根本上提高安全水平。而安全系统工程从工程系统论证、设计起就开始进行系统安全性分析。它考虑到工程系统中所有可能存在的危险,如危险源、各分系统接口、软件对安全性的影响,并随着研制工作的进展,逐步细化安全分析的内容,使安全工作主动而全面地发挥最佳的作用。

(5)传统的技术安全工作目标值不明确、不具体。研究做到什么程度才算安全问题解决得好,才能控制重大事故的发生,这些问题目标不明确,工作盲目性较大。而安全系统工程通过安全性分析、试验、评价和优化技术的应用,可以找出最佳的减少和控制危险的措施,使工程系统各分系统之间的设计、制造和使用达到最佳组合,用最少的投资获得好的安全效果,从而有把握并在极大程度上提高工程系统安全水平。

(6)传统的技术安全认为,只要在人不犯错误时能保证人的安全就达到了技术的根本要求,而缺乏对人的不安全行为的分析,有必要掌握人的心理活动的过程,找出发生事故的次要原因。而安全系统工程是鼓励所有人员都要积极参与,强调全员的参与性,形成全员参与的工作氛围,使每个人都能够意识到自己在安全工作中的重要性,通过培训、沟通和宣传,增强员工的安全意识和责任感,形成共同关注安全的企业文化。

综上所述,安全系统工程在提高工程系统的安全性上有很大的发展和应用前景。目前由于人们认识的不足,各种数据缺乏,标准也不完善,安全性分析还只限用于一定的生产领域,安全系统工程和传统的技术安全还需要分工协作。例如传统的技术安全在现场的统计资料是安全系统工程定量研究的重要根据,控制危险的某些措施还有赖于技术安全的管理经验等。但安全系统工程工作的普及与深入,工业生产和工程系统使用安全水平必将得到更大的提高,而传统的技术安全工作也将得到改善。

3.2.5 安全系统工程方法

安全系统工程方法是指使用系统工程的原理和方法,辨识、分析系统中存在的危险因素,并根据需要对其进行定性、定量描述的技术方法。安全系统工程方法是进行系统安全分析及安全评价的重要工具。

1.从系统整体出发的分析方法

安全系统工程的研究方法必须从系统的整体性观点出发,从系统的整体考虑解决安全问题的方法、过程和要达到的目标。例如,对每个子系统安全性的要求,要与实现整个系统的安全功能和其他功能的要求相符合。在系统研究过程中,子系统和系统之间的矛盾以及子系统与子系统之间的矛盾,都要采用系统优化方法寻求各方面均可接受的满意解;同时要把安全系统工程的优化思路贯穿到系统的规划、设计、研制和使用等各个阶段。在危险因素辨识中得到广泛应用的系统安全分析方法主要有以下几种:

(1)安全检查表法(safety checklist)。

(2)预先危险性分析(preliminary hazard analysis)。

（3）故障类型和影响分析（failure model and effect analysis）。

（4）危险性和可操作性研究（hazard and operability analysis）。

（5）事件树分析（event tree analysis）。

（6）事故树分析（fault tree analysis）。

（7）因果分析（cause-consequence analysis）。

（8）故障类型影响和致命度分析法（failure mode effect and criticality analysis）。

此外，还有 What if（如果出现异常将会怎样）分析、作业条件危险性分析、MORT（管理疏忽和风险树）分析等方法，可用于特定目的的危险因素辨识。

2.本质安全方法

本质安全最初用于电气、仪表设备，主要是指利用本身构造的设计，防止电火花的产生，以免引起火灾或爆炸，这是设备自身本质上的安全设计。但随着人们对安全需求的提高，本质安全已不仅仅是指设备在设计上的追求，而是提高到了安全系统方面，扩大了本质安全的内涵。

本质安全既是安全技术追求的目标，也是安全系统工程方法中的核心。由于安全系统把安全问题中的人-机（物）-环境统一为一个"系统"来考虑，因此不管是从研究内容来考虑还是从系统目标来考虑，核心问题就是本质安全化，就是研究实现系统本质安全的方法和途径。

控制事故应当采取本质安全化方法，主要是从降低事故发生概率和降低事故严重度两个方面考虑。降低事故发生概率的措施主要包括：提高设备的可靠性、选用可靠的工艺技术、降低危险因素的感度、提高系统抗灾能力、减少人为失误等；而降低事故严重度的措施一般包括：限制能量或分散风险、防止能量逸散、加装缓冲能量的装置、采取个体防护等措施。

3.人-机匹配法

事故的发生往往是由人的不安全行为和物的不安全状态造成的。在影响系统安全的各因素中，至关重要的是人-机匹配。所谓人-机匹配是指在人机系统设计的过程中，要根据人和机器各自的特点，合理地设计系统，使人机系统在生产过程中达到安全、高效的目的。

人与机器各有各的特点，在人机系统中，需要研究的是如何使人、机分工合理，从而达到整个系统的最佳效率。机器优于人的方面有：操作速度快，精度高，能高倍放大和进行高阶运算。人的操作活动适宜的放大率在 1：1～4：1 之间，机器的放大倍数则可达 10 数量级；人一般只能完成两阶内的运算，而计算机的运算阶数可达几百阶，甚至更高。机器能量大，能同时完成各种操作，且能保持较高的效率和准确度，不存在单调和疲劳，感受和反应能力较高，抗不利环境能力强，信息传递能力强，记忆速度和保持能力强，可进行短暂的储存记忆等。人优于机器的方面有：人能进行归纳、推理和判断，并能形成概念和创造方法，人的某些感官目前优于机器，人的学习、适应和应对突发事件的能力强。人的情感、意志与个性是人的最大特点，但人具有无限的创造性和能动性，这是机器无法比拟的。

总的来说，在进行人、机功能分配时，应该考虑人的准确度、体力、动作的速度及知觉能力四个方面的基本界限，以及机器的性能、维持能力、正常动作能力、判断能力及成本四个方面的基本界限。人员适合从事要求智力、视力、听力、综合判断力、应变能力及反应能力的工作,而机器适合承担功率大、速度快、重复性及持续性的任务。应该注意,即使是高度自动化的机器,也需要人员来监视其运行情况。另外,在异常情况下需要由人员来操作,以保证安全。

4.安全经济方法

因为安全的相对性原理,所以安全的投入与安全(目标)在一定经济、技术水平条件下有对应关系。也就是说,安全系统的"优化"同样受制于经济。但是,由于安全经济的特殊性(安全性投入与生产性投入的渗透性、安全投入的超前性与安全效益的滞后性、安全效益评价指标的多目标性、安全经济投入与效用的有效性等),要求安全系统工程,在考虑系统目标时,既要有超前的意识和方法,也要有指标(目标)的多元化的表示方法和测算方法。

安全经济是研究生产活动中安全与经济相互关系及其对立统一规律的科学,它既是经济学的一个分支,也是安全科学的重要组成部分。

5.系统安全管理方法

从学科的角度讲,安全系统工程是技术与管理相交叉的横断学科;从系统科学原理的角度讲,它是解决安全问题的一种科学方法。因此,安全系统工程是理论与实践紧密结合的专业技术基础,系统安全管理方法贯穿安全的规划、设计、检查与控制的全过程。因此,系统安全管理方法是安全系统工程方法的重要组成部分。

所谓安全管理就是管理者对安全生产进行的计划、组织、指挥、协调和控制的一系列活动,以保护职工在生产过程中的安全与健康,保护国家和集体的财产不受损失,促进企业改善管理,提高效益,保障事业的顺利发展。

安全管理是企业管理的一个组成部分,其与生产管理密切联系,互相影响、互相促进。为了防止伤亡事故和职业危害,必须从人、物、环境以及它们的合理匹配这几个方面采取对策。得到国内大多数学者一致认为的是,我国目前的安全管理现状是被动的安全管理,而企业的安全管理模式的系统性不强。这就要求在安全管理领域必须注重发展与我国国情相适应的系统安全管理方法并进行快速转化。

随着科技进步与经济发展,互联网技术、云计算、人工智能和大数据分析等信息技术的应用,为处理生产过程中的各种事故风险隐患,实现安全生产的全过程管控提供了新的方式方法。通过对实时采集的风险数据信息量化后,自动分析趋势并预警,并提供最优解决方案意见,进而保障工作人员安全。可见,现代安全管理就是将人工智能等信息技术和安全生产管理的多个大系统构架成一个更大的系统,形成智慧安全管理,通过智能化、网络化、层次化的方式,将生产过程中的各个子系统彼此联系、相互促进,使各安全设施形成网络,凸显生产系统中各领域、各子系统之间的关系,使其成为可以指挥决策、实时反应、协调运作的"神经系统"。智慧安全解决方案是通过物联网传感器、大数据分析、定位、语音图像识别等技术把"人员""设备""环境""管理"等环节中的安全生产要素与信息化平台相结合,依托云平台对这些因素进行智能风险识别、隐患跟踪、风险预警、过程监控和管理,从而满足安全生产的源头管理、过程管理、动态管理、预警预测及决策支持,实现安全生产信息化和智慧化。

3.3　安全系统工程基础

3.3.1　基本逻辑运算和逻辑函数

1.基本逻辑运算

逻辑函数又称布尔代数,是英国数学家乔治·布尔(George Boole)在 19 世纪中叶创立的,是事故(件)逻辑分析方法的理论基础及计算工具。逻辑函数比普通代数简单,因为它仅有 0 和 1 两个变量。变量 0 和 1 并不表示两个数值,而是表示两种不同的逻辑状态,如是与否、真与假、高与低、有与无、开与闭等。

在逻辑函数中,最基本的逻辑有 3 种:与、或、非。用逻辑函数符号表示也称与门,或门,非门。可以用表来表示布尔代数的基本逻辑运算。

(1)与运算,逻辑乘运算,逻辑乘:$z = a \cdot b$;

(2)或运算,逻辑加运算,逻辑加:$z = a + b$;

(3)非运算,逻辑求反运算,逻辑非(否定):$z(a) = a'$。

各种符号所表示的函数关系及其含义,见表 3.1。

表 3.1　基本逻辑运算

名称	逻辑符号	函数式	含义
与门		$z(a,b) = a \cdot b$	$1 \times 1 = 1$ $1 \times 0 = 0$
或门		$z(a,b) = a + b$	$1 + 1 = 1$ $1 + 0 = 1$ $0 + 0 = 0$
非门		$z(a) = a'$	$a = 1,\ a' = 0$ $a = 0,\ a' = 1$

与运算,也叫逻辑乘运算,简称逻辑乘。表示输入变量为 a、b 时,输出 $z = a \cdot b$,即决定事件 z 的条件 a 与 b 全部具备时,事件 z 就会发生,否则不会发生。

或运算,也叫逻辑加运算,简称逻辑加。表示输入变量为 a、b 时,输出 $z = a + b$,即决定事件 z 的条件 a 或 b 一个或两个全具备时 z 才会发生。当 a 与 b 都不具备时,z 才不会发生。

非运算,也叫逻辑求反运算,简称逻辑非(或逻辑否定)。表示输入变量为 a 时,输出 $z = a'$(或 $\bar{a}$),读作 a 非。即决定事件 z 的条件为 a 时,z 与 a 相反,a 存在 z 则不会发生,反之亦然。

2.逻辑变量与逻辑函数

一般来讲,如果输入变量 $a,b,c\cdots$ 的取值确定之后,输出变量 z 的值也就确定了。那么,就称 z 是 $a,b,c\cdots$ 的逻辑函数,并写成

$$z = F(a,b,c\cdots)$$

在逻辑函数中,不管是变量还是函数,它们只有两个取值0与1。因为对决定事件是否发生的条件(相当于变量)来讲,尽管会有很多,但对任何一个条件来讲,都只有具备和不具备两种可能,对相当于函数的事件来讲,也只有发生和不发生两种情况。因此,用0与1作为上述条件的两种可能与事件的两种情况的函数关系,是很容易理解的。

3.真值表

描述逻辑函数各个变量取值组合和函数值对应关系的表格叫作真值表。

每个变量有0,1两个取值,n 个变量有 2^n 个不同的取值组合。如果将输入变量的全部取值组合和相应的输出函数值——列举出来,即可得到真值表,见表3.2。

表3.2 逻辑基本函数真值表

变量值	函数		
	与	或	非
abc	abc	$a+b+c$	$a'b'c'$
000	0	0	111
001	0	1	110
010	0	1	101
011	0	1	100
100	0	1	011
101	0	1	010
110	0	1	001
111	1	1	000

4.布尔代数的运算法则

布尔代数中的变量代表一种状态或概念,数值1或0并不是表示变量在数值上的差别而是代表状态与概念存在与否的符号。

布尔代数主要运算法则如下:

(1)幂等法则。

1)$A+A=A$。根据集合的性质,由于集合中的元素是没有重复的,两个 A 集合的并集的元素都具有 A 的属性,所以还是 A。

2)$A \cdot A=A$。两个 A 集合的交集的元素仍具备 A 集合的属性,所以还是 A。

(2)交换法则。

1)$A+B=B+A$。

2)$A \cdot B=B \cdot A$。

(3)结合法则。

1)$A+(B+C)=(A+B)+C$。

2)$A \cdot (B \cdot C)=(A \cdot B) \cdot C$。

(4)分配法则。

1)$A + (B \cdot C) = (A + B) \cdot (A + C)$。

2)$A \cdot (B + C) = (A \cdot B) + (A \cdot C)$。

3)$(A + B) \cdot (C + D) = A \cdot C + A \cdot D + B \cdot C + B \cdot D$。

（5）吸收法则。

1)$A + A \cdot B = A$。

2)$A \cdot (A + B) = A \cdot A + A \cdot B = A$。

（6）互补法则。

$A + A' = 1, A \cdot A' = 0$。

（7）狄摩根定律。

$(A + B)' = A' \cdot B', (A \cdot B)' = A' + B'$。

（8）对合率。

$(A')' = A$。

（9）重叠率。

$A + A' \cdot B = A + B = B + B' \cdot A$。

5.布尔代数的化简

布尔代数式是一种结构函数式,必须将它化简方能进行判断推理。化简的方法就是反复运用布尔代数法则。

逻辑函数的最简形式如下:

（1）逻辑函数式中的乘积项（与项）的个数最少。

（2）每个乘积项中的变量数也最少的与或表达式。

逻辑函数的化简程序如下:

（1）代数式如有括号应先去括号将函数展开。

（2）利用幂等法则,归纳相同的项。

（3）充分利用吸收法则直接化简。

3.3.2　可靠性工程

随着科学技术的飞速发展,生产的自动化水平不断提高,生产设备结构复杂,且高速、大型化,如核电站工业系统、大型冶金工业系统、大型化工企业、航天飞机、高速铁路、智能化矿井及智慧化矿区等都实现了自动化、信息化、智能化生产。系统中的任何一个环节,一个零部件突然失灵,都会给系统带来不可估量的损失。因此,不仅要研究零部件的可靠性,还要研究系统的可靠性。

安全性定义为可控制的接受水平。为了达到这一目标,就要知道人们生活与工作环境内各种设备（产品）发生失效和人员失误的概率以及失效可能导致的人身伤亡和重大经济损失。

同时,对于一个系统（人、设备等）而言,当进行系统分析及评价时,往往要对其进行量化计算,为此引入有关可靠性的内容。

1.可靠性

可靠性是指产品在规定条件下和规定时间内完成规定功能的能力。可靠性可分为广义可靠性和狭义可靠性。

(1)广义可靠性:在规定的条件下和规定的时间内,元器件(产品)、设备或者系统稳定完成功能的程度或性质。例如:汽车在使用过程中,当某个零部件发生了故障,经过修理后仍然能够继续驾驶。

(2)狭义可靠性:狭义的"可靠性"是指产品在使用期间没有发生故障的性质。例如一次性注射器,在使用的时间内没有发生故障,就认为是可靠的;再例如某些一旦发生故障就不能重复使用的产品,日光灯管就是这类型的产品,一般损坏了只能更换新的。

在可靠性的定义中需要阐明以下要点:

(1)规定时间。在人机系统中,由于目的和功能不同,对系统正常工作时间的要求也就不同,若没有时间的要求,就无法对系统在要求正常工作时间能否正常工作做出合理判断。因此时间是可靠性指标的核心。

(2)规定条件。人机系统所处条件包括使用条件、维护条件、环境条件和操作条件。系统能否正常工作与上述各种条件密切相关。条件的改变,会直接改变系统的寿命,有时相差几倍甚至几十倍。

(3)规定功能。人机系统的规定功能常用各种性能指标来描述,人机系统在规定时间、规定条件下各项指标都能达到,则称系统完成了规定功能,否则称为"故障"或"失效"。因此对失效的判据是重要的,否则无据可依,使可靠性的判断失去依据。

(4)能力。在可靠性定义中的"能力"具有统计意义,如:"平均无故障时间"越长,可靠性就越高。由于人机系统相当广泛,且各有不同,因此,度量系统可靠性"能力"的指标也很多,如"可靠度""平均寿命"等。

增强可靠性的意义在于其是产品质量的保证,是安全生产的保证,能够提高经济效益和影响国家的安全与声誉。

2.可靠度与不可靠度

可靠度是可靠性的概率度量。通常记为 R。

产品的可靠性是时间的函数。产品的可靠度用概率来表示,它是一个统计的概念,是针对一批或多批相同产品而言的。可靠性不能预计一个特定产品能工作多长时间就失效,但可以借助于统计的方法,预计一个产品在规定的时间内正常工作的概率。

不可靠度是指研究对象在规定的条件下和规定的时间内丧失规定功能的概率,又叫失效概率,通常记为 F。

可靠度和不可靠度是一完备事件组,所以有

$$R + F = 1 \text{ 或 } R = 1 - F \tag{3.1}$$

研究对象的不可靠度可以通过大量的统计实验得出。例如,有 N_0 个研究对象在规定条件下工作到某规定时间有 N_{fm} 个研究对象失效。我们把工作时间按 Δt 为一段,分成 t_1,t_2,t_3,…,$t_n (t_1 < t_2 < \cdots < t_n)$ 时刻,如图3.6所示。图中的纵坐标是每个单位时间 Δt 内失效的研究对象数。如在 i 段,就是从 t_{i-1} 到 t_i 为止,这一单位时间内失效研究对象数为 ΔN_{fi},由于全部对象为 N_0 个,在 (t_{i-1}, t_i) 这一单位时间内,发生失效的概率为 $\Delta N_{fi}/N_0$。取某时刻 t_m,那么在 t_m 之前的累计失效总数 N_{fm} 则有

$$N_{fm} = \sum_{i=1}^{m} N_{fi} \tag{3.2}$$

将公式(3.2)用坐标表示,如图 3.7 所示,因此,在时间 t_m 内发生失效的概率 F_m 为

$$F_m = N_{fm}/N_0 = \sum_{i=1}^{m} \Delta N_{fi}/N_0 \tag{3.3}$$

当所取的试验时间段数愈来愈多,而单位时间愈来愈小时,亦即 $n \to \infty, \Delta t \to 0$ 时,则图 3.7 中的折线就趋于曲线。此时,t 时间内失效对象数趋向于 $N_f(t)$,失效概率(不可靠度)趋向于 $F(t)$。

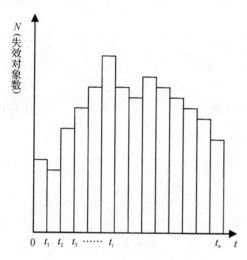

图 3.6　失效对象的频数直方图

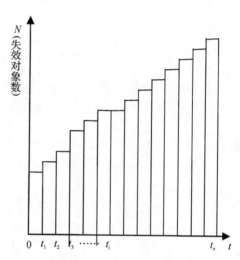

图 3.7　失效累计频数直方图

根据公式(3.3)有

$$F(t) = \frac{N_f(t)}{N_0} = \int_0^t \frac{1}{N_0} \mathrm{d}N_F(t) = \int_0^t N_0 \cdot \frac{\mathrm{d}N_f(t)}{\mathrm{d}t} \mathrm{d}t \tag{3.4}$$

若令

$$f(t) = \frac{1}{N_0} \frac{\mathrm{d}N_f(t)}{\mathrm{d}t} \tag{3.5}$$

则

$$F(t) = \int_0^t f(t) \mathrm{d}t \tag{3.6}$$

公式(3.5)中的 $f(t)$ 是以 t 为随机变量的概率密度函数,亦称为失效密度函数。而公式(3.6)中的 $F(t)$ 是其概率分布函数,称为累积失效分布函数,通常称为不可靠度函数,它具有以下特征:

$$F(t) = \int_0^\infty f(t) \mathrm{d}t = 1 \tag{3.7}$$

若与 t 时间内的失效研究对象数 $N_f(t)$ 相对应,设在 t 时间内残存的未失效研究对象数为 $N_s(t)$,则可靠度函数 $R(t)$ 可定义为

$$R(t) = \frac{N_s(t)}{N_0} \tag{3.8}$$

可靠度函数有时又称为"残存概率"。有

$$N_s(t) + N_f(t) = N_0 \tag{3.9}$$

根据定义可得

$$R(t) + F(t) = 1 \tag{3.10}$$

根据公式(3.8)和公式(3.10)得

$$R(t) = 1 - \frac{N_f(t)}{N_0} \tag{3.11}$$

于是可得

$$R(t) = 1 - \int_0^t f(t) \mathrm{d}t = \int_0^\infty f(t) \mathrm{d}t \tag{3.12}$$

同样也可以把 $f(t)$ 表示为

$$f(t) = -\frac{\mathrm{d}R(t)}{\mathrm{d}(t)} \tag{3.13}$$

$R(t)$、$F(t)$ 和 $f(t)$ 三者的关系如图3.8所示。

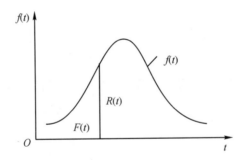

图 3.8 $R(t)$、$F(t)$ 和 $f(t)$ 三者的关系图

3.故障率与维修度

故障分为初期故障、随机故障和磨损故障。当评价研究对象可靠性时,故障率与维修度是重要的特征量。

(1)故障率。故障率表示研究对象在某时刻 t 的单位时间内发生故障的概率,定义为

$$\lambda(t) = \frac{1}{N_s(t)} \frac{\mathrm{d}N_f(t)}{\mathrm{d}t} \tag{3.14}$$

式中,$\mathrm{d}N_f(t)$ 表示当 $\Delta t \to 0$ 时,在时间区间 $(t, t+\Delta t)$ 内的故障次数,$N_s(t)$ 表示到 t 时刻为止未发生故障的次数,所以 $\mathrm{d}N_f(t)/N_s(t)$ 表示在区间 $(t, t+\Delta t)$ 内 $\Delta t \to 0$ 时,研究对象发生故障的概率。在公式(3.14)中把 $\mathrm{d}N_f(t)/N_s(t)$ 再除以 $\mathrm{d}t$,即表示在单位时间内研究对象发生故障的概率。由于 $\Delta t \to 0$,所以 $\lambda(t)$ 实际上为 t 时刻的瞬时故障率。

对公式(3.11)进行微分,并代入公式(3.14)得

$$\lambda(t) = -\frac{N_0}{N_s(t)} \frac{\mathrm{d}R(t)}{\mathrm{d}t} \tag{3.15}$$

将式(3.8)代入式(3.5)可得

$$\lambda(t) = -\frac{1}{R(t)} \frac{dR(t)}{dt} \qquad (3.16)$$

当 $t = 0$ 时，$R(0) = 1$。

对公式(3.16)进行积分变换后可得

$$-\int_0^t \lambda(t) dt = \ln R(t)$$

$$R(t) = e^{-\int_0^t \lambda(t) dt} \qquad (3.17)$$

根据式(3.17)就可确定故障率与可靠度的关系，特别当 $\lambda(t) = \lambda$（常数）时，公式(3.17)可以写成

$$R(t) = e^{-\lambda t} \qquad (3.18)$$

此时研究对象的可靠度是按指数分布的。根据公式(3.13)和公式(3.16)可将故障率表示为

$$\lambda(t) = \frac{f(t)}{R(t)} \qquad (3.19)$$

(2) 维修度。维修度用来表征可维修的难易程度，可定义为可维修系统在规定条件下和规定时间内，完成维修的概率。在时间 t 内完成维修的概率记为 $M(t)$。越容易维修的系统，在同样时间内，它的 $M(t)$ 就越大。维修度 $M(t)$ 是停工时间 T_D 的分布函数。

$$M(t) = P\{T_D \leqslant t\} \qquad (3.20)$$

$$\lim_{t \to 0} M(t) = 0 \qquad \lim_{t \to \infty} M(t) = 1$$

维修度的密度函数可表示为

$$m(t) = \frac{dM(t)}{dt} \qquad (3.21)$$

在 $t \sim t + \Delta t$ 时间内修复的概率为 $\mu(t) dt$，则有维修率为

$$\mu(t) = \frac{m(t)}{1 - M(t)} = \frac{1}{1 - M(t)} \frac{dM(t)}{dt} = -\frac{d\ln[1 - M(t)]}{dt} \qquad (3.22)$$

经过一系列积分变换得

$$M(t) = 1 - e^{-\int_0^t \mu(t) dt} \qquad (3.23)$$

当 $\mu(t) = \mu$（常数）时，有

$$M(t) = 1 - e^{-\mu t} \qquad (3.24)$$

4. 系统的寿命过程

正常状态的非修复系统过渡到故障状态的工作时间期望值，称为平均无故障时间，记为 MTTF(Mean Time To Failure)，也称平均寿命。

正常状态的可修复系统过渡到故障状态的工作时间期望值，称为平均故障间隔时间，记为 MTBF(Mean Time Between Failure)。

平均无故障时间和平均故障间隔时间可用下式定义：

$$\text{MTTF 或 MTBF} = \int_0^\infty t f(t) dt \qquad (3.25)$$

经过一系列变换,若 $\lambda(t) = \lambda$(常数),则有

$$\text{MTTF 或 MTBF} = \frac{1}{\lambda} \tag{3.26}$$

即 λ 是 MTBF 或 MTTF 的倒数。

系统的平均维修时间,称为平均修理更换时间,记作 MTTR(Mean Time To Repair)。平均修理更换时间定义为

$$\text{MTTR} = \int_0^\infty t_m(t)\,\mathrm{d}t = \int_0^\infty t\,\frac{M(t)}{\mathrm{d}t}\mathrm{d}t = \int_0^\infty t\,\mathrm{d}M(t) \tag{3.27}$$

经过一系列变换,若 $\mu(t) = \mu$(常数),则有

$$\text{MTTR} = \frac{1}{\mu} \tag{3.28}$$

MTTF、MTBF 和 MTTR 表达了系统的寿命过程。对可修复系统而言,MTBF 是系统平均正常工作的时间,MTTR 是平均修理时间。对不可修复系统,MTTF 是系统的平均寿命,MTTR 是平均更换时间。

5.可维修系统的有效度

有效度是可靠度和维修度合起来的尺度。其定义为系统在规定条件下,在任意时刻正常的概率,用 $A(t)$ 表示。

当系统的可靠度与维修度均服从指数分布时,则系统的有效度为

$$A(t) = \frac{\text{MTBF}}{\text{MTBF} + \text{MTTR}} = \frac{\mu}{\mu + \lambda} \tag{3.29}$$

【延伸阅读】

[1]苗东升.系统科学大学讲稿[M].北京:中国人民大学出版社,2007.

[2]苗东升.系统科学精要[M].4 版.北京:中国人民大学出版社,2016.

[3]张景林.安全系统工程[M].3 版.北京:煤炭工业出版,2019.

[4]徐志胜.安全系统工程[M].3 版.北京:机械工业出版社,2023.

[5]彭乐,景国勋.2019 年安全系统工程研究热点回眸[J].科技导报,2020,38(3):200-207.

[6]阳富强,吴超,覃妤月.安全系统工程学的方法论研究[J].中国安全科学学报,2009,19(8):10-20.

[7]秦彦磊,陆愈实,王娟.系统安全分析方法的比较研究[J].中国安全生产科学技术,2006(3):64-67.

[8]魏亚兴,吴超,胡汉华.近十年我国安全系统工程学发展研究综述[J].中国安全生产科学技术,2011,7(6):162-167.

[9]张舒,史秀志,吴超.安全系统管理学的建构研究[J].中国安全科学学报,2010,20(6):9-16.

[10]肖益盖,邓红卫.近 10a 我国安全系统工程学应用现状及发展趋势[J].现代矿业,2020,36(9):85-90.

[11]黄浪,吴超,王秉.安全系统学学科理论体系构建研究[J].中国安全科学学报, 2018,28(5):30-36.

【思考练习】

(1)系统、系统工程、安全系统、安全系统工程的含义是什么？各具有哪些特点？

(2)为什么说安全问题是一个复杂的系统工程问题？

(3)系统安全与安全系统的区别是什么？

(4)安全系统工程的主要研究内容有哪些？

(5)安全系统工程与传统的技术安全有何不同？

(6)试举例说明布尔代数在安全工程中的应用。

(7)试述可靠性工程与安全的联系。

(8)安全系统工程是以安全科学和系统科学为基础理论的综合性学科,请问你认为安全系统工程应遵循的基本观点有哪些？

第4章　安全生理与心理

【学习导读】

以人为本是安全科学的重要指导思想,研究安全工程系统中人的安全生理、安全心理、人体生物节律、疲劳等至关重要。在现代化的人-机-环境系统中,人是主要因素,起着主导作用,但同时也是最难控制和最脆弱的环节。

国内外大量的统计资料表明,作业中90%的事故与人的因素有关,而其中最重要的就是人的生理和心理因素,因而从安全角度分析人在工作时的生理及心理特征及其对安全工程系统的影响非常有必要。

了解人的生理特征、心理特点及其与安全的关系,掌握人体生物节律及疲劳的预防措施,针对特定的人-机-环境系统从安全生理、心理角度提出一定的应对举措。

4.1　安　全　生　理

4.1.1　人的感觉与知觉

1.感觉与知觉的基本概念

(1)感觉。感觉是人脑对当前客观事物的个别属性的反映。人要认识客观事物,就要同客观事物发生相互作用,客观事物的属性,如颜色、气味、形状、软硬、状态等就会通过人的各种感觉器官传入人的大脑,并在大脑中产生一定的反映,这种反映就是感觉。

人体的感觉系统又称感官系统,是人体接受外界刺激,经传入神经和神经中枢产生感觉的机构。人体感觉依据其接受和反应机体内外的刺激可分为外部感觉和内部感觉。

外部感觉:主要接受和反映机体以外的客观事物的刺激,包括视觉、听觉、嗅觉、味觉、肤觉(包括触觉、温度觉和痛觉),其感官器官分别为眼、耳、鼻、舌、肤,也称作"五感"。

内部感觉:由机体内部器官的状态以及机体同外部环境的关系变化而引起的,包括运动觉、平衡觉和脏腑觉(也称为机体觉),其感官器官分别为肌肉、内耳和内脏。

(2)知觉。知觉是直接作用于感觉器官的事物的整体在脑中的反映,是人对感觉信息的组织和解释的过程。

知觉是人对感觉信息的解释过程。当知觉一个客体时我们总是根据自己的经验把它归为某一类,说出它的名称或赋予它某种意义。我们对感觉信息的解释,通常采取假设检验的方式,即从提出假设到检验假设的过程。为了说明这个问题,现在请看图 4.1 并回答,这是什么? 绝大多数人可能会回答:"左半部是三齿,是一个三齿叉? 不像,因为右半部是两齿的。两齿叉也不全像,因为左边是三齿的。那它到底是什么呢?"最后只好说"是一个不可能图形"。从这个例子中可以清楚地看到,人们运用"三齿叉""两齿叉"的假设(命名)对感觉信息进行检验,但都没有成功,因而困惑不解。不过,平常我们对熟悉对象的知觉,假设检验过程都是压缩的,是一种无意识推论的过程。只是在知觉困难时假设检验的推论过程才显现出来,才被我们觉察到。

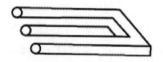

图 4.1　不可能的图形

(3)感觉和知觉的区别。

1)感觉和知觉是两种不同的心理过程。

2)从对象的反映内容看,感觉所反映的是事物的个别属性,而知觉所反映的是事物的个别属性之间的关系,是事物的整体形象。

3)从二者的反映方式看,感觉是分析的,知觉是综合的。即由感觉到知觉,其间要经历一个主观选择的过程。

4)从信息传输的通道看,感觉所涉及的是单一感官,其模式是:刺激→个别感官→大脑;知觉所牵涉的感官有多个,其模式为:刺激→感官联合→大脑。

5)从脑加工的程度看,感觉是大脑对对象信息的简单反映,知觉是已经经过大脑一定程度的复杂加工。

6)感觉是认识的开端,是获得知识(经验)的源泉;知觉是人类一切心理活动的基础,使个体与环境保持平衡。

2.人体感觉特征

(1)人的视觉特征。人-机-环境系统中安全信息的传递、加工与控制,是系统能够存在与安全运行的基础之一。人在感知过程中,大约有 80% 以上的信息是通过视觉获得的,可以说视觉是最重要的感觉通道。

1)视觉刺激。视觉的适宜刺激是光。光是辐射的电磁波,人类所能接受的光波只占整个电磁波(波段约为 $10^{-14} \sim 10^8$ m)的一小部分,波长在 380~760 nm 的范围,它约占整个光波的 1/70,并可区别光的亮度和一定范围的颜色,在此波长范围之外的电磁波射线,人眼则无法看见。

2)人眼的视角。视角是被看对象物的两点光线投入眼球时的相交角度(α),用来表示被看物体与眼睛的距离关系。视觉的大小既决定于物体的大小,也决定于物体与眼睛的距离。如图 4.2 所示则有:

$$\tan \frac{\alpha}{2} = \frac{A}{2D} \tag{4.1}$$

式中:D 表示人眼角膜到物体的距离;A 表示物体的大小。

由公式(4.1)可以得出,视角 α 的大小与人眼到物体的距离 D 成反比。

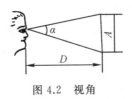

图 4.2　视角

3)人的视敏度。视敏度又称视力,指的是辨认外界物体的敏锐程度,即在标准的视觉情景中感知最小的对象与分辨细微差别的能力。

影响视敏度的主要因素是亮度、对比度、背景反射与物体的运动等。亮度增加,视敏度可提高,但过强的亮度反而会使视敏度下降。在亮度好的情况下,随着对比度的增加,视敏度也会更好。视敏度在昼夜变化很大,清晨视敏度较差,夜晚会更差,只有白天的3％～5％。

4)人眼的适应性。当外界光亮程度变化时,人眼会产生适应性的变化。人从黑暗的地方进入光亮的地方,或者从光亮的地方进入黑暗的地方的时候,眼睛不能迅速看清物体,而要经过一段时间适应,这就被称为"明适应"和"暗适应"。

暗适应时,眼睛的瞳孔放大,进入眼睛的光通量增加;明适应时,由于是从暗处进入光亮处,所以瞳孔缩小,光通量减小。暗适应时间较长,一般要经过 4～5 min 才能基本适应,在暗处停留 30 min 左右,眼睛才能达到完全适应;明适应时间较短,一般经过 1 min 左右就可达到完全适应。

5)颜色视觉。光有能量大小与波长长短不同。光的能量表现为人对光的亮度感觉,而波长的长短则表现为人对光的颜色感觉。波长大于 780 nm 的光波是红外线和无线电波等,而波长小于 380 nm 的光波是紫外线、X 射线、α 射线等,它们都不能引起人眼的视觉形象。只有波长在 380～780nm 之间的光波才称为可见光,可见光谱中不同波长引起的不同颜色的感觉大致如表 4.1 所示。

表 4.1　各种颜色的标准波长与波长范围

颜　色	标准波长/nm	波长范围/nm
紫　色	420	380～450
蓝　色	470	450～480
绿　色	510	480～575
黄　色	580	575～595
橙　色	610	595～620
红　色	700	620～780

6)人的视野范围。视野是指人的眼球在不转动的情况下,观看正前方所能看见的空间范围,或称静视野。眼球自由转动时能看到的空间范围称为动视野。视野常以角度来表示。

当人眼注视景物时,物像落在视网膜的黄斑中央,可以获得最清晰的图像,称为中央视觉;而对周围的景物产生模糊不清的图像,称为边缘视觉。在工业造型设计中,一般以静视野为依据进行设计,以减少人的疲劳。正常人两眼的视野如图 4.3 所示。

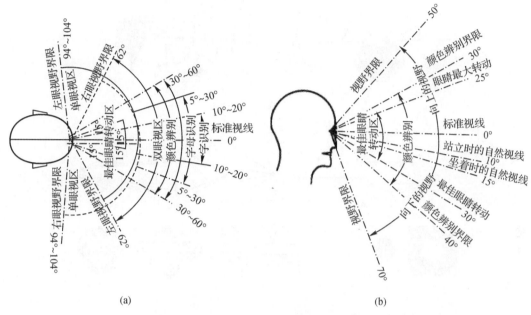

图 4.3　人的水平视野和垂直视野
(a) 水平视野;(b) 垂直视野

水平面内的视野:两眼视区大约在左右 60°以内的区域,人的最敏感的视力是在标准视线每侧 1°的范围内,单眼视野界限为标准视线每侧 94°~104°。

垂直面内的视野:最大视区为标准视线以上 50°和标准视线以下 70°。颜色辨别界限在标准视线以上 30°和标准视线以下 40°。实际上,人的自然视线是低于标准视线的。

一般状态下,站立时自然视线低于标准视线 10°;坐着时低于标准视线 15°;在很松弛的状态下,站着和坐着的自然视线偏离标准视线分别为 30°和 38°。

人眼的视网膜可以辨别波长不同的光波,在波长为 380~780 nm 的可见光谱中,光波波长只要相差 3nm,人眼就可分辨。由于可见光谱中各种颜色的波长不同,对人眼的刺激不同,人眼的色觉视野也不同,图 4.4 是人眼对不同颜色的视野。由此看出,白色视野范围最宽,水平方向达 180°,垂直方向达 130°;其次是黄色和蓝色视野;最窄是红色和绿色视野,其水平方向达 60°,垂直方向红色为 45°,绿色只有 40°。

视距是人眼观察操作系统中指示器的正常距离。一般操作的视距在 380~760 mm 之间,其中以 560 mm 为最佳距离。

7)视错觉。视错觉是指注意力只集中于某一因素时,由于主观因素的影响,感知的结果与事实不符的特殊视知觉。引起视错觉的图形多种多样,由此引起错觉的倾向性可分两类:一类是数量上的视错觉,包括在大小、长短方面引起的错;另一类是关于方向的错觉。图 4.5 为常见的几种视错觉。

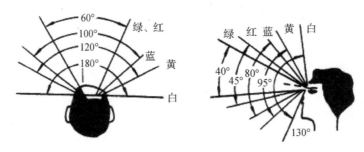

图 4.4　人眼的色觉视野

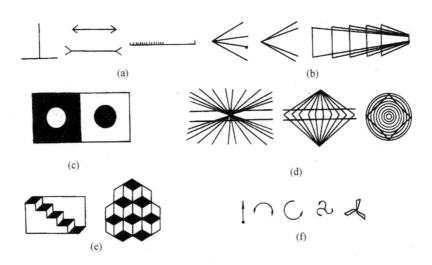

图 4.5　常见的几种视错觉

(a)长度错觉;(b)对比错觉;(c)光渗错觉;(d)位移错觉;(e)翻转错觉;(f)运动错觉

图 4.5(a)中均为等长的线段,因方向不同或附加物的影响,感觉竖线比横线长,上短下长,左长右短。

图 4.5(b)中左边两角大小相等。因二者包含的角大小不等,感觉右边的角大于左边的角;五条垂线等长,因各线段所对的角度不等,感觉自左至右逐渐变长。

图 4.5(c)中两圆直径相等,因光渗作用引起颜色上浅色大深色小的错觉,感觉到左圆大右圆小。

图 4.5(d)中的水平线和正方形,由于其他线的干扰,感觉发生弯曲。

图 4.5(e)中,当眼睛注视的位置不同,图形可见虚实的翻转变化。

图 4.5(f)中,由于线段末附加有箭头,使人感觉有图形方向感和运动感。

视错觉有害也有益。在人-机-环境系统中,视错觉有可能造成观察、监测、判断和操作的失误。但在工业产品造型中利用视错觉,可以获得满意的心理效应。例如,在房间内装饰和控制室的内部装饰设计中,对四壁墙面常采用纵向线条划分所产生的视错觉,来增加室内空间的透视感,使空间显得长些;相反,也可利用横向线条划分所产生的视错觉,来改善室内空间的狭长感,使空间显得宽些。另外,交通中利用圆形比同等面积的三角形或正方形显得要大 1/10 的视错觉,规定用圆形为表示"禁止"或"强制"的标志。

(2)人的听觉特征。听觉系统是人获得外部信息的又一重要感官系统。在人-机-环境系统中,听觉显示仅次于视觉显示。由于听觉是除触觉以外最敏感的感觉通道,在传递信息量很大时,不像视觉那样容易疲劳,因此一般用作警告显示时,通常和视觉信号联用,以提高显示装置的功能。

1)听觉刺激。听觉的刺激物是声波。声波是声源在介质中向周围传播的振动波,其传播速度随传播介质的特性而变化。一定频率范围的声波作用于人耳就产生了声音的感觉。人耳所能听到的声音频率范围一般为 20~20 000 Hz。低于 20 Hz 的次声和高于 20 000 Hz 的超声,就超出了人耳的听觉范围。

2)人的听觉感受。听觉感受性有绝对感受性和差别感受性之分,和它们相应的刺激值称为绝对阈值和差别阈值。声音要达到一定的声级才能被听到,这种引起声音感觉的最小可听声级称为听觉的绝对阈值。

听觉差别阈限指人耳对声音的某一特性(如强度、频率)的最小可觉差别。听觉差别阈限一般用相对量(韦伯比例)表示。声音持续时间的最小可觉差别与强度、频率无关。它随声音信号时长缩短而减小,但其韦伯比例不恒定。当信号声持续 0.5~1 ms、10~30 ms 和 50~500 ms 时,相应的韦伯比例分别接近 1、0.3 和 0.1。

3)掩蔽效应。一个声音被另一个声音所掩盖的现象,称为掩蔽。一个声音的听阈因另一个声音的掩蔽作用而提高的效应,称为掩蔽效应。应当注意,由于人的听阈的复原需要经历一段时间,掩蔽声去掉以后,掩蔽效应并不立即消除,这个现象称为残余掩蔽或听觉残留。其量值可表示听觉疲劳。掩蔽声对人耳刺激的时间和强度直接影响人耳的疲劳持续时间和疲劳程度,刺激越长、越强,则疲劳越严重。

(3)人的嗅觉和味觉。嗅觉和味觉都属于化学觉,各有其自身特殊受纳器,但两者经常密切结合在一起协调工作。

人的嗅觉是由化学气体刺激嗅觉器官引起的感受,嗅觉灵敏度用嗅觉阈值表示。嗅觉阈值是能引起嗅觉的气味的最小浓度。一般以每升空气中含有该物质的质量(毫克)表示。

味觉是溶解性物质刺激口腔内味蕾而发生的感觉。味蕾分布于口腔黏膜内,特别是舌尖部和舌的侧面分布更多。

(4)人的肤觉。人的皮肤是一种软组织,受到不同刺激时会引起触、压、振、温、痛等感觉,皮肤感觉可在一定程度上代替视、听觉的功能,特别是对于聋、盲残疾者。

皮肤感觉系统的外周感受器存在于皮肤表层。在皮肤的表层中分布着多种神经末梢,这些感受器受刺激时引起的神经冲动,经过特有的传入神经到达大脑皮层的相应投射区而产生各种肤觉。

3.人体知觉特征

(1)知觉的选择性。从背景中把少数事物区分出来,从而对它们做出清晰的反映,知觉的这种特性称为知觉的选择性。在日常生活中,人在知觉客观世界时,总是有选择地把少数事物当成知觉的对象,而把其他当成知觉的背景,以便清晰地感知一定的事物与对象。例如,在课堂上,学生把黑板上的文字当作知觉的对象,而周围环境中的其他东西便成了知觉的背景。

图 4.6 是说明知觉选择性即知觉中对象与背景关系的两歧图,由丹麦心理学家 Edgar Rubin 于 1915 年提出。两歧图既可以看成是一只杯子,也可以看成是两张人脸。如果你盯着图中白色部分看就会看到一只杯子,那么图中的白色部分(杯子)就是知觉对象,黑色部分(人脸)就会成为知觉的背景;如果你盯着黑色部分看就会看到两张人脸,那么图中黑色部分(人脸)就是知觉对象,白色部分(杯子)就会成为知觉背景。

(2)知觉的整体性。当直接作用于感官的刺激在不完备 图 4.6 知觉的选择性——两歧图
的情况下,人根据自己的知识经验,对刺激进行加工处理,使自己的知觉仍能保持完备的特性称为知觉的整体性。西方格式塔心理学派指出,物理属性(强度、大小、形状等)相似的对象易被知觉为一个整体,也称作"完型趋向律"。

知觉的整体性与知觉对象本身的特性及其各个部分间的构成关系有关。格式塔学派对知觉的整体性进行了研究,并提出知觉的整体性主要有以下几个组织定律:

1)接近律:空间、时间上接近的客体易被知觉为一个整体。如图 4.7(a)所示,我们很容易把它知觉为六组长方形。

2)相似律:物理属性(强度、颜色、大小、形状等)相似的客体易被知觉为一个整体。如图 4.7(b)所示,虽然各正方形间相距的距离相同,但容易将白色正方形或黑色正方形分别看成三组。

3)连续律:具有连续性或共同运动方向等特点的客体,易被知觉为同一整体。如图 4.7(c)所示,我们不会把左边的图形知觉为右边图形的两个组成部分,而是知觉为"一"和"("两个组成部分。

4)封闭律:在知觉一个熟悉或者连贯性的模式时,如果其中某个部分没有了,我们的知觉会自动把它补上去,并以最简单和最好的形式知觉它。如图 4.7(d)所示,我们倾向于把它知觉为一个正方体和 8 个圆形。

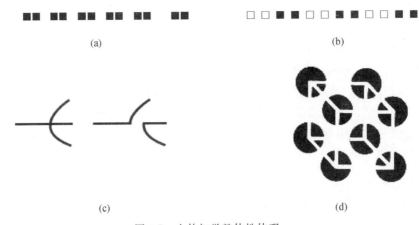

图 4.7 人体知觉整体性体现

(a) 接近律的体现;(b) 相似律的体现;(c) 连续律的体现;(d) 封闭律的体现

（3）知觉的理解性。人对于知觉的对象总是以自己过去的经验予以解释，并用词来标志它，知觉的这一特性称为知觉的理解性。

知觉的理解是以知识经验为基础，是人把对当前事物的直接感知，纳入到已有的知识经验系统中去，从而把该事物看成某种熟悉的类别或确定的对象的过程。如图 4.8(a)所示，人们根据已有的经验很容易把它知觉为一匹马。

知觉理解性的基本特征是用语词把事物标志出来。语词对人的知觉具有指导作用，可以帮助并加快理解。例如图 4.8(b)，问你图上画的是什么？如果你看不出来，给提示说：是画着一条狗。你可能就会看出它像一头生活在北极地带的狗。

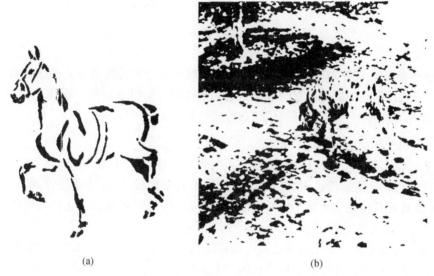

(a)　　　　　　　　　　　　　　(b)

图 4.8　知觉的理解性

（4）知觉的恒常性。当知觉的客观条件在一定范围内改变时，知觉的映像仍然相对地保持不变，知觉的这种特性称为知觉的恒常性。知觉的恒常性主要表现为以下几种：

1）大小恒常性。在一定范围内不论观看距离如何，我们总倾向于把物体看成特定的大小，这就是大小恒常性。例如，同样的一个人站在离我们 3 m、5 m、15 m 的不同距离处，他在我们视网膜上的像因距离不同而改变着；但是我们看到这个人的大小却是不变的。

2）形状恒常性。当我们从不同角度观察同一物体时，物体在视网膜上投射的形状是不断变化的。但是，我们知觉到的物体形状并没有显出很大的变化，这就是形状恒常性。图4.9是一扇从关闭到敞开的门，尽管这扇门在我们视网膜上的投射形状各不相同，但人们看去都是长方形。

3）明度（或视亮度）恒常性。在照明条件改变时，物体的相对明度或视亮度保持不变，叫明度（或视亮度）恒常性。决定明度（或视亮度）恒常性的重要因素是从物体反射出的光的强度和从背景反射出的光的强度的比例，只要这个比例保持不变，就可保证对物体的明度（或视亮度）恒常性不变。例如，两张白纸，不管是在阳光下，还是在阴影中，它们都互为背景和对象，对光的反射比例始终保持不变，因而我们对明度（或视亮度）的知觉也就保持了恒常性。

图 4.9　形状恒常性

4)颜色恒常性。尽管物体照明的颜色改变了,我们仍把它感知为原先的颜色,这就是颜色恒常性。例如,不论在黄光照射下还是在蓝光照射下,我们总是把一面国旗知觉为红色的。正如室内的家具在不同灯光照射下,它的颜色相对保持不变一样。

4.人的神经系统

神经系统是人体最主要的机能调节系统,人体各器官、系统的活动,都是直接或间接地在神经系统的控制下进行的。人-机-环境系统中人的操作活动,也是通过神经系统的调节作用,使人体对外界环境的变化产生相应的反应,从而与周围环境之间达到协调统一,保证人的操作活动得以正常进行。

神经系统可以分为中枢神经系统和周围神经系统两部分。中枢神经系统由脑与脊髓组成,由脑和脊髓发出的神经纤维则构成周围神经系统。人机系统中的信息在人的神经系统中的循环过程是:感受器官从外界收集信息,经过传入通道输送到中枢神经系统的适当部位,信息在这里经过处理、评价并与贮存信息相比较,必要时形成指令,并经过传出神经纤维送到效应器而作用于运动器官。运动器官的动作由反馈来监控,内反馈确定运动器官动作强度,外反馈确定用以实现指令的最后效果。

脑是高级神经活动的中枢,大脑皮层能综合身体各部位收集来的信息,进行识别、记忆、判断、并发出指令。人脑是一种结构上极其复杂、机能上特别灵敏的物质。成人人脑的重量平均为 1 400 g,由延脑、脑桥、中脑、间脑、小脑和大脑所组成。脑是人体整个神经系统的中枢,大脑皮层则是最高级的调节机构。大脑皮层各个部分在功能上有不同的分工,又相互形成一个整体。它既能对各个感受器官(眼、耳、鼻、舌、肤等)所接受的信息加以分析、综合,形成映像的认识中枢,又能控制调节人的机体,成为对外界刺激做出适宜反应的最高机构,是人的心理活动最重要的物质基础。人脑是一个最复杂的机能系统,它有三个基本的机能联合区:

第一区,是保证调节紧张度或觉醒状态的联合区。它的机能是保持大脑皮层的清醒,使选择性活动能持久地进行。如果这一区域的器官(脑干网状结构、脑内侧皮层或边缘皮层)受到损伤,人的整个大脑皮层的觉醒程度就会下降,人的选择性活动就不能进行或难以进行,记忆也变得毫无组织。

　　第二区,是接受、加工和储存信息的联合区。如果这一区域的器官(如视觉区的枕叶、听觉区的颞叶和一般感觉区的顶叶)受到损伤,就会严重破坏接受和加工信息的条件。

　　第三区,是规划、调节和控制人复杂活动形式的联合区。它负责编制人在进行中的活动程序,并加以调整和控制。如果这一区域的器官(脑的额叶)受到损伤,人的行为就会失去主动性,难以形成意向,不能规划自己的行为,对行为进行严格的调节和控制也会遇到障碍。

　　可见,人脑是一个多输入、多输出、综合性很强的大系统。长期的进化发展,使人脑具有庞大无比的机能结构、高的可靠性、多余度和容错能力。人脑所具有的功能特点,使人在人-机-环境系统中成为一个最重要的、主导的环节。

4.1.2　人的运动系统

　　运动系统是人体完成各种动作和从事生产劳动的器官系统。由骨、关节和肌肉三部分组成。全身的骨借助关节连接构成骨骼。肌肉附着于骨且跨过关节。由于肌肉的收缩与舒张牵动骨,通过关节的活动而产生各种运动,所以,在运动过程中,骨是运动的杠杆,关节是运动的支点,肌肉是运动的动力,三者在神经系统的支配和调节下协调一致,共同准确地完成各种动作。

　　1.肌肉组织

　　肌肉是人体组织中数量最多的组织。肌肉依其形状构造、分布和功能特点,可分为平滑肌、心肌和横纹肌三种。其中横纹肌大都跨越关节,附着于骨,故又称骨骼肌,又因骨骼肌的运动均受意志支配,故又叫随意肌。参与人体运动的肌肉都是横纹肌。人体横纹肌相当发达,约有 600 余块。每块肌肉均跨越一个或数个关节。其两端附着在两块或两块以上的骨上。

　　2.肌肉运动

　　肌肉运动的基本特征是:收缩和放松。收缩时长度缩短,横断面增大,放松时则相反,两者都是由神经系统支配而产生的。肌肉收缩的主要形式有等长收缩、等张收缩。

　　肌肉施力的类型主要包括:静态肌肉施力和动态肌肉施力。静态肌肉施力是指依靠肌肉等长收缩所产生的静态性力量,在较长时间地维持身体的某种姿势。在静态肌肉施力的情况下进行的作业称为静态作业。动态肌肉施力是指对物体进行交替使力与放松,使肌肉有节奏地收缩与舒张。在动态肌肉施力的情况下进行的作业称为动态作业。

4.1.3　人的供能系统

　　各种人体活动都需要能量。能量的供给通过体内能源物质的氧化或酵解来实现。人体每天以食物的形式吸收糖、脂肪和蛋白质等物质,同时,通过呼吸将外界的氧气经氧运输系统输入体内,在体内将能源物质氧化产生能量,供给人体活动使用。在氧气供应不足时,上述能源物质还会以无氧酵解方式产生能量。通常,将上述过程即能源物质转化为热或机械能的过程称为能量代谢。能量代谢的强弱与人体活动水平密切相关,它是人体活动最基本的特征之一。

1.能量的产生

人的肌肉、神经元和其他细胞活动能源直接来自人体内的一种被称为三磷酸腺苷（ATP）的物质。ATP 贮存在人体各种细胞中，肌肉活动时，肌细胞中的三磷酸腺苷与水结合，生成二磷酸腺苷（ADP）和磷酸根（Pi），同时释放出 29.3 kJ 的能量，即

$$ATP + H_2O \longrightarrow ADP + Pi + 29.3 \text{ kJ/mol} \tag{4.2}$$

由于肌细胞中的 ATP 贮量有限，因此必须及时补充 ATP。补充 ATP 的过程称为产能过程。产能过程一般通过 ATP—CP 系列、需氧系列、乳酸系列三种途径来实现。

2.能量代谢

图 4.10　三种代谢的关系

能量代谢按机体及其所处的状态分为三种：维持生命所必需的基础代谢量、安静时维持某一自然姿势的安静代谢量和作业时所增加的代谢量。三种代谢量的关系如图 4.10 所示。以每小时每平方米体表面积表示的代谢量称为代谢率，单位为 kJ/(h·m²)。

3.劳动强度及其划分

体力劳动强度分级是中国制定的劳动保护工作科学管理的一项基础标准，是确定体力劳动强度大小的根据。应用这一标准，可以明确工人体力劳动强度的重点工种或工序，以便有重点、有计划地减轻工人的体力劳动强度，提高劳动生产率。

（1）平均劳动时间率。平均劳动时间率指一个工作日内净劳动时间（即除休息和工作中间持续一分钟以上的暂停时间外的全部活动时间）与工作日总时间的比，以百分率表示。通过抽样测定，取其平均值，计算方法如下式所示：

$$T = \frac{\text{工作日内净工作时间（min）}}{\text{工作总工时（min）}} \tag{4.3}$$

（2）能量代谢率。将某工种一个劳动日内各种活动与休息加以归类，测定各类活动与休息的能量消耗值，并分别乘以从事各该类活动与休息的总时间，合计求得全工作日总能量消耗，再除以工作日总时间，以 kJ/(min·m) 为单位，计算方法如下式所示：

$$M = \frac{\sum (\text{各种活动的代谢率} \times \text{该种活动的累计时间})}{\text{工作总工时}} \tag{4.4}$$

（3）劳动强度指数。劳动强度指数是区分体力劳动强度等级的指标。由各该工种的平均劳动时间率，乘以系数 3，加平均能量代谢率乘以系数 7 求得。指数大反映劳动强度大，指数小反映劳动强度小，计算方法如下式所示：

$$I = 3T + 7M \tag{4.5}$$

式中：T 为净作业时间比率；M 为 8 小时工作时平均能量代谢率，kJ/(min·m²)。

（4）劳动强度分级。依据劳动强度指数，体力劳动强度可分为Ⅰ级（轻劳动）、Ⅱ级（中等劳动）、Ⅲ级（重劳动）和Ⅳ级（极重劳动）四级。分级标准如表 4.2 所示。

表 4.2　体力劳动强度分级标准

体力劳动强度级别	体力劳动强度指数	职业描述
Ⅰ	≤15	坐姿：手工作业或腿的轻度活动（如打字、缝纫、脚踏开关）； 立姿：操作仪器，控制查看设备，上臂用力为主的装配工作
Ⅱ	>15～20	手和臂持续动作（如锯木头等）； 臂和腿的工作（如卡车、拖拉机或建筑设备等运输操作）； 臂和躯干的工作（如锻造、风动工具操作、粉刷、间断搬运中等重物、除草、锄田、摘水果和蔬菜等）
Ⅲ	>20～25	臂和躯干负荷工作（如搬重物、铲、锤锻、锯刨或凿硬木、割草、挖掘等）
Ⅳ	>25	大强度的挖掘、搬运，快到极限节律的极强活动

4.2　安全心理

心理学一词来自希腊文，意即"灵魂之科学"，它是一门理论性很强，应用范围也很广的科学。它是研究心理过程发生、发展的规律，研究个性心理形成和发展的过程，研究心理过程和个性心理相互关系的规律性科学。其研究内容如图 4.11 所示。从图中可以看出，心理过程是人心理活动的过程，包括人的认识过程、情感过程、意志过程。认识过程是一个人在认识、反映客观事物时的心理活动过程，包括感觉、知觉、记忆、思维和想象过程。注意只是伴随在心理过程中的心理特性。情感过程是一个人在对客观事物的认识中对事物态度的体验，它总是和一定的行为表现联系着，如满意、愉快、气愤、悲伤等。意志过程是人在工作时，有意识地提出目标，制订计划，选择方式方法，克服困难，以达到目的的心理活动，是人与动物的本质区别。

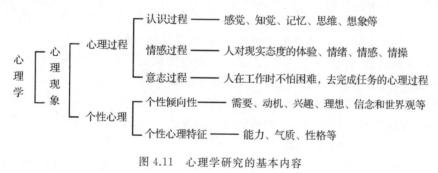

图 4.11　心理学研究的基本内容

心理过程是人们共有的心理活动。但是，由于每一个人的先天素质和后天环境不同，心理过程在产生时又总是带有个人的特征，从而形成了人的个性。个性心理包括个性倾向性和个性心理特征两个方面。个性倾向性是指一个人所具有的意识倾向，也就是人对客观事物的稳定态度。它是人从事活动的基本动力,决定着人的行为的方向。其中主要包括需要、动机、兴趣、理想、信念和世界观。个性心理特征是一个人身上表现出来的本质的、稳定的心理特点。例如,有的人有数学才能,有的人有音乐才能,这是能力方面的差异。在行为表现方面,有的人活泼好动,有的人沉默寡言,有的人热情友善,这些是气质和性格方面的差异。能力、气质和性格统称为个性心理特征。

4.2.1 心理的实质

唯物主义心理学观点认为,人的心理是同物质相联系的,起源于物质,是物质活动的结果。心理是人脑的机能,是客观现实的反映。换言之,人的心理是人脑对于客观现实的反映。因此,列宁指出:"心理的东西、意识等是物质的最高产物,是叫作人脑的这样的一块特别复杂的物质的机能。"

现代科学已用无可辩驳的事实证明,结构极其复杂的人脑是产生人的心理的器官,人的心理是人脑的产物。人的各种心理现象都是对客观外界的"复写、摄影、反映"。首先在于人的一切心理活动都是由客观现实引起的,客观现实是心理产生的原因。没有外界刺激就没有人的心理。其次在于人的一切心理活动按其内容都近似于客观现实。人的心理反映常有主观性的个性特征。所以,同一客观事物,不同的人反映可能是大不相同的。

人对客观现实的反映不是消极、被动的反映,而是一种积极能动的反映,是在实践活动中发生发展的。实践活动检验、调节、校正着人的心理活动对客观现实的反映。

4.2.2 心理过程

1.认识过程

感觉是人脑对直接作用于感觉器官的刺激物的个别属性的反映。颜色、声音、气味等个别属性直接作用于感觉器官时,大脑就反映了这些属性,产生了颜色、声音、气味等感觉。例如,面前有一个苹果,鼻子闻到了苹果的香味,眼睛看到了苹果的外观,手触摸到苹果光滑的果皮。苹果的这些个别属性通过感官作用于人脑,在人脑中引起的心理活动就是感觉。

知觉是人脑对直接作用于感觉器官的客观事物的整体反映。知觉的最重要的特点,在于它始终反映事物、对象和现象,而不只是反映它们的个别特性与属性。在日常生活中人们听见的不是单纯的不同音调、声强和音色的声音,而是风声、雨声、铃声和人的口音,人们感知的不是单纯的颜色、圆形、香甜味道,而是一个完整的苹果。所以知觉是直接作用于感觉器官的事物的整体在脑中反映。不正确的、歪曲的知觉,称为错觉。

知觉是在感觉的基础上形成的,感觉为知觉提供个别材料,而知觉是感觉的深入和发展,是各种感觉的有机结合。知觉反映事物统一的整体,产生事物完整的映象。感觉和知觉是认识的初级阶段——感性认识阶段。

人们为了加强对事物的认识,常常会借助记忆把过去生活实践感知过的东西、体验过的情感和知识经验,在头脑中重复反映出来,这是一个复杂的起净化作用的认识过程。人们对事物的认识过程,不仅通过感知去认识事物的外在联系,还以表象的形式向思维过渡,从而进一步认识事物的一般特性和内在联系,全面把握事物的本质。这个思维过程是人们对客观事物在头脑中概括的、间接的反映,是认识的高级阶段——理性认识阶段。

2.情感过程

情感是人脑的机能,是人们对客观事物的一种态度的体验,是对事物好恶的一种倾向。由于客观事物与人的需要之间的差异,人对客观事物便抱着不同的好恶态度,产生不同的心理变化和外部表现。能满足或符合人们需要的事物,就会引起人们的积极态度,使人产生一种肯定的情感,如愉快、满意、喜爱等;相反,就会引起人们的消极态度,使人产生一种否定的情感,如厌恶、愤怒、憎恨等。

情感产生的原因是客观现实。由客观现实引起的人的需要是极其复杂的,因此,客观现实与人的需要之间就构筑了各种各样的复杂关系。因此,人们总是经常处于彼此交织着的情感之中。

与情感相联系的概念是情绪。情绪和情感既有区别又有联系。情绪和情感反映客观事物与人的主观需要之间的关系。情绪是原始的,更多是与生理需要满足与否相联系的心理活动,而情感则是与社会性需要满足与否相联系的心理活动。一般是,情绪发展在先,情感体验产生在后。情绪不稳定,带有情境的性质,而情感较稳定,是比较本质的东西。

情绪和情感具有两极性。例如在紧张水平方面,有紧张和轻松两极,所谓紧张水平是指想要动作的冲动之强弱。在客观情况十分紧急和关键的时刻,人们一般会体验到情绪紧张,比如新工人第一次独立操作前。轻松是经常产生于关键和紧急的事件发生得到解决的情绪体验,例如新工人第一次独立操作后就会体验到这种轻松的情绪。有实验表明,紧张程度中等时,人的操作行为效果最佳,过度紧张和轻松都会降低操作效率,出现事故。

3.意志

意志是人自觉地确定目的,并根据目的调节支配自身的行动,克服困难,去实现预定目的的心理过程。意志是人类所特有的心理现象,是人的意识能动性的集中表现。意志与人的认识、情绪和个性关系密切。

意志表现于人的行动中,意志行动有三个基本特征:意志行动是自觉地确定目的的行动,是与克服困难相联系的行动,并以随意行动为基础。意志行动的心理过程可以分为两个阶段:一是采取决定阶段,它是意志行动的开始阶段,它决定着意志行动的方向,一般要经过确定目的、制订计划和动机斗争等环节;二是执行决定阶段,它是意志行动的完成阶段,使拟定的计划付诸实施,从而完成既定的目的。

意志行动在不同的人身上有不同的表现,这就是个人特有的意志品质。坚强的意志品质主要有:自觉性、果断性、坚韧性和自制性。加强意志品质的培养对搞好安全生产十分必要。

4.2.3　个性心理

人人都具有认识、情感、意志等心理过程,但每个人的个性心理各不相同。世界上找不到个性完全相同的两个人。有人认为,个性是由遗传或先天决定的,也有人认为,个性是由环境决定的,或者说由后天决定的。正确的看法应该是两种因素的结合,人的个性虽与先天素质有关,但起决定作用的还是后天所处的社会历史条件、环境、教育及所进行的实践活动。总之,个性就是处于社会关系中的个人所形成的个体心理特征的总和。也就是说,个性是在先天遗传素质的基础上,通过后来的社会生活实践活动而形成和发展起来的个体心理特征的总和。

个性具有倾向性、稳定性。人的个性心理特征主要包括三个方面,即人的能力、性格和气质。

1.气质

气质是个体心理活动的稳定的动力特征。所谓心理活动的动力特征主要是指心理过程的速度和稳定性(如知觉的速度、思维的灵活程度、注意集中时间的长短),心理过程的强度(如情绪的强弱、意志努力的程度)以及心理活动的指向性(有人倾向于内心世界、有人倾向于外部事物)等特点。

气质不是一成不变的,常随年龄和教育的影响而发生变化。多数人是具有一种气质的个别特征与其他气质的若干特征相结合。

气质是影响人的心理活动和行为的动力特点,是人的稳定的心理特征之一。同其他个性心理特征相比,气质不是一个人精神世界最本质的特征,而只是具有从属的意义。但由于它是构成人的个性品质的一个基础,因此,它是必须要充分重视的重要因素。

人的心理和行为不是由气质决定的,而是由社会生活条件和个人的具体生活状态决定的。在安全教育和安全检查中,并非一定将某人划归为某类型,而主要是测定、观察每人的气质特点,及气质影响性格的表现方式,使性格特征带有独特"色彩",以便有针对性地进行有效的教育。

2.性格

性格是指一个人在个体生活过程中所形成的,是对现实稳固的态度以及与之相适应的习惯了的行为方式方面的个性心理特征。性格是十分复杂的心理构成物,它由不同的性格特征所组成。

(1)性格的态度特征,主要表现在处理各种社会关系方面的特征,如处理个人、社会、集体的关系,对待劳动、工作的态度,对待他人和自己的态度,等等。

(2)性格的理智特征,表现在感知、记忆、想象和思维等认知方面的个体差异。感知方面的性格特征,如主动观察型和被动观察型、详细罗列型和概括型、快速型和精确型等;记忆方面的性格特征,如主动记忆型和被动记忆型、直观形象记忆型和逻辑思维记忆型等;想象方面的性格特征,如主动想象型和被动想象型、幻想型和现实型、敢于想象型和想象受阻型、狭隘想象型和广阔想象型等;思维方面的性格特征,如独立型和依赖型、分析型和综合型等。

(3)性格的情绪特征。性格的情绪特征,是指人在情绪活动时在强度、稳定性、持续性和稳定心境等方面表现出来的性格特征。

情绪强度特征表现为个人受情绪影响的程度和情绪受意志控制的程度。有的人情绪体验比较强烈,很难用意志控制;有的人情绪体验比较微弱,容易用意志控制。

情绪稳定性特征表现为情绪起伏波动程度。有的人易激动,不易控制;有的人较稳重,情绪活动引起得较慢,也易控制。

情绪持久性特征表现为个人受情绪影响时间长短的程度。有的人持续时间长,有的人持续时间短。

主导心境特征表现为不同的主导心境在一个人身上表现的稳定程度。有的人经常欢乐愉快,有的人经常抑郁低沉,有的人经常安乐宁静,有的人却经常任性、激动。不同的主导心境鲜明地反映着不同的性格特征。

(4)性格的意志特征。性格的意志特征,是指人在对自己行为的自觉调节方式和水平方面的性格特征。按照调节行为的依据、水平和客观表现,性格的意志特征可分为:对行为目的明确程度的特征,如目的性或盲目性、独立性或易受暗示性、纪律性或散漫性等;对行为自觉控制水平的特征,如主动性或被动性、自制力或缺乏自制力、冲动性等;在长期工作中表现出来的特征,如恒心、坚韧性或见异思迁、虎头蛇尾等;在紧急或困难情况下表现出来的特征,如勇敢或怯懦、沉着镇定或惊慌失措、果断或优柔寡断等。

以上几个特征是密切相联系的,一般地说,一个在工作、学习态度上认真、踏实勤奋的人,在意志上有较好的坚持性和自制力;具有谦逊品质的人,往往在情绪方面很少遇事暴躁、易怒。

3.能力

能力是指人们成功地完成某种活动所必需的个性心理特征。如企业领导组织安全生产的管理能力、工人的劳动能力、和不安全因素做斗争而相应地采取安全措施的能力等。

能力可分为一般的能力和特殊的能力。例如,观察力、记忆力、注意力、思维力、语言的感知、理解力、表达力和想象力等,就属于一般能力,它们适用于广泛的活动范围,并保证人们较容易和有效地掌握知识,它与认识活动密切联系着。节奏感、彩色鉴别能力等,属于特殊能力,它们只在特殊领域内发生作用。

要顺利地完成某种复杂的活动,就需要多种能力的完备结合,这种多种能力的结合称为才能。才能的高度发展就是天才,它能使人创造性地完成某种或多种活动。

制约能力发展的条件有两个方面:一是素质,二是环境、教育和实践活动。素质是有机体生来具有的某些生理特点,主要是神经系统、感官系统和运动器官等。素质是能力形成和发展的自然前提。素质本身不是能力,同样素质与能力也不是一对一的关系,在同样的素质基础上可以形成各种不同的能力。素质相差无几的人,其能力发展的差别是由环境、教育和实践活动所造成的。因此安全教育和培训以及特殊工种的培训就是在工人自身素质的基础上,通过教育达到所要求的作业能力,确保安全生产。

4.3 生理、心理与安全

在生产实践过程中,导致人的不安全行为产生的主要因素是人的生理因素、心理因素及现实环境总和因素。

4.3.1 人机工程因素

人机工程因素是影响安全生产的重要因素,主要从以下几个方面考虑:

1.人机适应性

人机适应性主要是指设备的设计、布局是否与人的生理特性相适应,如控制器的布置是否在人易操作的控制范围内,设备的所允许的空间活动范围是否合适,设备显示器的数量、安装位置是否在人容易观察到的位置(较好的视野范围内),色度是否易于觉察等。同时,操作人员的生理特点是否与设备相适应也是需要重点考虑的因素。

2.生物适应性

生物适应性主要是指设备设施的操作力、操作方式是否与人相适应,如控制器的操纵力大小、操作时的静态施力是否能够避免等。

3.环境适应性

环境适应性主要是指作业空间的布局、噪声、温度、湿度、光度、粉尘浓度等是否在人所能承受且易于长时间操作的范围内。否则,容易使人产生疲劳或其他的职业病症状。

4.3.2 心理因素

作业者在从事作业活动的过程中,始终伴随着多种复杂的心理活动,这些心理活动是一个信息的收集、传送、加工、储存、执行和反馈的过程。它包括了作业者的感知、记忆、想象思维、注意、情感、意志等心理过程,并融进了作业者的个性心理特征。因此,作业者在作业过程中,其心理现象是复杂多样的,有时甚至是十分微妙的。这里主要说明日常作业活动过程中的心理因素对安全的影响。

1.性格与安全

性格是一个人较稳定的对现实的态度和与之相应的习惯化的行为方式。性格分为情绪型、意志型和理智型。具有理智型性格的人,由于行为稳重且自控能力强,因而行为失误少。相比之下情绪型就易于发生事故,由于情绪型属于外向型性格,行为反应迅速,精力充沛,适应性强,但好逞强,爱发脾气,受到外界影响时,情绪波动大,做事欠仔细。意志型的人属内倾性格,善于思考,动作稳当,但反应相对迟缓,感情不易外露,对外界影响情绪波动小,由于个性较强,具有主观倾向,因此也具有事故心理侧面。

2.能力与安全

能力是指那些直接影响活动效率,使活动顺利完成的个性心理特征。能力可分为一般能力和特殊能力。一般能力包括观察力、记忆力、注意力、思维能力、感觉能力和想象力等。它适用的活动范围广泛,一般能力和认识活动密切联系就形成了通常所说的智力。特殊能力是指在特殊活动范围内发生作用的能力,如操作能力、节奏感、对空间比例的识别力、对颜色的鉴别力等。一般能力和特殊能力是有机联系的,一般能力越是发展,就越能为特殊能力的发展创造有利条件;反之,特殊能力的发展,同样也能促进一般能力的发展。美国心理学家瑟斯顿认为,人的智力由计算能力、词语理解能力、语音流畅程度、空间能力、记忆能力、知觉速度及推断能力组成。

作业者的能力是有差异的,其影响因素很多,主要有素质、知识、教育、环境和实践等因素。

(1)素质。它包括人的感觉系统、运动系统和神经系统的自然基础和特征。素质是能力形成和发展的自然前提,但是素质本身并不是能力,它仅关系到一个人能力发展的某种可能性。能力的发展还受其他因素的制约和影响。

（2）知识。它是指人类活动实践经验的总结和概括。能力是在掌握知识的过程中形成和发展的，离开对知识的不断学习和掌握，就难以发展能力。能力与知识的发展也不是完全一致的，往往能力的形成和发展远较知识的获得要慢。

（3）教育。一般能力较强的作业者往往受过良好的教育，良好的教育使作业者知识和能力趋于同步增长。

（4）环境。它是指自然环境和社会环境两方面。自然环境优越，有利于形成和发展作业者的能力，社会环境同样影响作业者能力的形成和发展。

（5）实践。实践活动是积累经验的过程，因此对能力的形成和发展起着决定性作用。教育和环境只是能力发展的外部条件，人的能力必须通过主体的实践活动才能得到发展。

3.情绪与安全

情绪状态指在某种事件或情境影响下，在一定时间内所产生的情绪，较典型的情绪状态有心境、激情和应激。

（1）心境。心境是人的比较长时间的微弱、平静的情绪状态，如心情舒畅、闷闷不乐等。引起心境变化的原因很多：有客观因素，如生活中的重大事件、家庭纠纷、事业的成败、工作的顺利与否、人际关系的干扰等；有生理因素，如健康状态、疲劳、慢性疾病等；有气候因素，如阴天易使人心情郁闷，晴好天气则使人心情开朗；有环境因素，如工作场所脏、乱，粉尘烟雾弥漫，易使人产生厌烦、忧虑等负面情绪。

在生产劳动中，保持职工良好的心境，避免情绪的大起大落是非常重要的。心境与生产效率、安全生产有很大关系。心理学家曾在一家工厂中观察发现，良好的心境下工作效率提高了 0.4～4.2%，而在不良的心境下工作效率降低了 2.5～18%，且事故率明显上升。

（2）激情。激情是一种强烈的、爆发式的、为时短暂的情绪状态，如狂喜、暴怒、绝望、恐惧等。积极的激情能鼓舞人们积极进取，为正义、真理而奋斗，为维护个人或集体荣誉而不懈努力，因而对安全是一种有利因素。但在消极的激情下，认识范围缩小，控制力减弱，理智的分析判断能力下降，不能约束自己，不能正确评价自己行为的意义和后果，或趾高气扬，不可一世，老子天下第一，或破罐破摔，铤而走险，丧失理智，忘乎所以，冒险蛮干。负面激情不仅会严重影响人的心身健康，而且也是安全生产的大敌，导致事故的温床。因此，无论是在生产过程还是在日常生活中都应竭力避免，否则会带来严重后果。

（3）应激。应激是由出乎意料的紧张状况所引起的情绪状态，是人对意外的环境刺激所作出的适应性反应。例如，飞机在飞行中，发动机突然发生故障，驾驶员紧急与地面联系着陆；正常行驶的汽车意外地遇到故障时，驾驶员紧急刹车；战士排除定时炸弹时的紧张而又小心的行为；等等。

在应激状态下，操作者的身心会发生一系列的变化。这种变化是应激引起的效应，称为"紧张"。职业性紧张（occupational stress）是指人们在工作岗位上受到各种职业性心理社会因素的影响而导致的紧张状态。它不仅与职业、个人、家庭有关，更取决于所处的工作环境和社会环境，其导致的后果不仅涉及人的行为和心身健康，而且与安全生产密切相关。因此，如何做好紧张心理调节是至关重要的。

（4）情感与安全。情感是同人的社会性需要相联系的主观体验，是人类所特有的心理现象之一。人类高级的社会性情感主要有道德感、理智感和美感。本部分主要讨论与安全关系较强的几种情感。

1)道德感。道德感是根据一定的社会道德规范和标准,评价自己和他人的思想、意图及行为时产生的内心体验。当自己和他人的言论和行为符合社会道德规范和标准时,就会产生肯定性情感体验,如自豪、幸福、敬佩、欣慰、热爱等;否则就会产生否定性情感体验,如不安、羞愧、内疚、憎恨等。道德感按其内容分为自尊感、荣誉感、义务感、责任感、友谊感、集体主义、爱国主义、人道主义等。道德感对安全具有重要影响。道德感强的人更可能遵守作业规范,尊重他人权利,避免采取可能伤害他人的行为,创造更安全的作业环境。

2)责任感。责任感对安全的影响极大,很多事故的发生与责任心不强有关。

责任感是一个人所体验的自己对社会或他人所负的道德责任的情感。责任感的产生及其强弱,取决于对责任的认识。这包括两方面的内容:其一是对责任本身的认识与认同,如责任范围、责任内容是否明确,制约着责任感的产生。如果责任不明,职责不清,不知道哪些事该管,哪些事不该管,就不可能产生强烈的责任感。其二是对责任意义的认识或预期。责任本身的意义越重大,对责任意义的认识越深刻,对责任的情感体验也就越强烈。

3)理智感。理智感是一个人在智力活动中由认识和追求真理的需要是否得到满足而引起的情感体验。人在认识过程中,当有新的发现时会产生愉快或喜悦的情感;在突然遇到与某种规律相矛盾的事实时会产生疑惑或惊讶的情感;在不能作出判断、犹豫不决时会产生疑虑的情感;在做出了判断而又感到论据不足时会产生不安的情感。所有这些情感都属于理智感。一个人理智感较强,体现为求知欲旺盛、热爱真理、服从科学。这对安全生产是一种积极的有利情感。

(5)意志与安全。意志是个体自觉地确定目的,并根据目的调节、支配自己的行动,克服困难以实现预定目的的心理过程。意志是人类特有的心理现象,是人类意识能动性的集中表现。

人的意志有强有弱。构成人的意志的某些比较稳定的方面,就是人的意志品质。一个人的意志品质有好有差,好的意志品质通常被人们称为坚强的意志,或意志坚强;差的意志品质则通常被称为意志薄弱。坚强的意志品质主要是指意志的自制性、果断性、恒毅性和坚定性较强,而意志薄弱主要是指意志的这些品质较差。

1)自制性。意志的自制性或自律性品质是一种自我约束的品质。有自制性的人善于克制自己的思想、情绪、情感、习惯、行为、举止,能恰当地把它们控制在一定的"度"的范围内,抑制与行动目的不相容的动机,不为其他无关的刺激所引诱、所动摇。

意志的自制性品质对安全生产有重要影响。为了预防事故,保证安全,每个企业、部门都有相应的劳动纪律和安全规章制度,需要人们自觉地加以遵守。而任何纪律其本质上都是对人们的某些行为的约束。只有具有良好的意志自制力的人才能自觉地按照规章制度办事,积极主动地去执行已经做出的决定。因此意志自制力对现代化大生产中的工人来说是一种必备的心理素质。

2)果断性。意志的果断性即通常所说的拿得起、放得下,它突出地反映在一个人作决定、下判断的情况时。果断性集中反映着一个人作决定的速度,但迅速决断不意味着草率决定、鲁莽行事、轻举妄动。前者是指在迅速比较了各种外界刺激和信息之后做出决断,其思想、行动的迅速定向是理智思考的结果;而后者则是在信息缺乏甚至是信息有错误时,不加分析地做出选择和决定,它往往指在感情冲动时做出的一种非理智的选择和决定。

3)恒毅性。意志的恒毅性也称坚韧性、坚持性。通常所说的坚持不懈、坚韧不拔、有恒心、有毅力、有耐力等,就是指恒毅性好的意志品质。与此相反的虎头蛇尾、半途而废、见异思迁、浅尝辄止、缺乏耐力等则指的是恒毅性差的意志品质。顽强的毅力和顽固是有区别的。顽固是不顾变化了的情况,固执己见。而顽强的毅力则是指在意识到变化了的情况下仍坚持既定目标,务求实现。前者是一种消极的心理品质,后者是一种积极的心理品质。恒毅性对于克服工作、生产中的困难,减少事故危害程度等是一种可贵的意志品质。

4)坚定性。意志的坚定性是指对自己选定或认同的行动目的、奋斗目标坚定不移、矢志不渝,努力去实现的一种品质。意志的坚定性品质的树立取决于对行动目标的认识,认识愈深刻,行动也就愈自觉。认识到目标的意义愈重大、影响愈深远(对自己、对集体、对企业、对社会、对国家……),选定目标也愈坚决,坚持目标的意志努力也就愈强烈。此外,意志的坚定性还和一个人的理想、信念等有关。

坚定的意志品质对安全生产的影响很大。这是因为,安全生产是以熟练的操作技能为基本前提的。而技能不同于本能,它不是人先天就具备的,而是后天通过学习获得的。要使操作技能达到熟练的程度,不经过意志的努力是难以想象的。许多人之所以不能使自己的操作技能达到炉火纯青的地步,而仅仅满足于能应付、过得去,除了其他原因外,很重要的就是缺乏意志的坚定性。此外,人要对本来感到厌烦的工作或职业建立起兴趣,并能维持这种兴趣,也需要有坚定的意志品质。

4.3.3　人体生物节律

20 世纪初,德国内科医生威尔赫姆·弗里斯和奥地利心理学家赫尔曼·斯瓦波达在长期的临床观察中发现,病人的病症、情绪及行为的起伏变化,存在着一个以 23 天为周期的体力盛衰和以 28 天为周期的情绪波动规律。约 20 年以后,奥地利因斯布鲁大学的阿尔弗雷特·泰尔奇尔教授,在研究大中学生的考试成绩时,发现人的智力波动周期是 33 天。后来,一些学者经过反复试验,总结出每个人从出生之日起,直至生命终止,都存在着以 23 天、28 天和 33 天为周期的体力、情绪和智力按正弦函数周期变化的规律,并用正弦曲线绘制出了每个人的生物节律周期图形,即生理节奏曲线,如图 4.12 所示。

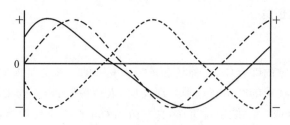

图 4.12　生物节律曲线

认为正半周期是高潮期,这时人的心情舒畅,精力充沛,工作成功率高;负半周期为低潮期,这时人的心情不佳,容易疲劳、健忘,工作成绩低。正弦曲线与横轴交点这一天称为“临界点”。三个临界点互不重叠称单临界点,两个临界点重叠称双临界点,三个临界点重叠称三临界点,临界点前后各 1 天称为临界期,临界期也包括三个周期在负半周的重叠日期。在临界点或临界期,体力、情绪和智力极不稳定,最易发生事故。

计算人体生物节律的方法是首先将出生时间到想了解的生理节律状态的某月某日的总天数计算出来,然后将总天数分别除以 23、28 和 33,所得商数中的整数分别表示已经度过的周期数,而由商数中的余数天数就可以断定要了解的那天在图 4.12 生物节律曲线中的位置。由此可以知道体力、情绪和智力在要了解的那天所处的状态(高潮期、低潮期或临界期)。

计算通式为

$$X = 365A \pm B + C \qquad (4.6)$$

式中:X 表示从出生日到计算日生活的总日数;A 表示预测年份与出生年份之差;B 表示本年生日到预测日的总天数,如未到日则用"一",已过生日则用"十";C 表示从出生以来到计算日的总闰年数,即 $C = A/4$ 所得的整数。

例如:某人 1984 年 6 月 1 日出生,想了解他 2015 年 7 月 15 日三个周期所处的状态。

首先求出生活日数 X:

$X = 365 \times (2\,015 - 1\,984) + (30 + 15) + (2\,015 - 1\,984) \div 4 = 11\,367$ (d)

体力周期:$11\,367 \div 23 = 494 \cdots 5$;

情绪周期:$11\,367 \div 28 = 405 \cdots 27$;

智力周期:$11\,367 \div 33 = 344 \cdots 15$。

以上体力周期余数 5 表示到 2015 年 7 月 15 日,该员工正处于第 495 周期的第 5 天,属于高潮上升期;情绪周期余数 27 表示该日为情绪第 406 个周期的第 27 天,处于从低潮期进入高潮期的临界期;智力周期余数 15 表示该日为情绪第 345 个周期的第 15 天,马上从高潮期进入临界期。

生物节律影响着人的行为,尤其影响着人们在生产中的安全。人在节律转折点(即临界点)的日子体力容易下降,情绪波动和精神恍惚,人的行为波动大,尤其是临界点重叠越多,危险性越大,如果这时工人正在生产岗位上操作,则较容易出现操作失误,甚至导致工伤事故的发生。从应用生物节律理论指导安全生产、安全管理所取得的效果,都说明生物节律是分析事故原因、预防事故发生的有力措施。

4.3.4 疲劳及其预防

1.疲劳及其分类

疲劳是一系列现象的综合体,这种状态是相当复杂的。疲劳是人们自感不适和劳累,是一种生理心理现象。疲劳的突出特点是生理反应,人疲劳时,由于作业机能衰退,作业能力下降,或由于厌倦而不愿意继续坚持工作,会对劳动效率产生重要影响,不仅劳动量减少,而且劳动质量下降。疲劳也是心理反应。例如,操作者为了某种目的,通过自己的努力可以在短时间内掩盖疲劳的效应;相反,心理上的某种不适或不满情绪又会提前或加速疲劳的出现。疲劳又是环境因素的反应,如过高过低的照明水平、不适宜的背景光、过高过冷的温度以及嘈杂的噪声、不合理的工作节奏等都会使疲劳加速出现。

疲劳的分类方法有多种,主要是根据研究的目的和方法进行分类。按疲劳所发生的部位分,一般将疲劳分为精神疲劳和肌肉疲劳。

(1)精神疲劳。

精神疲劳主要是受大脑皮层的活动状态控制。如大脑皮层处于激活高的状态,则人感觉兴奋、警觉,否则感到疲劳。精神疲劳包括智力疲劳、技术性疲劳和心理疲劳。智力疲劳表现为长时间从事紧张脑力活动引起的头昏脑涨、全身乏力、肌肉松弛、嗜睡或失眠等,常与心理因素相联系。技术性疲劳常见于脑力劳动与体力劳动并重的神经紧张型作业,如驾驶汽车、驾驶飞机、收发电报、操纵半自动化设备等,常表现为头昏脑涨、嗜睡或失眠等。单调的作业内容很容易引起心理性疲劳。例如,监视仪表的工人,表面上坐在那里“悠闲自在”,实际上并不轻松,信号率越低越容易疲劳,使警觉性下降,这时体力上并不疲劳,而是中脑和脑干中的抑制系统,降低了大脑皮层活动的机能,使人产生疲劳的感觉。

(2)肌肉疲劳。

肌肉疲劳分为个别器官疲劳和全身性疲劳。前者常发生在仅需个别器官或肢体参与的作业,如抄写、打字等会使手和视力疲劳;后者主要是全身参与较繁重的体力劳动所致,表现为全身肌肉、关节酸痛、主观疲倦感突出、作业能力明显下降、错误增加、操作迟钝混乱等。

另外,根据疲劳产生的时间长短不同可分为急性疲劳和慢性疲劳。按作业方式,可分为动态作业疲劳和静态作业疲劳。根据是中心器官还是外周器官的功能发生变化,分为中心性疲劳和外周性疲劳等。

2.疲劳的实质

从生理上讲,疲劳的实质是什么? 在这方面学者们有不同的见解。

(1)疲劳物质积累理论。作业者短时间内从事大强度体力劳动,消耗太多能量,能量代谢需要的氧供应不充分,产生无氧代谢,乳酸在肌肉和血液中储积,能量代谢使人感到身体不适,即产生疲劳感。

(2)能量消耗论。此观点认为人们在劳动过程中消耗过多的能量就会产生疲劳,这与体内高能分子 ATP 的过多分解有关。

(3)物理化学变化协调论。认为疲劳是人体内物质的分解与合成过程产生不协调所致。

(4)中枢神经论。认为疲劳是中枢神经失调引起的。苏联学者认为,全身或中枢性疲劳是强烈或单调的劳动刺激引起大脑皮层细胞贮存的能源迅速消耗,这种消耗引起恢复过程的加强,当消耗占优势时,会出现保护性抑制,以避免神经细胞进一步损耗并加速其恢复过程,这一机理称为中枢变化机理。美、英学者认为全身性疲劳是由作业及其环境所引起的体内平衡紊乱造成的,引起紊乱的原因除包含局部肌肉疲劳外,还有其他许多原因,如血糖水平下降、肝糖原耗竭、体液丧失、体温升高等,此机理称为生化变化机理。

3.疲劳的预防

由于疲劳而产生的生理反应,不仅会影响劳动效率,而且过度疲劳还会增加发生事故的概率,因此必须重视疲劳对人行为的影响。预防措施有以下几种:

(1)正确选择作业姿势。

改进操作方法的首要任务是使作业者处于合理的作业姿态,以减少能量消耗,降低疲劳程度。影响作业姿势的因素很多,在设计作业姿势时,应尽量避免那些不利的情况,使作业姿势尽量合理,以提高工作效率和安全可靠性。

作业姿势有立姿、坐姿和立-坐交替等。正确的立姿应是身体各部分的重心恰好垂直其支撑物,使全身重量由骨架来承受。立姿作业的最大特点是可动性和灵活性好,适用于需要经常改变体位、监视控制装置分散、单调和用力较大的作业。正确的坐姿应是身体上身各部位保持正直,避免腰部弯曲或变形。坐姿作业的最大优点是身体稳定性好,不易疲劳,易于操作,尤其适用于持续时间较长、精确而细致及需要手和脚并用的作业。但是,坐姿作业必须为作业者提供合适的座椅、工作台、空间、搁脚板、搁肘板等。

立姿和坐姿各有其优点,但是,若是长时间总是采用一种姿势操作,肌肉和神经就会感到格外疲劳。若能使操作者改变体位,则可缓解部分肌肉的紧张状态和疲劳。

在改进操作方法时,应尽量避免下列不正确的姿势或体位:①长期静止不动;②长期或反复弯腰;③身体左右扭曲;④负荷不均衡,单侧肢体承重;⑤长时间双臂或单臂前伸。

(2)合理设计作业中的用力方法。

1)合理安排施力方式与负荷。应尽量避免静态施力,因为静态施力很容易使作业者感到疲劳。实在避免不了,就要对施力大小做出限制。并不是负荷越轻单位劳功成果所消耗能量越少越合理。以负重步行为例,当负荷重量小于作业者体重的40%时,单位作业量的耗氧量基本不变;当负荷重量超过此值时,单位作业的耗氧量急剧增加。因此,最佳负荷重量限额为作业者体重的40%。

2)按生物力学用力。作业时,要把力用到完成某一动作的做功上去,避免浪费在身体本身或不合理的动作上。

3)利用人体活动特点获得力量和准确性。肌肉关节的突然弯曲或伸直能产生很大的爆发力,并伴有运动肢体的冲力,这是获得较大力量的方法。但是,当进行较精准的作业时,需要动用围绕关节的两组肌群。在这两组肌群的作用下,肢体处于运动范围中间部位时,可获得准确的动作。因此,坐姿作业动作比立姿时准确得多。

(3)合理安排作业休息制度。

实验证明,当能量相对代谢率RMR≤2时,平衡状态(机体的耗氧量与机体通过循环系统所摄取的氧量基本相等时,能量消耗处于平衡状态)可以持续6 h;当RMR=3.6时,平衡状态能维持80 min;当RMR=5时,平衡状态只能维持20 min。因此,为了延缓疲劳的发生,减小事故率,就必须在作业过程中科学地安排必要的休息。具体地说,就是根据工作和疲劳的情况确定休息时间的长短、休息的频率以及如何安排休息等。

对于休息与工作时间的配置,即休息时间的次数和时刻,应视劳动强度、性质、紧张程度、环境条件和单调性确定,应能在作业能力下降之前,及时安排工间休息,以使作业者消除疲劳恢复作业能力。

操作者的作业能力还随工作日、星期和月份发生变动。在一天中,上午(特别是9~10点钟)的工作能力较强。在一星期中,工作能力呈倒U形,即星期三、四的工作能力较高而周初和周末工作能力较低。在一年中,冬季的工作能力最高,夏季的工作能力最低。所以,根据日、星期、月份的变化,合理地安排休息时间是极有意义的。

(4)避免单调的重复的作业。

长期从事单调重复的操作,特别是操作活动的具体内容与操作者兴趣、爱好不一致,就会产生不愉快、不合意、缺乏兴趣、压抑、厌烦以及觉得工作永无止境等消极情绪。感到枯燥无味,就极易引起心理疲劳。同时,重复性完成同样的作业内容时,由于总是使用同样的身体部位,局部肌肉群反复施力,也易造成局部肌肉疲劳。

(5)环境条件及其他因素。

控制噪声,改善通风和照明条件可以延缓个人的疲劳;提供足够的睡眠、正确组织工作流程和安排劳动任务、掌握劳动节奏、合理调节作业速率、加强对个人的监督管理等都有助于预防疲劳的发生。

4.3.5　安全心理干预

对于易引发事故群体的心理干预方法主要有三种:员工安全心理行为训练、员工安全心理个体咨询、员工安全心理团体辅导与讲座。三种干预方式循序渐进、逐步深入,如图4.13所示。

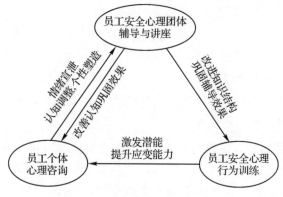

图 4.13　员工安全心理干预方法

1.员工安全心理行为训练

心理行为训练是一种磨炼人意志力的训练方式,通过挑战一些极限的训练科目,激发受训者潜能,从而实现超越,达到提高受训者意志力的目的。针对安全心理的行为训练内容包括:规则的遵守、团队的建设和责任心的培养等,让受训者在情境训练中体验心理的变化,并进行认知上的调试,使参训者养成良好的行为应对模式和认知模式,最终积淀成其必需的基础心理素质。作为一种干预不安全心理的方法和手段,行为训练在改变参与者的认知、改善行为,使其认清自我、认识事故隐患上具有一定的效用。

对通过前期安全心理测试筛查出的工人进行安全心理行为训练。训练选取了能够提高参与者安全意识及培养合作能力的项目,旨在通过团队的交流方式,分享生产过程中的危险隐患,纠正其在日常工作中出现的认知方式上的误区,增强工人的责任意识。训练过程中,着重观察并记录了参训者的典型行为,分析和总结了易引发事故个体与不易引发事故个体在活动的参与程度、影响力、沟通方式以及行为方式上的差别,并对前期的筛选结果和隐患群体特征做了进一步验证。

2.个体心理咨询

（1）宣泄情绪。一线作业环境艰苦,劳动强度大;大多数工人长期居住在公寓,不能回家,消极情绪得不到及时宣泄;能力的发挥、薪酬、与管理者的关系等的抱怨及近期生活事件的影响,这些焦虑、抑郁的心理状态都会影响个体的安全心理而导致安全隐患。因此咨询的过程中应允许工人适当发泄,引导其学会正确的释放压力的技巧及获得缓解焦虑情绪的能力,树立自信,增强抵抗挫折和压力的能力,以良好的心态、饱满的精神状态面对新一天的生活,整体提高一线作业工人心理健康水平。

（2）调整认知。某些存在安全隐患的工人不是由于个性上的缺陷不适合修井作业,而是因为其对安全存在不正确的认识。同样是一起责任事故,有的工人会归因于责任人的疏忽大意或者其他不安全心理,而有的人则认为完全是运气不好。前者在心理学上称为内归因,采取内归因的工人在出现类似的情景时会从自己的角度出发预防事故;而后者称之为外归因,采取外归因的工人在出现类似情景时更易产生侥幸心理。咨询的过程中就要引导工人形成正确的归因。

（3）塑造个性。性格和气质类型在很大程度上决定了工人的安全行为。但是,由于这两个因素是个体在遗传基础上形成的稳定个性特征,很难改变,除非个体经历巨大变故。心理咨询的目的是让工人了解自己的性格和气质类型,取长补短,充分发挥个性优势,更重要的是能够使工人积极发挥主动性去预防因为个性缺陷带来的不安全行为。

3.员工安全心理团体辅导与讲座

团体讲座和心理辅导是以团体为对象,运用适当的辅导策略与方法,依靠成员间的互动,促使个体在交往中通过观察、学习、体验,认识自我、探讨自我、接纳自我,调整和改善与他人的关系,学习新的态度与行为方式,激发个体潜能,增强适应能力的过程。相比较安全心理行为训练,安全心理团体辅导和讲座更注重于经验知识的传授,因此信息量更丰富。开展的主题辅导和讲座包括"情绪调节与压力释放""个性认识与安全隐患""员工心理素质提升与感恩""如何建立良好的心态""和谐人际关系"等。

【延伸阅读】

［1］GU J , GUO F . How fatigue affects the safety behaviour intentions of construction workers：an empirical study in Hunan, China［J］.Safety Science, 2022, 149：105684.

［2］ALBRA,C NA .Investigating the impact of physical fatigue on construction workers' situational awareness［J］.Safety Science,2023,163：106103.

［3］HASANZADEH S , ESMAEILI B , DODD M D .Measuring the impacts of safety knowledge on construction workers' attentional allocation and hazard detection using remote eye－tracking technology［J］.Journal of Management in Engineering, 2017, 33 (5)：04017024.

［4］王露露,尘兴邦,袁嘉淙,等.职业心理学视域下矿工不安全行为研究综述［J］.中国安全科学学报,2023,33(1)：48－55.

［5］陈伟珂,陈瑞瑞.施工现场工人不良职业心理与不安全行为机理研究［J］.中国安全生产科学技术,2016,12(4):118-123.

［6］LIU S X, ZHU Y Q, CHEN Q, et al. Research on the influencing factors of grassroots employees' safety behavior from the perspective of informal groups in workplace［J］. Safety Science, 2023, 158:105959.

［7］李双蓉,王卫华,吴超.安全心理学的核心原理研究［J］.中国安全科学学报,2015,25(9):8-13.

［8］MA H, WU Z, CHANG P. Social impacts on hazard perception of construction workers: a system dynamics model analysis［J］. Safety Science, 2021, 138(2):105240.

［9］佟瑞鹏,王露露,杨校毅,等.社会心理风险因素对工人行为安全影响机制研究［J］.中国安全科学学报,2020,30(8):18-24.

【思考练习】

(1)试述人的视觉特征与安全的联系。

(2)试述人的听觉特征与安全的联系。

(3)何谓心理过程？它主要包括哪些内容？

(4)何谓个性心理？它主要包括哪些内容？

(5)试述人的生理和心理是如何影响人的不安全行为的。

(6)根据人体生物节律特点,试判断 1998 年 6 月 15 日出生的一个员工,他在 2025 年 8 月 20 日三个周期所处的位置。

(7)试述疲劳的特点及其预防措施。

(8)举例说明人体安全生理和安全心理所遵循的基本原理。

第5章　安全行为科学原理

【学习导读】

事故和伤害主要是由人的不安全行为造成的,减少或消除人的不安全行为就可以大大减少事故和伤害的发生,这也是人们所知的"安全金字塔"或"事故金字塔"原理。人的安全行为受到生理、心理、环境、社会等方面的影响。

安全行为科学是建立在社会学、心理学、生理学、人类功效学、文化学、经济学、语言学、法律学等学科基础上,分析、认识、研究影响人的行为安全因素及模式,掌握人的安全行为和不安全行为规律,实现激励安全行为、防止行为失误和抑制不安全行为的应用性学科。

了解安全行为科学的发展历程及其应用现状,掌握需要、动机等相关概念,理解群体动力理论及其应用,运用安全行为科学来改变人的行为,进而预防事故和伤害。

5.1　安全行为科学的产生与发展

安全行为一般是指个体或组织所产生的对组织安全功能产生影响的行为活动,它受制于人的安全生理、安全心理活动及其效应,常见的有个体人行为、组织人行为、安全预测行为、决策行为、执行行为等。

安全生产实践表明,人的不安全行为是最主要的事故致因因素。现代安全实践也揭示出,人、机、环境、管理是事故系统的四大要素,人、物、能量、信息是安全系统的四大因素。但无论是对事故系统还是对安全系统的研究,也不管是理论分析还是实践研究的结果,都强调"人"这一要素在安全生产和事故预防中的重要性。为了解决"人因"这个问题,通常采用安全管理和安全教育的手段。要使安全管理和安全教育的效能得到充分发挥,作用得以提高,就需要研究安全行为科学,就需要学会利用安全行为科学的理论和方法。

5.1.1　安全行为科学与行为科学

1.安全行为科学的定义

安全行为科学是关于生产经营以及其他人类活动中,与安全生产和人员安全健康有关的人的行为现象及其规律的科学。它运用行为科学、安全科学、组织行为学、心理学、管理学以及工程心理学等学科的原理、方法及研究手段,研究有关人的行为与安全的问题,揭示人在工作、生产、生活环境中的行为规律,从安全生产和保障人员安全健康的角度分析、预测和正确引导人的行为。

随着人们物质生活水平的提高和科学技术的发展,安全行为科学作为一门交叉性学科,其作用显得越来越重要。安全行为科学的主要作用是为安全科学的理论研究和工程实践中涉及的人为事故隐患、人因事故的预防提供宏观上的指导,它在安全科学的发展过程中具有十分重要的地位。

2.安全行为科学与其他相关学科的关系

(1)安全行为科学与心理科学的关系。

行为科学是研究人类种种行为及其规律的综合性学科。安全行为和其他行为一样也服从一定心理活动规律的支配,不过它是安全行为科学所要研究的主要对象。而安全心理学则注重研究安全行为与安全心理的联系,与安全行为科学的研究内容略有差异。本质上,心理学和应用于社会生产管理中的行为科学,在其功能意义上并没有多少区别。在将心理学的研究成果和行为科学理论运用于安全生产管理、对生产事故中的人为因素进行分析及对人为失误的预防及职务设计过程中,安全心理学的萌芽也就出现了。

(2)安全行为科学与行为科学的关系。

行为科学是从社会学和心理学的角度研究行为的一门科学。它研究人的行为规律,主要研究工作环境中个人和群体的行为,强调做好人的工作,通过改善社会环境以及人与人之间的关系来提高工作效率。

行为科学的研究对象是人的行为规律,研究的目的是揭示和运用这种规律预测行为和控制行为。这里,预测行为是指根据行为规律预测人们在某种环境中可能产生的言行;控制行为是指根据行为规律纠正人们的不良行为,引导人们的行为向社会规范的方向发展。

行为科学是一个由多种学科组成的学科,人的行为是个人生理因素、心理因素和社会环境因素相互作用的结果,因此,行为研究广泛地涉及许多学科的知识,如生理学、医学、精神病学、政治学等。居核心地位的是心理学、社会心理学、社会学和人类工效学。

行为科学是一门应用极其广泛的学科。例如,应用于企业管理,可以为调动人的积极性和提高工作效率服务;应用于教育与医疗工作,可以帮助研究纠正不良行为、治疗精神病的有效方法。

显然,安全行为科学是行为科学的重要应用分支。安全行为科学不但要应用行为科学研究的成果为其服务,同时丰富了行为科学的内容,扩大了其内涵。因此,安全行为科学与行为科学是相互交叉和兼容的关系,前者是后者应用于安全中发展起来的应用科学。

5.1.2　安全行为科学的产生与发展

安全行为科学是行为科学的应用分支,是建立在社会学、心理学、生理学等学科基础上,分析、认识、研究影响人的安全行为因素及模式,掌握人的行为规律,实现激励安全行为和抑制不安全行为的应用性学科。它在欧美的研究和应用较早,源于行为科学,最早由英国Gene Earnest 和 Jim Palmer 在 1979 年第一次以行为安全管理(Behavior Based Safety,BBS)的名称提出。20 世纪 70 年代末,随着我国改革开放,行为科学引入我国,我国关于行为科学与企业安全管理关系的论述及其应用的报道日益增多。1985 年,探讨"劳动保护工程学基础学科体系"时,有专家将"行为科学"列为其中内容之一。1987 年,在安全管理的学术讨论会后,有关专家在《安全科学及其发展方向》一文中,把"安全行为科学"列为安全科学技术体系科学层次的一个学科内容。之后有关安全行为科学的研究和应用在我国越来越受重视。进入 21 世纪以来,随着安全科学与工程学科的快速发展,安全行为科学更是取得了很多成果。

20 世纪 90 年代以前,安全科学技术体系中更多的是研究安全心理学。显然,对于事故心理学的研究,其目的是控制人的不安全行为,这是预防人为事故的重要方面。但是,只考虑心理内因、只从不安全行为出发,是不能全面解决"人因"问题的,是不能使预防事故的效能达到应有的高度的,也可以说,如果从"人"的角度出发,安全管理和安全教育仅仅依靠心理学是不够的。因为影响人的行为因素有很多,大致有两类:一类是个体心理素质、社会地位、文化程度等状况;另一类是社会的政治、经济、文化、道德等和具体的作业环境构成的环境系统。而人的行为是人与环境相互作用的结果。因此,必须从心理学、生理学、社会学、人类功效学等更为广泛的学科角度出发,既考虑内因又考虑外因。安全管理和安全教育不仅强调对不安全行为的控制,更要重视对人安全行为的激励。这样才能使管理和教育的效果更为理想,使预防事故的境界更高,而这一目标的实现,就是安全行为科学的任务。

20 世纪 90 年代中期以来,安全行为科学逐步引起了人们的重视:从 20 世纪 80 年代的一种现代安全理论(通常作为现代安全管理的一个章节),发展成为 20 世纪 90 年代中期的一个独立学科。安全行为科学是建立在社会学、心理学、生理学、人类功效学、文化学、经济学、语言学、法律学等学科基础上,分析、认识、研究影响人的行为安全因素及模式,掌握人的安全行为和不安全行为规律,实现激励安全行为、防止行为失误和抑制不安全行为的应用性学科。安全行为科学的研究对象是社会、企业或组织中的人和人之间的相互关系以及与此相联系的安全行为现象,主要研究的对象是个体安全行为、群体安全行为和领导安全行为等方面的理论和控制方法。安全行为科学的基本任务是通过对安全活动中各种与安全相关的人的行为规律的揭示,有针对性和实用性地建立科学的安全行为激励理论,并应用于提高安全管理工作的效率,从而合理地发展人类的安全活动,实现高水平的安全生产和安全生活。安全行为科学的目的是要达到控制人的失误,同时要激励人的安全行为。后者更符合现代安全管理的要求。

近年来,学者们对于安全行为科学的研究取得了丰硕成果,可大致分为两类:一类是从理论上研究安全行为科学,主要有安全心理与安全行为的相关性,行为安全管理的方法研究,安全态度、安全认知、安全意识、安全氛围及领导行为等对安全行为的影响,安全行为的模式、干预、评价、激励、模拟等,不安全行为的产生机理、影响因素、模拟仿真、干预策略等。另一类是实证研究,大多是将安全行为科学理论应用于煤矿、建筑、石油化工、电力、交通运输等领域,揭示这些行业内不安全行为的表现形式,以及如何在这些行业内通过安全行为科学降低事故风险。

5.1.3 安全行为科学的研究内容

安全行为科学的研究内容主要有以下几方面。

1.影响安全行为因素的分析

人的安全行为是复杂和动态的,具有多样性、计划性、目的性和可塑性,并受安全意识水平的调节,受思维、情感、意志等心理活动的支配,同时也受道德观、人生观和世界观的影响。态度、意识、知识、认知决定人的安全行为水平,因而人的安全行为表现出差异性。不同的企业员工和领导,由于上述人文素质的不同,会表现出不同的安全行为水平;同一个企业或生产环境,同样是员工或领导,由于责任、认识等因素的影响,会表现出对安全的不同态度、认识,从而表现出不同的安全行为。要达到对不安全行为的抑制,对安全行为进行激励,就需要研究影响人的行为的因素。安全行为科学就为人们解决了这一问题。

2.人的行为模式研究

由于人具有自然属性和社会属性,因此对人的行为模式的研究通常也从这两个角度出发。

(1)从人的自然属性研究人的行为模式。从自然人的角度看,人的安全行为是对刺激的安全性反应,这种反应是经过一定的动作实现目标的过程。这种安全行为有两个共同点:相同的刺激会引起不同的安全行为,相同的安全行为来自不同的刺激。正是由于安全行为规律的这种复杂性,才产生了多种多样的安全行为表现,同时也给人们提出了研究领导和员工各个方面的安全行为科学的课题。从这一行为模式的规律出发,要求人们研究安全行为的人-机互动规律,其中,与行为决策相关的大脑判断(分析)这一环节是安全教育学解决的问题。

(2)从人的社会属性研究人的行为模式。从人的社会属性出发,人的行为模式过程如下:

安全需要＋安全动机＋安全行为＋安全目标实现＋新的安全需要

需要是推动人们进行安全活动的内部原动力。动机是需要引发的冲动,它与行为具有复杂的关系,具体表现在同一动机可引起种种不同的行为。如同样为了搞好生产,有的人会从加强安全、提高生产效率等方面入手,而有的人会拼设备、拼原料,搞短期行为。同一行为可出自不同的动机。如积极抓安全工作,可能出自不同动机:有的是迫于国家和政府督促;有的是本企业发生的重大事故的教训;还有的是真正建立了"预防为主"的思想,意识到了安全的重要性。合理的动机也可能引起不合理的甚至错误的行为,如为了"帮助"同事而掩盖其违章的事实,为单位节约资金而让设备带故障运行,等等。

经过以上对需要和动机的分析可以认识到,人的安全行为是从需要开始的,需要是行为的基本动力,但必须在客观环境中通过动机来付诸实践,形成安全行动,最终完成安全目标。

3.导致事故的心理因素研究

从传统的经验管理过渡到安全的科学管理,需要从人的不安全行为进行科学的预防和控制。由于作业者的心理因素在事故致因中占有相当重要的地位,因此需要研究导致事故的心理因素。

(1)事故原因与人的心理因素。引起事故的原因多种多样,有设备的因素、环境的因素、管理的因素、人的因素等。人的因素除了生理因素外,重要的还有心理因素。

(2)导致事故的心理分析。作业者在从事作业活动的过程中,始终伴随着多种复杂的心理活动,这些心理活动是一个信息的收集、传送、加工、储存、执行、反馈的过程。它包括了作业者的感知、记忆、想象、思维、注意、情感、意志等过程,并融进了作业者的个性心理特征。

因此,作业者在作业的持续过程中,其心理现象是复杂多样的,有时甚至是十分微妙的。因此,对作业者的心理活动特征分析也是多方位的。

事故心理的预测及控制。为了更好地防止事故,需要对事故心理进行有效的控制,而控制的前提是预测。事故心理的预测方法有以下几种:

1)直观型预测:主要靠人们的经验、知识和综合分析能力进行预测,如征兆预测法等。

2)因素分析型预测:从事物发展中找出制约该事物发展的重要因素,作为该事物发展进行预测的预测因子,测知各种重要相关因素。

3)指数评估型预测:对构成行为人引起事故的心理结构的若干重要因素,分别按一定标准评分,然后加以综合,做出总的估量,得出某一个引起事故的可能性的定量指标。

事故心理的控制就是要通过消除造成事故的心理状态,以达到控制事故行为,保证安全生产的目的。

导致事故的心理虽然不如人的全部心理那样广泛,但仍然有相当复杂的内容,而且其中的各种因素之间又是相互联系和依存、相互矛盾与制约的。在研究人的导致事故心理过程中,发现影响和导致一个人发生事故行为的种种心理因素,不仅内容多,而且最主要的是各种因素之间存在着复杂而有机的联系,它们常常是有层次的,互相依存、互相制约、辩证地相互作用。为了便于研究,人们把影响和导致一个人发生事故行为的种种心理因素假设为事故的心理结构。

4.安全行为的激励理论

行为科学认为,激励就是激发人的行为动机,引发人的行为,促使个体有效地完成行为目标的手段。员工能在工作和生产操作中重视安全生产,有赖于对其进行有效的安全行为激励。激励是目的,创造条件是激励的手段。

在某种情况下,虽然有些作业者的安全技能高,但是,由于安全动机激发得不够,其安全生产成绩仍然不显著。安全生产成绩要大幅度提高,除了安全技能要提高外,安全动机激发程度的提高也是一个很重要的环节。

5.2　个　体　行　为

5.2.1　个体行为的本质

人的行为泛指人外观的活动、动作、运动、反应或行动。在许多情况下,人的行为是决定事故发生频率、严重程度和影响范围的一个重要因素。因此,从安全行为学的角度探索个体行为的实质有利于改变和控制人的行为,从而减少事故发生及其严重程度和影响范围。人的行为的实质是什么? 这个问题历来是不同心理学派研究和争论的焦点。早期行为主义心理学(behavionsm psychology)认为:行为是由刺激所引起的外部可观察到的反应,如肌肉收缩、腺体分泌等,可简单归结为刺激-反应公式。近代彻底的行为主义者则把一切心理活动均视为行为,如斯金纳还把行为区分为 S 型(应答性行为)和 R 型(操作性行为)。前者是指由一个特殊的可观察到的刺激或情境所激起的反应,后者是指在没有任何能够观察到的外部刺激或情境下发生的反应。在此基础上,工业心理学家梅耶提出了刺激-反应模式,如

图 5.1 所示。

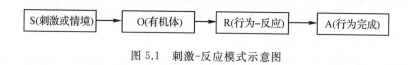

S(刺激或情境) → O(有机体) → R(行为-反应) → A(行为完成)

图 5.1　刺激-反应模式示意图

　　由于行为主义心理学对行为的认识仍存在一定的缺陷,因而又出现了一些其他学说,如格式塔学派(Gestalt psychology)心理学家勒温(K. Lewin)。他否定行为主义心理学派的刺激-反应公式,提出心理学的场理论,认为人是一个场,"包括这个人和他的心理环境的生活空间"(LSP),行为是由这个场决定的。他的基本公式为

$$B(行为) = f[P(人), E(环境)] = f(LSP) \tag{5.1}$$

即行为是人和环境的函数,行为是随人和环境的变化而变化的。

　　根据勒温学说,一个人有了某种需要(包括物质和精神两方面),便产生一种心理紧张状态(称为被激励状态),坐立不安,这时人就会采取某种行为,以达到他的目的。目的达到后,需要得到了满足,心理紧张状态便解除了,随后又会有新的需要激励人去达到新的目的,如图 5.2 所示。

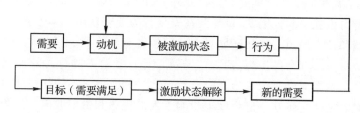

需要 → 动机 → 被激励状态 → 行为

目标(需要满足) → 激励状态解除 → 新的需要

图 5.2　勒温的需要与激励模式

　　日本的鹤田根据勒温的模式,又提出了事故发生模式:

$$A(事故) = f[P(人), E(境)] = f(LSP) \tag{5.2}$$

则事故的发生是人的因素和环境因素相互关联、共同作用的结果。

　　综上所述,人的行为实质就是人对环境(自然环境、社会环境)外在的可观察到的反应,是人类内在心理活动的反映。行为是人和环境相互作用的结果,并随人和环境的改变而改变。

5.2.2　人的行为个体差异和共同特征

1.人的行为个体差异

　　相同的行为可来自不同的原因,相同的刺激或情境可以产生不同的行为,这主要取决于个体的差异。造成行为个体的差异,主要有下述原因:

　　(1)遗传因素。人的体表特征在很大程度上受种族、亲代遗传的影响,如身高、身体尺寸、体格、体力等,虽也受环境因素(如营养、锻炼)的影响,但在某种程度上,受遗传的影响较大。体力和人体尺寸的差异与人的安全行为,在某些场合下往往会表现出来。如当发生异

常事件时,值班者若是一个力气较小的女性,她虽然已觉察到危险,但因体力不够,扳不动制动闸,就无法阻止事态恶化。又如人的气质,在很大程度上受遗传因素的影响,俗话说:"江山易改,禀性难移。"主要是指人的气质。人的气质虽受后天环境的影响也会发生改变,但与其他个性心理特征比较,气质则更难改变。如一个"慢性子"的人,一辈子可能也不会改变。由于气质使人的心理活动及外部表现都打上个人烙印,因此,气质的差异也必然带来行为个体差异。再如人的智力除受后天环境影响外,在一定程度上也受遗传影响,智力受遗传因素影响因人而异,少者占30%(即影响该人智商高低的因素30%来自遗传),多者达90%。因此,由遗传因素所决定的行为,往往是很难改变的。

(2)环境因素。环境是对人的行为影响最大的因素。环境因素的影响表现在以下三方面:

1)家庭。家庭对人的行为有明显深刻的影响。特别是儿童时期,家庭教育和父母的言传身教,对人的行为的发育、成长、形成有很大的影响。如一些破碎家庭给儿童心灵带来的创伤,常使儿童成长后有异常的行为,如残忍、厌世、轻生等。家庭是社会组成的基础,是人的主要生活环境之一,如若家庭关系处理不好,夫妻不和或经常陷入严重的家庭纠纷等,因情绪波动而导致的不安全行为,常常是发生事故的重要原因。

2)学校教育。学校、班级的风气,教师的态度和作风,青少年时代的同学和朋友等对人的性格、态度的发展和形成都有重要影响。此外,人所受的教育不同,知识水平不同,对危险的预知和觉察能力也就不同。因此,也导致在安全行为上表现出个体差异。

3)工作环境和社会经历。工作环境对人的习惯性行为有很大的影响,如人的习惯性行为含带有其职业特点。社会经历(包括工作经验)不同,常给人的行为带来差异。如经验丰富的工人遇到紧急情况时会采取措施及时应对,反之则会慌乱,不知如何应对。

4)文化背景。文化背景在一定程度上影响了人的观念和价值取向。如美国鼓励人才流动,工人一向以跳槽为荣,工人在退休前都曾在许多工厂干过。而日本却重视终身制,将企业或工厂视为"家族",转到另一家企业或工厂,则视为"背叛"行为。

(3)心理因素。心理因素主要指心理过程和个性心理。心理过程虽是人类共有的心理现象,但具体到个体,却往往表现出种种不同特征,因而造成个体行为的不同。再者,由于每个人的能力、性格、气质不同,需要、动机、兴趣、理想、信念、世界观不同,便构成了个体不同的特征,因而决定了每个人都有自己的行为模式,从而给行为带来千差万别的个体差异。

(4)生理因素。人的身体状况不同,使得安全行为也有很大差异。一些需要通过辨别颜色确定信号的工种,如火车司机、汽车司机等,若对某种颜色色盲或色弱是危险的。又如手是人操纵机器的主要部位,手的大小与操作装置、安全装置的设计密切相关。若个别人手相比于一般人群的手过大或过小,在某些情况下,常是关系到个别人的安全行为,造成事故的因素。此外,患有某种疾病的人从事某种作业时,亦可能会出现事故。如高血压患者不宜从事高空作业,有癫痫、癔症和皮肤对汽油过敏者不宜从事接触汽油作业等。

由于每个人的上述因素各异,因此,人的行为(包括安全行为)也必然有所不同,从而表现出个体差异。

2.人的行为共同特征

尽管人的行为在个体之间千差万别,但存在着一些共同行为特征。心理学家研究结果表明,人的行为共同的特征至少有以下方面:自发行为(自动自发而不是被动地被外力引发的行为),有原因的行为(由一定原因产生的行为),有目的的行为(为实现一定目标而进行的行为),持久性行为(在目标没有达到之前,行为有时可能改变方式,但不会终止),可改变的行为(经学习或训练而改变的行为)。下面主要讨论与安全有关的人的行为共同的特征。

(1)人的空间行为。心理学家发现,人类有"个人空间"的行为特征,这个空间是以自己的躯体为中心,与他人保持一定距离,当此空间受到侵犯时,会有回避、尴尬、狼狈等反应,有时会引起不快、口角和争斗。"个人空间"有关的距离有以下四种。

1)亲密距离,指与他人躯体密切接近的距离。此距离有两种:一种是接近状态,指亲密者之间的爱抚、安慰、保护、接触、交流的距离,此时身体可以接触或接近;另一种是正常状态(15~45 cm),头、脚互不相碰,但手能相握或接触对方。

2)个人距离,指个人与他人之间的弹性距离。此距离也有两种:一是接近状态(45~75 cm),是亲密者允许对方进入而不发生为难、躲避的距离,但非亲密者进入此距离时有强烈的反应;二是正常距离(75~100 cm),是两人相对而立,指尖刚能接触的距离。

3)社会距离,指参加社会活动时所表现的距离。接近状态为 120~210 cm,通常为一起工作的距离。正常状态为 210~360 cm,正式会谈、礼仪等多按此距离进行。

4)公众距离,指演说、演出等公众场合的距离。其接近状态为 360~750 cm,正常状态在 750cm 以上。

此外,人的空间行为还包括独处的个人空间行为。例如,从事紧张操作和脑力劳动时,都喜欢独处而不喜欢外界干扰。否则,注意力会分散,不但效率不高,有时还会发生差错或事故。

(2)侧重行为。人体的构造是完美的,通过胸骨和脊柱中线的矢状面,人体形态左右对称。但就内脏而言,心脏稍偏左,肝脏偏右,右肺由上、中、下三叶构成,左肺只有上、下两叶。因此右半身比左半身重。运动时由于呼吸加剧,由三叶构成的右肺比左肺扩张厉害。右侧的肋骨也比左侧高,使本来就偏右的肝脏更加右移,因而重心越来越倾向右边。因此有些学者认为,为了平衡,人常以右脚为支柱,造成身体微微右弯,所以习惯使用右手。但最主要的,还是人的大脑。大脑由左、右两侧构造完全相同的半球构成,因为大多数人的优势半球是左半球,左半球支配右侧,所以大多数人的惯用侧是右侧。

侧重行为还表现在楼梯的选择上。日本的应用心理学家藤泽伸介在一个建筑物的 T 形楼梯(左右楼梯距离相等,都能到达同一地点)观察,发现上楼梯的人,左转弯者占 66%,右转弯者只占 34%。而性别、是否带物品、物品持于何侧、哪只脚先迈步等都不是选择左、右方向的决定因素。他认为,心脏位于左侧,为了保护心脏,同时用右手的人习惯用有力的右手向外保持平衡,所以常用左手扶着楼梯(或左边靠向建筑物,心理上有所依托)向上走;此外,右用手者右脚有力,表现在步行形态上就是左侧通行。因此无论从生理上还是心理上,左侧通行对人来说,都是稳定的、理想的。因此,左侧通行的楼梯发生灾害(如火灾)时,对人的躲避行为是有裨益的。

(3)捷径反应。在日常生活和生产中,人往往表现出捷径反应,即为了少消耗能量又能取得最好效果而采用最短距离行为。例如,伸手取物往往是直线伸向物品,穿越空地往往走对角线等。但捷径反应有时并不能减少能量消耗,而仅是一种心理因素而已。如同时可以从天桥或地道穿越马路,即使二者消耗的能量差不多,但多数人宁愿走地道。乘公共汽车,宁愿挤在门口,此时由于人群拥挤消耗能量增多,而不愿进入车厢中部人少处。这都是心理上的捷径反应,实际上并不能节省能量。

(4)躲避行为。当发生灾害和事故时,人们都有一些共同的避难行动,这些行动特征构成了躲避行为。如发生恐慌的人为了谋求自身的安全,会争先恐后地谋求少数逃离机会,但有高度责任感和组织训练有素的人,会挺身而出,指挥惊慌失措的群众,面对异常的情况,采取必要的措施。心理学家通过实验研究表明,沿进来的方向返回,奔向出入口等,是发生灾害和事故躲避行为的显著特征。

对于飞来的物体打击,心理学家曾做过试验,对前方飞来的物体打击,约有80%的人会发生躲避行为,有20%的人未做反应或躲避不及。其结果见表5.1。

由表5.1可见,躲避方向的左/右侧比率虽很低,但向左躲避约为向右躲避的1.8倍。对正前方的飞来物,此比率却高至2.14倍,即向左侧躲避的人为向右侧的两倍以上。这是因为大多数人惯用右侧,右手、右脚较强劲,因此向左侧躲避的倾向就较明显。

表5.1　躲避方向的特点　　　　　　　　　　单位:(%)

躲避方向	物　体　飞　来　方　向			合计
	左前方	正前方	右前方	
左侧	19.0	15.6	16.1	50.7
躲避不及	3.0	10.4	7.3	20.7
右侧	11.3	7.3	9.9	28.6
合计	33.3	33.3	33.3	100
左/右侧比率	1.68	2.14	1.62	1.77

但对上方有危险物落下时,实验研究指出,有41%的人只是由于条件反射采取一些防御姿势,如抱住头部、上身向后仰想接住落下物或弯下腰等。有42%的人不采取任何防御措施,只是僵直地呆立不动(不采取措施的人大多数是女性),只有17%的人离开危险物落下地区,向后或两侧闪开,并以向后躲避者居多。

由此可见,人对于自头顶上方落下的危险物的躲避行为,往往是无能为力的。因此在工厂和建筑工地,被上方落下的物体(如机械零件、钢筋等)撞击致死的事故屡见不鲜。因此,在一些作业场所(如建筑工地、钢铁和化工企业等),头戴安全帽是最低限度的安全措施。

(5)从众行为。遇到突然事件时,许多人往往难以判断事态和采取行动,因而使自己的态度和行为与周围相同遭遇者保持一致,这种随大流的行为称为从众行为或同步行为。女性由于心理和生理的特点,当突发事件时,往往采取与男性同步行为。一些意志薄弱的人,从众行为倾向强,表现为被动、服从权威等。有人做过试验,当行进时突然从前方飞来危险物体时,如前方两人同时向一侧躲避,跟随者会不自觉向同侧躲避。当前方两人向不同侧躲避时,第三人往往随第二人同侧躲避。

(6)非语言交流。靠姿势及表情而不用语言传递意愿的行为称为非语言交流(也称体态交流)。人表达思想感情的方式,除了语言、文字、音乐、艺术之外,还可以用表情和姿势,这也是一种行为。有人指出,人脸可以做出约25万种不同表情,人体可以做出1000多种姿势,因此,可根据人的表情和姿势来分析人的心理活动。

在生产中也广泛使用非语言交流,如火车司机和副司机为确认信号呼唤应答所用的手势,桥式类型起重机或臂架式起重机在吊运物品时,指挥人员常用的手势信号、旗语信号和哨笛信号,都属于非语言的行为。在航运、地勤人员导航、铁道等交通部门广泛使用的通信信号标志,以及工厂的安全标志,从广义上来说,也属于非语言交流行为的范畴。

5.3 群 体 行 为

5.3.1 群体及其分类

人的行为不仅受个人动机的支配,更重要的是受群体行为的制约。群体对个人、对组织、对社会具有重要的作用,群体规范、群体目标、群体压力和从众行为等因素,严重影响甚至决定了包括安全行为在内的各种个人的行为。群体凝聚力、群体士气、协调的人际关系及信息沟通是实现安全目标的重要手段。研究群体行为在安全活动中的规律和特征,掌握群体的安全心理活动规律,考察群体动力对安全的影响,对更好地发挥群体的作用,提高安全管理效率,促进安全工作,都具有十分重要的作用。

1.群体的概念

群体是一个介于组织和个人之间的,两个以上的人为了达成共同的目标,以一定方式结合在一起,彼此间相互作用,心理上和行为上存在相互联系的人群集合体。群体是两个以上人的集合,但个人的简单集合并不等于群体。例如,球赛的观众、候车的乘客、围观的人群等,都不是群体。这些偶然聚集在一起的人群,虽然在时间、空间及某些目标上有某些共同的特点,但这些人在心理上缺乏内在的共同点,行动上也不存在直接的相互影响、相互依赖和相互作用的关系,因而只是个人的集合体,而不是群体。

2.群体的特征

(1)群体成员有着共同的目标或利益,每个成员都清晰地认识到,个人的目标和利益只有在这个群体中共同活动才能得以实现,这是群体存在的基础。

(2)各成员之间相互依赖,在心理上彼此意识到自己及其他个体存在的重要性,具有"同属一个群体"的群体意识,具有归属感。

(3)各成员在行为上相互交往、相互作用、相互影响,成员之间有着有意识的信息、思想和感情上的交流。

(4)群体成员具有一定的组织性,每个成员在群体中均占有一定的地位,担当一定的角色,有一定的权利与义务。

(5)群体中有一定的长期活动所形成的、每个成员都认可的共同遵守的规范和规则。

3.群体的分类

从群体是否实际存在的角度,可以把群体分为假设群体和实际群体。所谓假设群体是指实际并不存在,只是为了研究和分析的需要而划分出来的群体。假设群体可以按照不同的特征(民族、年龄、性别、职业等)来划分。实际群体是实际存在的群体,这类群体的成员之间有着实际的直接或间接关系。

根据群体规模的大小可以把群体划分为大型群体和小型群体,但"大"与"小"是相对的。一个工厂对该厂的班组而言是大的,但对它所属的公司来说则是小的,因而划分的界限很模糊。但从社会心理学的角度对于"大"与"小"的划分提出了一个标准,这就是群体的成员之间是否直接地、面对面地接触和联系。凡是群体成员以直接的、个人间的、面对面的方式接触和联系的群体是小型群体;而群体成员之间只是以间接的方式(通过群体的共同目标,通过各层组织机构等)联结在一起,则是大型群体。

根据构成群体的原则和方式的不同,可以把群体划分为正式群体和非正式群体。正式群体是由正式文件明文规定的群体,群体的成员有固定的编制,有规定的权利和义务,有明确的职责分工。工厂的车间、班组,学校的班级、教研室等都属于正式群体。非正式群体是没有正式规定的群体,其成员之间的相互关系带有明显的情绪色彩,以个人之间的好感、喜爱为基础。这种群体的成员也有一定的相互关系结构和规范,但没有明文规定,并且相互之间的约束力不强。例如,兴趣相投的亲密朋友、同院的伙伴等都属于非正式群体。

5.3.2　群体行为及其特征

1.群体行为

群体是由个体构成的,因此,群体行为离不开个体行为。但群体的行为不等于群体中各个成员个人行为的简单的算术和。也就是说两个以上的人协同活动所产生的力量会超过每个人单独活动时所产生的力量的总和,并且在某些条件下还能发生质的变化。当某群体把成员个体凝聚在一起时,就具有该群体的意识和目的,包含有集体的智慧,产生了一种新的行为形态,并且具有其特定的社会性,该群体的活动效果反映着整个行为主体的状况,而不再以个体的意识、目的为转移。实际存在的任何一个群体,都是作为整体来进行活动并且产生相应影响的。群体内部的一切活动,其发挥作用的性质、大小、方式等,均属于群体行为。

安全行为文化的任务就是要使人的安全行为逐步成为群体的安全行为规则而为全体成员所接受和遵循,而对个别人的不安全行为进行约束和抵制,防止其蔓延为群体行为。

2.群体行为特征

群体行为一般具有规律性、可测量性、可划分性及对个体的影响性四个方面的特征。

(1)规律性。任何群体都是通过活动、相互作用和感情这三个要素而存在的。在这三要素相辅相成的过程中,群体行为变化具有一定规律性。群体行为作为有意识、有目的的活动,既受到社会特别是所从属的组织的规范制约,又受到群体内的成员的个体意识、需要、态度和动机等的影响。因此,安全管理对于群体行为的研究正是为了掌握群体行为变化规律及其对安全生产的影响。

(2)可测量性。群体行为虽然是一个抽象的概念,但还是可以用一定的方法进行测量的。例如,一个车间或班组对安全规章制度的执行是严格还是宽松,车间员工安全意识水平高还是低等是通过对群体活动的表象的感观判断而产生的。就群体行为的某些具体指标来看,可以进行定量测量,如一个车间或班组的危险隐患整改的个数、违章行为发生的次数、全年安全教育的人数等。安全管理者可以通过这些定性、定量指标确定该车间或班组的安全生产基本状况并以此作为安全目标管理的基础依据。

（3）可划分性。对群体行为予以定性和定量测量之后，可以根据测量结果把群体行为划分为若干类型：①从群体行为的作用来划分，可以划分为积极行为和消极行为；②从群体所承担的主要任务来划分，可以划分为主要行为与次要行为；③从一定时期内在群体中起主导作用的行为来划分，可以划分为主流行为和支流行为；④从行为持续时间及行为目的来划分，可以分为长期行为和短期行为。

（4）影响性。每个人总是位于一个群体或若干个群体之中。"近朱者赤，近墨者黑"就是指群体行为的影响性。在群体中，人们会表现出与其在单独情况下不同的行为方式，使个体的安全行为产生不同情形和不同程度的变化。群体中的个体要受到群体规范和纪律的约束。因此，群体的行为必然会对其中个体的行为产生重大影响。例如，一个生产班组在生产作业过程中以遵章守纪为主流行为，则会促使其成员遵章守纪。如果员工违反规章制度，发生与班组的行为格格不入的不安全行为，就会受到群体的压力和抵制。这就防止了员工个人违章行为的发生。

5.3.3　群体动力理论

1.群体动力理论概述

这是心理学家和行为学家勒温所倡导的一种理论。1944 年，勒温首先用"群体动力学"这个术语来表示群体中人与人之间相互接触、相互影响所形成的社会秩序。

群体动力学所研究的群体指非正式群体。群体动力理论事实上涉及群体行为的各个方面，其中一个重要的观点是群体的力场观点，认为群体是处于均衡状态的各种力的一种"力场"（叫作"生活场所"或"自由运动场所"）。这些力涉及群体成员在其中活动的环境，还涉及群体成员的个性、感情及其相互之间的看法。

群体动力学中的"力场"概念借自物理学。勒温认为，人的心理和行为取决于内在需要和周围环境的相互作用。当人的需要没有得到满足时，会产生内部力场的张力，而周围环境因素起着导火线的作用。人的行为方向取决于内部力场与情境力场（环境因素）的相互作用，而以内部力场的张力为主。群体成员在向目标运动时，可以看成是力试图从某种紧张状态解脱出来。同样，群体的活动方向也取决于内部力场与情境力场的相互作用。正是"力场"中各种力的平衡，使得群体处于一种均衡状态。

所谓群体中各种力处于均衡状态是相对的。事实上，一个群体永远不会处于"稳固的"均衡状态，而是处于不断地相互适应的过程之中。这可以比作河岸和河流，看起来是相对静止的，实际上却在不断地缓慢运动和变化。群体行为就是各种相互影响的力的一种错综复杂的结合，这些力不仅影响群体结构，也修正群体中个人的行为。

2.群体规范

勒温等人认为，正式群体有其程序和作业标准，而非正式的群体只有其规范。规范是群体成员所期望的行为标准，是每个成员都必须遵守的。但群体规范并不规定其成员的全部活动，而只是规定群体对其成员的行为可以容忍和不能容忍的范围。

（1）群体规范的意义。群体规范是指群体为达到共同目标，在一定时期内成员相互作用而形成的、每个成员必须遵守的行为规范。这些规范确定了成员的行为范围,成员应该具备的态度,规定了什么可以做和什么不可以做,应该怎么做和不应该怎么做;等等。

(2)群体规范的种类。群体规范可分为正式规范和非正式规范。正式规范是由正式文件明文规定的,如各种安全规章制度和守则等;非正式规范是群体自发形成的,是不成文的,如成员之间的沟通方式和态度,各种行为和风俗习惯等。但正式和非正式规范都有约束和指导成员行为的效力。成员的行为符合这个框架和标准,就会得到群体的认同。反之,当成员偏离或破坏这种规范时,就会引起群体的注意。轻者要受到教育和指责,群体还会运用各种纠正方法,使其回到规范的轨道上来;重者则要受到惩罚,甚至被排除于群体之外。

(3)群体规范的作用。群体规范对于群体具有维持作用、认知标准化的作用,并对所有成员的行为有导向和约束作用。

3.群体压力

群体规范形成一种无形的压力约束着人们的行为,甚至被约束的人都没有意识到这种约束。当一个人同群体中多数人有意见分歧时,会产生抑郁、孤独与寂寞感,会感到心理紧张,产生无形的心理压力,这种压力就是群体压力,有时会在这种压力之下产生违背自己意愿的行为。

(1)群体压力的特点如下:

1)压力来自并存在于群体内部,是群体所特有的,不同的群体会形成不同性质和强弱不同的群体压力,这主要取决于群体的性质和凝聚力。

2)压力与群体规范有关。群体压力不同于权威命令,它不是由上而下明文规定的,也不具有强制性,而是一种群体舆论和气氛,是多数人的一致意向,它对个体心理上的影响和压力有时比权威命令还大。

3)群体压力最终取决于个体对于群体的认同感和依赖性。当个体对于群体的认同感和依赖性强时,感到必须采取与群体相符的行为才有安全感。此时,群体压力就大。反之,即使个体行为与群体行为完全不符,也不会产生压力。

(2)从众行为。在群体压力下,个人放弃自己的意见而采取与大多数人相一致的意见或行为,这种现象称为从众行为,也叫相符行为。

影响从众行为的因素很多。对一般人来说,当自己的行为与群体的行为完全一致时,心理上就感到安稳;当与多数人意见不一致时就感到孤立,为了避免自己成为群体中的"另类""异己",就会自愿或不自愿地放弃自己的行为,服从于群体行为。但是,在某些情况下,也有一些人坚持自己的独立性,不愿随便从众。一般说来,个体在群体压力下是否表现从众行为,主要受个体所处的情境、问题的性质和个体特性等因素的影响。

(3)群体压力与安全。群体压力和从众行为对安全是一把双刃剑。利用得当,可产生积极作用;放任不管,可能产生消极作用。

1)积极作用。它有助于群体成员产生一致的安全行为,有助于实现群体的安全目标;它能促进群体内部安全价值观、安全态度和安全行为准则的形成,增强事故预防能力,维持群体良好的安全绩效;它有利于改变个体的不安全观点和不安全行为;它还有益于群体成员的互相学习和帮助,增强成员的安全成就感。

2)消极作用。它容易引发违章风气,不易形成员工勇于提出安全整改意见的习惯;容易压制正确意见,在行为一致的情况下,会产生忽视安全、单纯追求表面生产效益的小团体意识,甚至做出错误的安全决策。

人的安全行为主要是在生产生活过程的群体中发生的,员工个体的安全行为必然要受到其所在群体的群体行为和群体动力的制约与影响。企业安全管理工作要想从传统的经验型向现代的科学型转变,就需要认真研究在社会生产和生活中群体对个人安全行为产生的各种作用力量。一般来说,应避免采取群体压力的方式压制群体成员的独创精神,但同时对于群体成员的不良行为给予适当的压力也是必要的。

(4)群体凝聚力。群体凝聚力是群体对成员的吸引力,它既包括群体对成员的吸引程度,又包括群体成员之间的相互吸引力。这种吸引力表现为成员在群体内团结活动和拒绝离开群体的向心力,是群体安全行为的基础。美国心理学家多伊奇曾提出,群体凝聚力等于成员之间相互选择的数目与群体中可能相互选择的总数目之比。

凝聚力强的群体的一般特点:成员之间的信息交流畅通频繁,气氛民主,关系和谐;成员有较强的归属感,成员参加群体活动的出席率较高;成员愿意更多地承担推动群体发展的责任和义务,关心群体,维护群体的权益,等等。

(5)群体士气。

1)群体士气的含义。美国心理学家史密斯认为"士气"就是对某个群体或组织感到满足,乐意成为该群体的一员,并协助达成群体目标的一种态度。因此"士气"不仅代表个人需求满足的状态,而且还包括认为这个满足得之于群体,因而愿意为实现群体目标而努力的情绪。

2)士气与安全度的关系。士气与安全度的关系是非常密切的,在安全行为管理中,希望职工不仅具有高昂的士气,同时也能保持较高的安全度。然而,这种理想的状态一般是很难实现的。大量的研究发现,士气的高低与安全度之间并不存在正比关系,职工的士气只是提高安全度的必要条件之一,而不是充分条件。要提高安全度,除了提高士气以外,还需要具备其他许多条件,例如机械设备、原材料供应、职工的素质、人员的调配等。研究表明,士气和安全度的关系可能出现下述四种情况:

a.士气高,安全度高。这是由于职工在群体里既获得了满足感,又体会到组织目标与个人的需求相一致,正式组织与非正式组织的利益相协调,使职工积极、有效地去实现组织目标。

b.士气高,安全度低。这是由于职工在群体里虽然获得了满足感,但是组织目标却不能与个人的需求相联系,于是出现所谓"和和气气地怠工",而缺乏紧张工作的气氛的现象。

c.士气低,安全度低。这是由于职工在群体里得不到满足感,而且组织目标与个人的需求也不能发生联系,职工对安全生产没有兴趣,于是出现"当一天和尚撞一天钟"的现象。

d.士气低,安全度高。这是由于管理者过分地强调物质条件和金钱刺激,使职工暂时获得了某些物质的需要,而达到较高的安全度。然而由于忽略了职工的心理需求,安全度高的情况也只能是暂时的。如果长期下去,势必引起职工的反感,而使安全度迅速降低。

3)影响士气的因素。

a.对组织目标的赞同。从某种意义上来说,士气就是群体成员的一种群体意识,它代表一种个人成败与群体成就休戚相关的心理,这种心理只有在个人目标与群体目标协调一致时才能发生。

b.合理的经济报酬。金钱虽然不是人们追求的唯一目标,但是金钱可以满足人们的许多需求。经济报酬和奖励一定要公平合理。否则,不合理的工资和奖金制度,将会挫伤职工的积极性,引起不满,降低士气。

c.对工作的满足感。所谓对工作的满足感,就是指工作本身能够令人满意。这种满足感主要包括工作本身合乎个人的兴趣,适合个人的能力,具有挑战性,有利于施展个人的抱负等。

d.管理者良好的品质和风格。领导者和管理人员的品质和风格,对其下属的工作精神影响很大。俗话说:"将帅无能,累死三军。"

e.同事间的和谐与合作。一个士气高昂的群体,必然具有很高的凝聚力。

(6)群体动力理论的认识。勒温的群体动力理论中所研究的群体是指非正式群体,我们认为,正式群体中也同样存在着"力场",在正式群体的建设(如班组建设)中,同样可以借鉴勒温的群体动力理论进行研究。

根据勒温的群体动力理论,组织成员的行为是其所处环境及其本身个性的函数。为了引导利于组织目标实现的组织行为,达到激励的目的,作为组织的领导者,一方面应该重视环境对人的行为的作用,这个环境就是勒温研究的人的行为所处的"力场"。领导者应通过创造良好的组织氛围来对员工进行感染和熏陶,以将他们导向良好的个人行为,进而表现出满意的群体行为,最终达到提升员工的工作效能,从而改善企业经营效率的目的。另一方面,领导者还要在了解人的需要特征的基础上,注重对员工个人素质的激发和培养,即通过培训、奖励等措施调动员工的主动性、积极性,特别是员工潜在素质的发挥。因此,积极采取措施改善外部环境是必要的,但更为重要的是要提高人的自身素质,增强适应环境、改造环境的能力。

在勒温的群体动力理论中,"环境"的概念主要是指群体及其成员所处的政治、经济、技术等物质环境,我们应将其拓宽。环境不仅包括物质环境,而且还应包括文化环境,或称精神环境,也即群体的气氛。

5.4　人的行为改变过程

由于人类本身及环境等各种因素的影响,人们所产生的行为,有的是合理的,有的是不合理的,有的是正确的,有的是不正确的。合理的、正确的行为有利于达成企业的目标,而不合理的、不正确的行为则不利于达成企业的目标。因此,对于人们合理的、正确的行为,应给予强化;对于不合理的、不正确的行为,应加以引导,促使其转化,将消极因素变为积极因素。

5.4.1　改变的情况

改变可以有以下四种情况:

(1)知识的改变。

(2)态度的改变。

(3)个人行为的改变。

（4）团体或组织行为的改变。

这四种改变的时间关系及相对的困难度如图 5.3 所示。

知识的改变最容易达成，态度上的改变次之，这两种改变的结构是不同的，前者受环境影响较多，后者受感情影响较多。行为的改变较知识和态度的改变困难多、时间长；而团体行为或组织行为的改变则更难，费时更久。

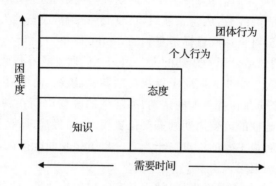

图 5.3　不同的改变所需的时间及困难度

5.4.2　改变的周期

改变的周期可以分为以下两种情况：

1.参与性的改变周期

当新的知识为个人或团体所知时，参与性的改变周期便已完成。

我们希望团体会接受这些资料，表现出积极的态度与承诺，向预计的目标前进。在这个阶段应采取个人或团体直接参与的策略，这就是由团体的参与来解决问题。下一步便是把承诺转变成实际的行为，如图 5.4 所示。

一个有用的策略必须得到团体及个人的支持与行动，否则将一事无成。

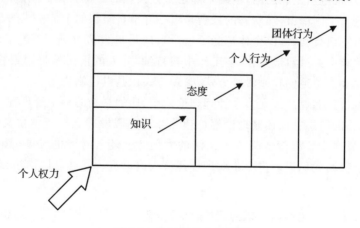

图 5.4　参与性的改变周期

2.强迫性的改变周期

强迫性的改变,是在周期开始时,将改变加于整个组织之上,从组织到个人。如我们经常遇到某件事或某项决定从某月某日起开始实行,这就属于一种强迫性改变周期的例子。新的行为目标就是某某条款,该条款就是新的知识,职工在接受这些条款时,也可能反对。

从领导生命周期理论来看,参与性的改变周期较适用于成熟的团体,因为他们对情况熟悉,同时具有相当的知识与经验,成就感强烈,在改变一开始,成熟的人就能担负起责任。在这种情况下实行参与制,对于达成目标是有利的。

强迫性的改变周期较适合于不成熟的人。因为他们通常具有依赖性,除非被迫,否则不愿负起新的责任。事实上,这些人倾向于喜欢被领导、被组织,而不愿去主动工作。

这两种改变周期之间存在着重大的区别:参与性的改变周期在领导者运用个人权力的情形下较有效率;而强迫性的改变周期则需要位置权力,如奖赏、惩罚与仲裁时才有效率。

参与性的改变周期,最主要的优点在于当它一旦被接受便能持久,因为人们对改变有高度的反应,其缺点是比较迟缓。

强迫性的改变周期的优点是速度快,缺点是有一定的脆弱性,只有在领导者具有的位置权力持久时才能维持。但它可能会造成仇恨、敌意,有时甚至是或明或暗地破坏、推翻领导者。

在平时工作中,这两种改变往往融合在一起,而不是分割得很清楚。

【延伸阅读】

人性假设理论

1.理性经济人假设

理性经济人假设源于亚当·斯密的古典经济学思想。他认为,人性是利己的。每一个人总是对离自己最近的事情最关心、最感兴趣,即每一个人最关心的是他自己,每一个人总是有意无意地把自己放在最重要的位置。利己是人与生俱来的本性,人们带着这样的动机去工作,工作的动机虽然是利己的,但结果却是多方共赢。持有相似观点的李嘉图也对理性经济人假设进行了阐释:自然状态的社会是由一群没有组织的个体构成的;每一个体都在为自身利益的打算而行动;每一个体都为了这个目的尽最大努力进行逻辑思考。由于人们工作的动机是追求个人利益最大化,在工作中精打细算,人的情感精神因素往往被漠视,人们的工作激励主要靠单纯的物质激励方式,管理方式也是以控制为主。

这种理性经济人假设体现在多个管理理论之中,比如泰勒的科学管理理论、法约尔的工业管理理论、韦伯的科层官僚体制理论等。理性经济人假设理念在资本主义发展早期处于思想主导地位,并在一定程度上促进了经济的发展。但随着时代的发展,其局限性越发凸显,面对冲击和考验,人们需要进一步对理性经济人假设进行完善,以适应管理的现实需要。

2.社会人假设

社会人假设的出现也不是一蹴而就的,同样也来自于管理实践,其产生也源自理性的科学实验。社会人假设的提出,源于1924年梅奥的霍桑实验的理性证明。梅奥认为,理性经济人假设抽象地思考人性而忽视了社会具体情况。首先,每个工人都来自不同的家庭,都有不同的人生经历、教育背景、思维方式等。这些都会带到工作中而影响工作效率。其次,工人与工作、管理者、同事的具体关系,工作的氛围等,都对工作效率有重要的影响。组织要维持发展,员工须获得激励,除了物质经济利益满足外,还需要通过自发合作和社会交往获得接受与认同、身份感、归属感。在社会技术得到巨大进步的同时,社会合作和交往能力却相对滞后,二者之间严重失衡。人们更急迫地需要学习从他人那里接受信息、情感、态度和观念并做出正确反应,也就是学习同他人交往的艺术,包括如何接受他人、怎样理解他人的态度和观点、怎样对他人表达自己的观念和情感等。

历时 9 年的霍桑实验证明,组织中员工的工作积极性与人们的社会性需求有着密切的联系。人们的工作动机源于组织中同事们的认同感,工作效率取决于组织内部的人际关系,组织以外的非正式组织具有正式组织不具备的重要作用,员工的社会性需要成为组织领导者必须重视的重要因素。

在管理理论的运用中,弗雷姆的期望理论、赫茨伯格的双因素理论、麦克利兰的成就需要理论、波特和劳勒的综合激励模型,都是对社会人假设在现实管理理论中的演绎与表现,这些理论反过来又丰富了该假设的内容。社会人假设是理性经济人假设的进一步发展与完善,把只关注员工的工作效率转向更关心员工在组织中的归属感、认同感和成就感。

3.文化人假设

文化人假设的提出与 20 世纪中后期日本经济腾飞的关系密切。1980 年后,日本的经济发展速度超过了美国,日本企业的管理文化引起了学术界、企业界的关注。管理者与员工之间独特的密切感、整体性、团队精神、忠诚度,让日本企业得到了快速发展。部分学术研究者认为,正是日本的企业文化提高了企业自身的管理水平,促进了经济的发展。这种企业文化现象,拉开了文化人假设的帷幕。

人是文化的创造者,文化又反过来改变与创造人本身。人从出生开始就受到文化的影响,这种影响又塑造着每个人的人性与人格,潜移默化地约束与调节着人们的行为。企业也可以通过企业文化来引导与约束员工的行为,达到自身的管理目的。具体而言,组织可以通过组织共同价值观来引导员工个人价值观,可以通过组织文化规范来约束员工个人行为,可以通过组织表面可见的文化物品、装饰等潜在地影响组织内员工的精神。

4.自我实现人假设

1957 年,麦格雷戈在《管理评论》上发表了《企业的人性面》一文。在这篇论文中,他提出了 X-Y 理论。X 理论是他对传统管理中人性假设的研究,Y 理论是在对 X 理论研究的前提下,在管理实践发展的基础上提出的。他在 Y 理论中提出了自我控制、自我实现、个人与组织融合等重要观点,Y 理论中的人性假设,也可以称为自我实现的人性假设。

随着人的基本需求的实现,员工对自我实现、自我价值的追求显得尤为迫切。以前单纯的强制管理和物质激励已经不能再作为全部的激励手段。这时,X 理论不能再作为指导管理实践的人性假设,麦格雷戈提出的 Y 理论则是更全面地反映人性、规定人性的基本假设。根据 X 理论对人性的假设,人在组织中是被压抑和限制的,人们完成组织目标是被迫驱动的。而 Y 理论,更多是把个人目标、个人需要和组织目标、组织需要相融合,最后一起分享组织的成果。人们在 Y 理论指导下,能够在组织运行中进行自我控制和自我指挥。Y 理论更加看重人的成长和发展,人们可以参与组织目标的制定,这种参与感与归属感让人们对组织更愿意发自内心地主动工作和奉献,不需要过多的外部权力控制。马斯洛的人类需要层次理论、奥尔德弗的生存关系及发展理论都是自我实现人假设的理论体现。

5.复杂人假设

1970 年,莫尔斯和洛尔施在《哈佛商业评论》发表了《超 Y 理论》一文,文章提出了权变理论,该理论强调组织的模式需要根据具体工作性质而定。X 理论并不是没有任何用处的,Y 理论也不是放之四海而皆准的,应针对具体的管理情境采用灵活多变的管理措施。

沙因认为,在一定程度上人性假设是正确的,但现实中的人性要更加复杂,必须用更全面的视野来认识组织中的人。这需要将人性研究的系统观、发展观、社会学的情景观融为一体。沙因提出,人性不是固定不变的,它取决于所处的社会条件、组织情况以及其他情景。沙因的复杂人假设有着深刻的辩证法思想。

复杂人假设理论的代表人物还包括:管理过程学派的孔茨,系统学派的巴纳德,决策理论学派的西蒙,管理科学学派的希尔,权变理论学派的伯恩斯,经验主义学派的德鲁克,经理角色学派的明茨伯格,等等。

出自《中国社会科学报》2021 年 3 月 16 日

【思考练习】

(1)如何理解人的本质及其变化过程?

(2)根据动机理论,试述人的行为的产生过程。

(3)如何理解非正式群体在安全生产中地位的重要性?

(4)影响人的行为的因素主要有哪些?

(5)举例说明群体动力理论的适用性及其对组织环境的影响力。

第6章 安全控制原理

【学习导读】

安全控制论的出现,不仅丰富了安全科学的理论体系,也加强了安全管理科学的实践。安全控制论运用现代控制理论的方法论、控制机制和数学模型,使安全管理网络以及安全系统工程的各种范畴实现了闭环控制。

理解安全控制系统、反馈控制、安全控制状态和安全管理控制基本原理,掌握安全控制原理的本质特性,掌握安全控制系统的反馈结构及控制方式,熟悉安全管理控制的原理及实现。

6.1 安全控制原理简介

6.1.1 控制论

控制论是研究动物(包括人类)和机器内部的控制与通信的一般规律的学科,着重于研究过程中的数学关系。控制论综合研究各类系统的控制、信息交换、反馈调节,是跨及人类工程学、控制工程学、通信工程学、计算机工程学、一般生理学、神经生理学、心理学、数学、逻辑学、社会学等众多学科的交叉学科。1948 年诺伯特·维纳发表了著名的《控制论——关于在动物和机器中控制和通讯的科学》一书,意味着控制论正式创立。他特意创造"Cybernetics"这个英语新词来命名这门科学。1948 年后是控制论的发展阶段,控制论的发展是将最一般意义上总结和概括的概念、原理、模型和方法应用的领域,大致分为三个时期:第一个时期,从 20 世纪 40 年代末到 20 世纪 50 年代初是经典控制理论时期;第二个时期为 20 世纪 60 年代,是现代控制理论时期;第三个时期为 20 世纪 70 年代以后,是大系统控制理论时期。

控制论应用范围广,发展速度快,对科学研究、劳动生产、经济管理、社会生活和人的认识产生了极其广泛而深刻的影响。它横跨科学技术、基础科学、社会科学和思维科学,形成了以理论控制论为中心,包括工程控制论、生物控制论、社会控制论和智能控制论四大分支在内的庞大的学科体系。

1.控制论的基本部分

(1)信息论,主要是关于各种通路(包括机器、生物机体)中信息的加工传递和贮存的统计理论。

（2）自动控制系统理论，主要是反馈论，包括从功能的观点对机器和物体（神经系统、内分泌及其他系统）的调节和控制的一般规律的研究。

（3）自动快速计算机理论，即与人类思维过程相似的自动组织逻辑过程的理论。

2.控制论主要特征

（1）这种系统是有一个预定的稳定状态或平衡状态。例如在速度控制系统中，速度的给定值就是预定的稳定状态。

（2）从外部环境到系统内部有一种信息的传递。例如在速度控制系统中，转速的变化引起的离心力的变化，就是一种从外部传递到系统内部的信息。

（3）这种系统具有一种专门设计用来校正行动的装置，例如速度控制系统中通过调速器旋转杆张开的角度控制蒸汽机进汽阀门升降的装置。

（4）这种系统为了在不断变化的环境中维持自身的稳定，内部都具有自动调节的机制，换言之，控制系统都是一种动态系统。

6.1.2　安全控制论

安全工程问题涉及十分广泛的工程、科学技术领域以及人文科学，而且安全信息系统发展很不发达，因此安全控制论的研究比较迟缓。德国学者库尔曼（A. Kulman）在 1981 年出版的德文版《安全科学导论》一书中提出控制论和安全科学这一命题，认为："控制论用以引出不同类型系统的类似现象，并以类似的方式来表达这些现象，这就有可能在描述系统状态时跨越不同学科界限，为控制论的跨学科特性奠定基础。"该书还简单介绍了控制论的方法论和数学模型，但是没有开发出安全控制论具体模式和数学模型。

我国自 1982 年就有人提出：安全系统属于人-机控制系统，可以用控制论进行研究。1988 年，在北京"人-机工程、职业安全和卫生、环境保护"国际会议上，我国首次提出运用现代控制理论建立以年度为单位的离散型安全控制论的数学模型，并且运用卡尔曼滤波器进行系统状态的最优估计，为安全控制论的研究奠定了基础。

此后，结合国内几个企业的安全评价工作，以系统论、信息论、控制论的方法论为指导思想，理论联系实际，将逐步控制论引入安全领域。第一，结合卡尔曼滤波器并运用平滑技术反复迭代，以解决安全控制系统辨识的小子样大噪声问题。第二，在系统辨识基础上，运用层次分析法等技术，解决了安全计量主观倾向性的老大难问题。第三，参照信息论中熵的概念，科学地定义了安全度的概念。国内冶金工业部安全环保研究院高级工程师张翼鹏于1998 年首次系统地阐释了安全控制论，开创了国内此领域研究的先河。

安全控制论的出现，丰富了安全科学的理论体系，也推动了安全管理科学的实践。它最主要的贡献在于：运用现代控制理论的方法论、控制机制和数学模型，使安全管理网络以及安全系统工程的各种范畴实现闭环控制。

例如：关于安全的计量方法可谓千差万别，一般作法很难提出科学的客观根据，而且无法通用。运用安全控制论的数学模型，建立安全计量体制，既有科学的客观根据又有通用性。又如安全评价，通常的做法多以评论整个企业优劣等级为主要目的，评价所提改进措施较笼统，而安全控制论则以降低危险程度、提高各级系统控制能力为主要目的，评价结果的针对性很强。

6.1.3　反馈控制

反馈控制是控制论的基本原理。经过长期研究,人们发现各种系统,不论是自动控制的机器或是人体生命系统的调节、动物的猎食活动、社会经济的运作,都是以信息的传递、反馈为基础的活动,具有相同的运行规律。因此,控制论的奠基人维纳(N. Wiener)将控制论定义为"关于动物和机器中控制和通信的科学"。

反馈控制是指将系统的输出信息返送到输入端,与输入信息进行比较,并利用二者的偏差进行控制的过程。反馈控制其实是用过去的情况来指导现在和将来。在控制系统中,如果返回的信息的作用是抵消输入信息,则称为负反馈,负反馈可以使系统趋于稳定;若其作用是增强输入信息,则称为正反馈,正反馈可以使信号得到加强。

对于任何一个系统,对系统进行控制,就是希望系统的输出结果能达到期望的目标值。因此,就需要检测系统输出,然后和期望目标相比较,根据两者误差再对系统进行调节。这种采用反馈并利用偏差进行控制的过程就称为反馈控制。反馈控制环节由标准、检测、决策、调节四部分组成,如图 6.1 所示。

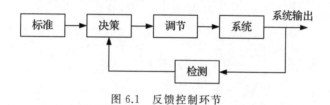

图 6.1　反馈控制环节

反馈控制工作过程:系统首先设定一个标准,标准单元在绝大多数情况下是一种事先给定的数值,例如温度、压力、流量、电流、电压等。但是,标准单元有时则是决策对目前可供选择的若干方案中的最佳方案,反馈控制将确保系统输出达到设定标准。

(1)检测单元从系统输出端得到系统输出量的有关信息,并将结果传递给决策单元。

(2)决策单元则根据检测单元提供的信息,参考事先给定的判断标准,进行逻辑判断,以确定应当如何调节输入量,然后向调节单元发出调节指令。

(3)调节单元是反馈环节的执行机构,它根据决策单元传递过来的指令去执行命令。

举两个常见的反馈控制的案例。

【例 1】　有一个采用燃烧油加热物料的加热炉系统,需要将冷物料加热到设定温度,整个反馈控制系统结构如图 6.2 所示。图中,冷物料欲加热到的设定温度就是反馈控制环节的标准部分。热电偶、温度变送和输入模块组成反馈控制环节的检测部分,可将加热炉当前物料温度采集送入计算机。计算机是反馈控制环节的决策部分,计算机中软件根据物料当前温度与设定温度的差值,按照一定的控制算法(例如 PID 算法)进行计算,给出相应控制信号。输出模块和调节阀组成反馈控制环节的调节部分,计算机给出的控制信号可以通过调节阀控制入炉燃烧油量,从而实现加热炉火力大小的改变,进而改变出炉物料温度。整个系统即是一个标准的闭环反馈系统。

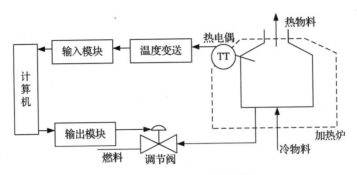

图 6.2　计算机温度监控系统

【例 2】　工厂安全管理中,某一阶段工厂安全事故频发,安全管理部门出台相应的规章制度,加大奖罚力度,工厂所有员工将会严格依照新制度规范自己的行为,工厂安全事故将会下降,生产趋于正常,如图 6.3 所示。

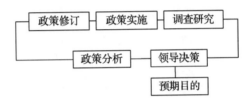

图 6.3　工厂管理控制系统

综合以上几种不同控制系统的情况看,尽管各系统具体结构、功能相去甚远,但是它们所遵循的反馈控制原理及控制模式却是一样的。

6.2　安全控制系统

安全生产是十分复杂的大系统,除人之外,还包括形形色色的原料、能源、动力设备、生产设备、控制设备、检测工具等,它们根据一定的规律组合在一起,形成一个生产系统。生产工人则按照支配生产过程的基本科学原理,根据生产系统状态操纵控制设备,进行正常生产。显然,这是一种以人为核心的人-机控制系统。生产工人(包括管理人员)在系统中,不单纯是自然人,而是一个处在一定历史条件下的社会人。他受当代社会条件、科学技术、政治经济条件所制约。这种人-机控制系统,运用经典控制论或现代控制论都可以进行研究。

6.2.1　典型的安全控制系统

安全控制系统主要着眼点为现代社会中的安全问题,整个系统范围可大到全球某一安全问题,也可小到某车间岗位的安全问题。下面以典型的工厂生产安全为例来说明安全控制系统。在工厂生产安全系统中,主要结构为以人为核心的人-机控制系统。当人系统的"人的不安全行为"和机系统的"物的不安全状态"出现时,在失去控制的情况下,就会发生事故。工厂生产人-机控制系统如图 6.4 所示。

从安全角度看,人-机控制系统是一种特殊的反馈控制系统。图 6.4 中事故门是一种与逻辑门结构,在系统工况和操作正常时,无输出。只有当工人操作失误或系统故障,安全屏障失效时,事故门打开,即发生人身事故或财产损失。

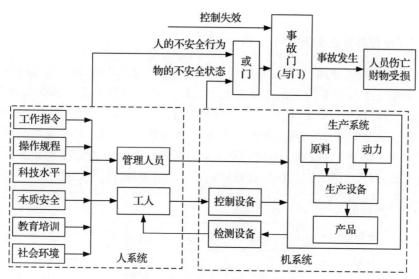

图 6.4　工厂生产人-机安全控制系统

从图 6.4 可见,这种人-机安全控制系统有以下特点:

(1)是工程系统和社会系统的结合。图中左侧各输入项中,有些属于工程系统,有些属于社会系统,社会环境包括社会政治、经济、文化等,其中也包括家庭环境。工程系统主要指机系统。

(2)属于多变量随机控制系统。从安全角度看,图中的事故门也是一个输出端,而且属于单变量输出,但输入端六种输入中每一种都包括许多变量,而且它们的发生与否带有很大的偶然性。

(3)系统的状态表现为一种时变过程。随着工厂生产的进行,整个人-机控制系统一直在发生变化。

(4)具有自适应性。所谓自适应是指当系统环境或工作条件发生较大变化且已经超过了反馈范围时,系统能够自动改变系统工作参数,以维持正常生产的能力。在人-机控制系统中,工人和管理人员会根据现场状况自行调节系统安全状况。

研究这种系统最方便的工具是,故障树分析(FTA)的结构函数。设故障树有 n 个底事件,第 i 个底事件的状态用二值变量 X_i 表示,于是有

$$X_i = \begin{cases} 1 & \text{第 } i \text{ 个底事件发生} \\ 0 & \text{第 } i \text{ 个底事件不发生} \end{cases} \tag{6.1}$$

顶事件的状态用二值变量 T 表示。由于顶事件的状态完全由底事件的状态决定,所以 T 是状态变量 X_i 的函数,用下式表示:

$$T = T(X_i) \quad (i = 1, 2, 3, \cdots, n) \tag{6.2}$$

公式(6.2)是故障树的数学表达式,称为故障树的结构函数。显然,故障树结构函数可

以用布尔代数运算法则进行运算和化简,使故障树的顶事件与底事件间具有最简单的逻辑关系,以便进一步对故障树进行定性、定量分析。

因此,以 T 作为安全系统的输出变量,以各底事件 X_i 作为安全系统的输入变量,即可用故障树分析法对安全系统进行研究。

6.2.2 安全控制系统反馈结构

在一个车间范围内,针对各种安全问题的子系统往往数以百计,最终可以组成一个如图 6.5 所示的大型安全控制系统。在这个系统中可以清晰看出安全控制系统的闭环反馈结构。整个反馈控制环节较复杂,任何一个子系统中的安全问题被安全检测到以后,如果问题较大,可能还须通过危险分析、安全评价等方法,提出改进方案,经过技术经济分析才能进行决策,有时可能还要经上级批准。系统的不安全因素将由系统中的管理人员及工人以修改设计、隐患整改、管理改进、人员变动、教育培训等方式消除掉,最终使系统处于安全状态。

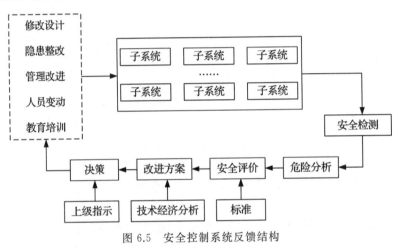

图 6.5 安全控制系统反馈结构

6.2.3 安全系统控制特性

安全系统的控制虽然也服从控制论的一般规律,但也具有它自己的特殊性。安全控制系统的控制特性主要有以下几种:

1.安全系统状态的触发性和不可逆性

在系统工况正常时事故门无输出,只有在系统故障或工人作业失误时才有输出,即发生事故。如果出事故时系统状态为 1,无事故时系统状态为 0,即这种系统输出只有 0、1 两种状态。

假设造成某个事故的发生需要有 n 个触发事件,当其中 $n-1$ 个发生时,系统不发生事故,因此系统状态为 0,把这种只差最后一个触发事件的状态称为临界状态。当系统第 n 个触发事件发生时,系统故障状态突然跃变为 1,这种情况称为触发。在事故被触发前,人们无法从直观上直接判知哪一个触发事件已经发生。换句话说,人们无从判知系统是否已经是临界状态。

此外,系统状态从 0 变到 1 后,状态是不可逆的。即系统不可能从事故状态自行恢复到事故前状态。

2.控制系统的随机性

在安全控制系统中发生事故具有极大的偶然性:什么人,在什么时间,在什么地点,发生什么样的事故,都是无法确定的随机事件。用安全控制论的术语来说,就是可能性空间太大。要想保证每一个人的安全,进行绝对的控制,是一件十分困难的任务。

但是,就车间以上的大系统来说,千人负伤率却是一个服从某种客观规律,具有某种期望值和一些波动的,在一定范围内可以把握的统计量。

3.自组织控制系统

自组织性就是在系统发生异常情况时,在没有外部指令情况下,管理机构和系统内部各子系统,能够"审时度势"按某种原则自行或联合有关子系统采取措施,以控制危险的能力。要真正做到自组织控制必须是开放的系统,有一个强大的信息流,有一个好的管理核心,各子系统之间必须有很好的协调关系。

上述所说安全控制系统的几个特点,便是处理安全控制论有关问题必须着重考虑的问题。

6.2.4　安全控制系统的原则

1.首选前馈控制

反馈控制是一种广泛应用的控制方式,但是从输出端获得信息后,还须经过整个反馈环节,所需响应时间必然要长一些,即存在"滞后"现象。因此,对于一些反应急剧的过程,例如爆炸,若依靠反馈控制就来不及了。图 6.6 以一个原油加热的例子来说明前馈控制与反馈控制的异同。

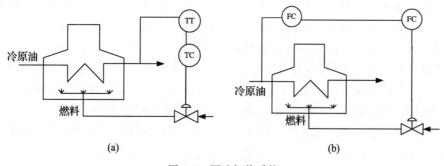

图 6.6　原油加热系统
(a)反馈控制;(b)前馈控制

在这个原油加热例子中,需要将冷原油加热到设定温度后输出。在反馈控制中,检测原油当前输出温度,若高于设定值,则关小燃料油阀门,减小火力;若低于设定值,则开大燃料油阀门,加大火力,以便使原油输出温度达到设定温度。当加热系统正常运行时,由于反馈控制作用,原油输出温度一般都在设定温度附近小幅波动。如果某时刻冷原油流量突然大幅增加,原油当前输出温度不会马上升高,只有在检测到原油输出温度低时,反馈控制作用才会开大燃料油阀门,加大火力,其间温度升高有一个延迟和滞后。在前馈控制中,直接测量冷原油的流量,流量偏大就直接控制燃料油阀门增加燃料量,原油流量偏小就减少燃料量,以达到稳定原油出口温度的目的。

从动态过程分析,反馈控制中当冷原油流量增大时,出口温度一定会先出现较大幅度下降,然后逐渐恢复到设定温度。但前馈控制测量出冷原油流量的增加量,然后迅速增加燃料量。如果燃料增加的量和时机都很好,则有可能在炉膛中干扰克服,几乎不影响原油出口温度。

如果该加热炉只存在原油流量这一个干扰,那么理论上讲,前馈控制可以把原油出口温度控制得很精确,甚至被控变量一点也不波动。这就是前馈控制思想,也是前馈控制的生命力所在。

下面从五个方面比较前馈控制与反馈控制的异同。

(1)前馈是"开环"控制系统,反馈是"闭环"控制系统。

从图 6.6 可以看到,表面上,两种控制系统都形成了环路,但反馈控制系统中,在环路上的任一点沿信号线方向前行,都可以回到出发点形成闭合环路,成为"闭环"控制系统。而在前馈控制系统中,在环路上的任一点沿信号线方向前行,不能回到出发点,不能形成闭合环路,因此称其为"开环"控制系统。

(2)前馈系统中测量干扰量,反馈系统中测量被控变量。

在单纯的前馈控制系统中,不测量被控变量,只测量干扰量,而单纯的反馈控制系统中不测量干扰量,只测量被控变量。

(3)前馈控制需要专用调节器,反馈控制一般只需要通用调节器。

由于前馈控制的精确性和及时性取决于干扰通道和调节通道的特性,且要求较高,因此,通常每一种前馈控制都采用特殊的专用调节器。反馈控制基本上不管干扰通道的特性,且允许被控变量有波动,因此,可采用通用调节器。

(4)前馈控制只能克服所测量的干扰,反馈控制则可克服所有干扰。

前馈控制系统中若干扰量都不可测量,前馈就不可能加以克服。而反馈控制系统中,任何干扰,只要它影响到被控变量,都能在一定程度上加以克服。

(5)前馈控制理论上可以无差,反馈控制必定有差。

如果系统的干扰数量很少,前馈控制可以逐个测量干扰,再加以克服,理论上可以做到被控变量无差。而反馈控制系统,无论干扰的多与少、大与小,只有当干扰影响到被控变量,产生"差"之后,才能知道有了干扰,然后加以克服。因此必定有差。

以上前馈控制与反馈控制原理不仅适用于工业控制,也适用于安全系统及人类社会。

2.励行特殊的反馈控制

安全系统的反馈控制可以分为以下两种情况:

(1)及时消除事故隐患。当安全控制系统没有发生故障时,应及时查明已经发生的触发事件,并予以消除或纠正,防患于未然。这应当是安全反馈控制的主要形式。

(2)事故后的反馈控制。这一点对于减少重复事故的发生十分重要。做法关键在于事故后不能就事论事,必须亡羊补牢,运用系统分析的方法(例如 FTA 方法)进行系统、全面的分析,找出所有的最小割集,提出改进措施。在此基础上举一反三,通知各级系统进行全面检查,进行整改,消除隐患,然后将结果反馈回来。这种做法将大大减少类似事故的发生。

6.3　安全控制系统状态方程

6.3.1　安全控制系统的状态方程

安全控制系统的数学模型主要通过状态方程来描述。一切系统都在运动中,系统的运动是系统中矛盾斗争的结果。这是宇宙间的普遍原理,安全控制系统也服从这一原理。安全控制系统虽然结构复杂,但归根结底可以概括为两大对立的基本矛盾"危险"和反危险的"控制作用"斗争的结果。

根据大系统理论,采用变量集结法,将输出变量化为年度千人负伤率 $Y(k)$,输入变量则是将各子系统中的 X 集结成为符号相异的两个变量危险指数 $H(k)$ 和控制作用 $C(k)$。因此,差分方程成立,即

$$\Delta Y(k) = Y(k) - Y(k-1) = C(k)Y(k-1) + H(k) \tag{6.3}$$

式中:k 表示年度;$Y(k)$ 表示第 k 年度千人负伤率;$Y(k-1)$ 表示上年度千人负伤率;$C(k)$ 表示年度控制能力;$H(k)$ 表示年度危险指数。

式(6.3)中的控制能力取负号,表示与危险呈对立关系。经进一步整理,式(6.3)变换为

$$Y(k) = [1 - C(k)]Y(k-1) + H(k) \tag{6.4}$$

这便是安全控制系统的状态方程,大量实践证明这种规律不仅适用于大系统,甚至对于只有几百人的车间子系统,也基本适用。如图 6.7 所示。

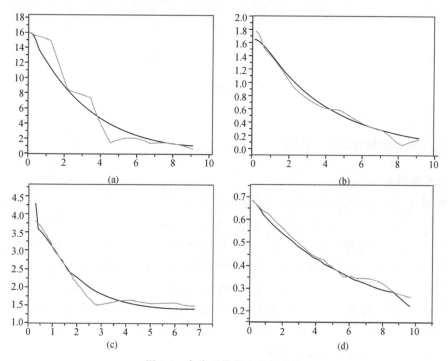

图 6.7　各类系统状态方程趋势

(a)某车间;(b)某工厂;(c)某公司;(d)全国工业

若在一段时间内 C、H 保持不变,对式(6.4)进行 Z 变换得通解为

$$Y(k) = \frac{H}{C} + \left[Y(0) - \frac{H}{C}\right](1-C)^k \tag{6.5}$$

一般 $C < 1$,为了便于分析讨论,令 $1 - C = e^{-b}$,有

$$Y(k) = Y(0)e^{-bk} + \frac{H}{C}(1 - e^{-bk}) \tag{6.6}$$

从公式(6.6)可以看到

$$\lim_{k \to \infty} Y(k) = \frac{H}{C} \tag{6.7}$$

即当系统运行相当年代后,千人负伤率趋向一个稳定值而不是零。此外,有

$$\lim_{k \to \infty} Y(k) = Y(0)e^{-bk} \tag{6.8}$$

通过对一些企业的负伤率的历史数据运用指数回归分析,也可以得出基本相同的结果。例如图 6.7 所示的某公司数据,如用指数回归分析,结果如图 6.8 所示,误差较大。

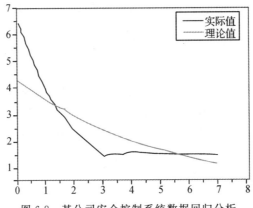

图 6.8　某公司安全控制系统数据回归分析

6.3.2　安全控制系统参数辨识

1.状态方程和观测方程

从前面已经得知,安全控制系统的状态方程为

$$Y(k) = [1 - C(k)]Y(k-1) + H(k) \tag{6.9}$$

实际上 $Y(k)$ 为统计变量,式中还应当包括一项随机误差项 $W(k)$。此外,状态方程为理论式,实际上我们只能从报表得知其数值,称为观测值 $Z(k)$,其数学表达式为

$$Z(k) = Y(k) + V(k) \tag{6.10}$$

式中,$V(k)$ 为观测误差。这一点对安全控制系统来说非常有价值。众所周知,目前安全统计水分较大,$V(k)$ 主要是这种成分,利用现代控制理论中的卡尔曼滤波器可以对状态方程进行最优估计,以削弱统计误差的影响。

因此,安全控制系统的数字模型除状态方程外,还应有一个观测方程,即

$$Y(k) = [1 - C(k)]Y(k-1) + H(k) + W(k) \tag{6.11}$$

$$Z(k) = Y(k) + V(k) \tag{6.12}$$

2.状态方程参数辨识

所谓参数辨识即计算状态方程二参数的数值。从时间序列分析角度看,状态方程是一种自回归形式,对于状态变量数据变化较平稳的系统,问题较简单。根据历史数据,运用最小二乘法或其他现代统计方法,即可以求得 $C(k)$、$H(k)$ 二参数的数值。

安全控制系统状态方程的参数辨识很复杂:安全控制系统受社会影响很大,当社会政治、经济形势发生重大变化时,年度千人负伤率会发生大幅度跌宕,即数据会受到强烈干扰而波动。由于安全控制系统的数据具有较大干扰,这就使得安全控制系统状态方程的参数辨识变为科学技术界所说的"小子样大噪声"的老大难问题。

一般单纯以最小二乘法为基础的统计分析法,已无能为力,必须运用现代控制理论中的系统辨识新技术方能解决此类问题。

参数辨识之前,必须先对参数有一个初始估计,进而解决如何消除状态变量中所包含的干扰问题。原始数据经过卡尔曼滤波器进行滤波形成新数据后,可依据新参数进行统计估计。最后,判定误差是否合格,如果误差大须反复进行。这种计算量很大,必须通过计算机参与复杂运算。

为了解决"小子样大噪声"这一问题,可以采用系统辨识技术"LKL"法并辅以其他方法来解决。所谓 LKL 法,L 指最小二乘法,K 指卡尔曼滤波器。这种方法的实质是,反复应用这两种方法进行迭代,以滤去干扰。实践证明,只要经过几次迭代,即可以得到满意效果。整个辨识过程如图 6.9 所示。

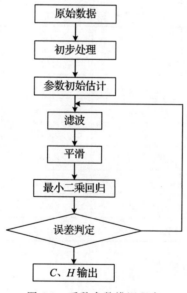

图 6.9　系数参数辨识程序

3.参数辨识实例

某单位 11 年来年度千人负伤率 $Y(k)$ 经过初步处理后如表 6.1 中第二列所示,参数初

始值估计为 $C=0.4576$、$H=1.735$,其状态方程为 $Y(k)=(1-0.4576)Y(k-1)+1.735$,经过 7 次迭代得到中间数据 $Y_1(k)\to Y_7(k)$,最后结果为 $YY(k)$。各次迭代后,C、H 及其均方差的变化如表 6.2 所示,表中 Q 为回归分析的残差二次方和。经过 7 次迭代,干扰已经基本解决。从 H 来看,均方差从 0.28 下降到 0.05,精度大为提高。如表 6.2 所示,最后结果为 $C=0.478$,$H=0.343$。

表 6.1　年度千人负伤率迭代数据

k	$Y(k)$	$Y_1(k)$	$Y_2(k)$	$Y_3(k)$	$Y_4(k)$	$Y_5(k)$	$Y_6(k)$	$Y_7(k)$	$YY(k)$
0	47.5	52.86	53.34	52.72	52.32	52.04	51.77	51.61	51.61
1	28.14	26.39	26.01	26.31	26.6	26.83	26.98	27.11	27.26
2	13.33	13.45	13.31	13.61	13.92	14.15	14.31	14.44	14.56
3	5.92	7.21	7.4	7.54	7.67	7.77	7.84	7.89	7.94
4	4.44	4.61	4.67	4.62	4.59	4.56	4.53	4.5	4.48
5	1.48	3.05	3.4	3.23	3.07	2.94	2.84	2.75	2.68
6	1.38	2.66	2.83	2.56	2.32	2.13	1.97	1.84	1.74
7	2.96	2.97	2.59	2.24	1.96	1.72	1.53	1.37	1.25
8	2.96	3.17	2.49	2.09	1.78	1.52	1.31	1.13	0.99
9	4.44	3.52	2.44	2.02	1.69	1.42	1.2	1.01	0.86

表 6.2　迭代结果

k	C	σ_C	H	σ_H	Q
0	0.4567		1.735		36.013
1	0.526	0.02	1.274	0.28	2.721
2	0.52	0.01	1.009	0.17	1.112
3	0.507	0.01	0.812	0.14	0.709
4	0.497	0.01	0.655	0.11	0.444
5	0.489	<0.01	0.527	0.08	0.28
6	0.483	<0.01	0.427	0.06	0.173
7	0.478	<0.01	0.343	0.05	0.11

6.3.3　系统安全度的动态模型

1.安全度的定义

对企业进行综合安全评价时,通常以安全度这一概念来衡量企业安全水平。从安全控制论角度看,安全度既取决于危险,也取决于控制能力,二者呈异号的互相抵消关系。从安全状态方程看,千人负伤率也是如此。因此,安全度不能等同于千人负伤率,而应当是千人

负伤率的某种函数。从逻辑关系看,负伤率与安全度之间应有如下定性关系:

(1)在一定的安全状态下,安全度的提高,应与负伤率的降低成正比;

(2)安全度的提高与负伤率的绝对值应成反比。

因此,安全度与负伤率应满足下述微分方程:

$$\mathrm{d}s = -\frac{\mathrm{d}y}{y} \tag{6.13}$$

其解为

$$s = G\ln\frac{1}{y} \tag{6.14}$$

式中:s 为安全度;y 为年度千人负伤率;G 为常数。

G 的确定遵循这样的原则:由上级给定的控制年度千人负伤率 y_0 来确定 G 值,即

$$G = \frac{s_0}{\ln 1/y_0} \tag{6.15}$$

此时对应的安全度为 $s = 60$,$y_0 = 7/1\,000$ 时,$G = 12.1$。

2.安全度的积累效应

将 $Y(k)$ 的状态方程代入公式(6.14)中,得到

$$s(k) = G\ln\frac{1}{Y(k)} = G\ln\frac{1}{(1-C)Y(k-1) + H(k)} \tag{6.16}$$

整理得到

$$s(k) = G\ln\frac{1}{(k-1)} - G\ln\left[1 - (C - \frac{H(k)}{Y(k-1)})\right]$$

$$= s(k-1) - G\ln\left[1 - (C - \frac{H(k)}{Y(k-1)})\right] \tag{6.17}$$

将公式(6.17)中右边第二项展开成级数,由于

$$(C - \frac{H(k)}{Y(k-1)}) < 1 \tag{6.18}$$

$$\ln\left[1 - (C - \frac{H(k)}{Y(k-1)})\right] \cong -(C - \frac{H(k)}{Y(k-1)}) \tag{6.19}$$

计算得到

$$s(k) \approx s(k-1) + B(k) \tag{6.20}$$

$$B(k) = G(C - \frac{H(k)}{Y(k-1)}) \tag{6.21}$$

公式(6.21)中的 $B(k)$ 定义为系统的控制效应,表征系统中控制能力 C 和系统危险指数 H 的关系:

$B(k) > 0$ 表示 C 占优势,s 上升。

$B(k) = 0$ 表示二者持平,s 保持稳定。

$B(k) < 0$ 表示 C 处于劣势,s 下降。

公式(6.16)说明安全度具有积累效应,即当年的安全度 $s(k)$ 为去年安全度 $s(k-1)$ 与当年控制效应 $B(k)$ 的和。在 C 和 H 不变的情况下,控制效应 $B(k)$ 的幅度逐渐减小,当时

间足够长的时候,将公式(6.7)代入公式(6.16)可知

$$\lim_{x \to \infty} B(k) = G(C - \frac{H}{H/C}) = 0 \tag{6.22}$$

从公式(6.22)可以看出,值最后不再增加,安全度趋向一个极限值,达到饱和状态。其值为

$$\lim_{x \to \infty} s(k) = G \ln \frac{H}{C} \tag{6.23}$$

这就说明,系统经过较长时间运行后,如果对存在的危险源或事故隐患不进行根本性的改造,或者大力提高各级组织的安全水平,安全度是无法提高的。例如,某公司安全度变化如图 6.10 所示,如果安全工作没有重大改进,安全度的饱和值为 79.5。

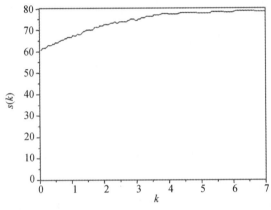

图 6.10　某公司安全度变化趋势

6.4　安全管理控制

6.4.1　安全目标管理

目标管理是现代安全管理的一种强有力的工具,对于接近千人或千人以上人数较多的单位,可以将千人负伤率作为目标管理的指标。

但对于较小的车间、班组或事故非常少的子系统,如果将千人负伤率作为目标管理的指标,就不妥当。如果子系统只有 100 人,系统给定的年度千人负伤率 $Y(k) = 5‰$,平均每年工伤 0.5 人,这样的指标显然不妥。因此,以年度千人负伤率(安全度)作为指标,企业对下属较小单位的管理目标将无法落实。

解决的办法是,对千人负伤率的表达形态加以改造。设系统人数为 M,年度负伤人数为 X,负伤率的定义为:

$$Y = X/M \tag{6.24}$$

X 的定义为单位时间工伤多少人,其量纲为人/时间。时间也可以按天计算,即 X 也可以定义为:"365 天工伤多少人。"对于几百人的小单位来说,一般 X 总是远小于 365,其平均值

为

$$X_{\mathrm{m}} = X/365（日）\tag{6.25}$$

换句话说,平均每 $365/X$ 天,就要发生一次事故。$365/X$ 天这段时间,称之为平均无事故时间,其代码为 T,即

$$T = 365/X（日）\tag{6.26}$$

将 Y 代入得

$$T = \frac{365}{YM}（日）\tag{6.27}$$

$$T = \frac{1}{YM}（年）\tag{6.28}$$

例如,某企业给定安全指标为 0.005,下属一个 80 人的车间安全指标改为平均无事故时间为

$$T = \frac{365}{80 \times 0.005} = 912.5（日）\tag{6.29}$$

由此可见,可用平均无事故时间 T 代替指标负伤率 Y,现在铁路系统常用××天无事故,其实这种指标就属于平均无事故时间体系。

6.4.2　安全管理控制原理

从控制系统的主要特征出发来考察管理系统,可以得出这样的结论:管理系统是一种典型的控制系统。管理系统中的控制过程在本质上与工程、生物系统是一样的,都是通过信息反馈来揭示效果与标准之间的差,并采取纠正措施,使系统稳定在预定的目标状态上的。因此,从理论上来说:适合于工程的、生物的控制论的理论与方法,也适合于分析和说明管理控制问题。用控制论的概念和方法分析管理控制过程,更便于揭示和描述其内在机理。

1.安全管理控制论原理

管理学的控制原理认为,一项管理活动由 4 个方面的要素构成。一是控制者,即管理者和领导者。前者执行的主要是程序性控制、例行(常规)控制,后者执行的是职权性控制、例外(非常规)控制。二是控制对象,包括管理要素中的人、财、物、时间、信息等资源及其结构系统。三是控制手段和工具,主要包括管理的组织机构和管理法规、计算机、信息等。组织机构和管理法规保证控制活动的顺利进行,计算机可以提高控制效率,信息是管理活动沟通情况的桥梁。四是控制成果。管理学上的控制分为前馈控制和反馈控制、目标控制、行为控制、资源使用控制、结果控制等。

在安全管理领域,安全控制论主要是研究组织合理的安全生产的管理人员和领导者;明确事故防范的控制对象,对人员、安全投资、安全设备和设施、安全计划、安全信息和事故数据等要素有合理的组织和运行;建立合理的管理机制,设置有效的安全专业机构,制定实用的安全生产规章制度,开发基于计算机管理的安全信息管理系统;建立进行安全评价、审核、检查的成果总结机制等。

运用控制原理对安全生产进行科学管理,其过程包括三个基本步骤:一是建立安全生产的判断准则(指安全评价的内容)和标准(确定优良程度的要求);二是衡量安全生产实际管

理活动与预定目标的偏差(通过获取、处理、解释事故、风险、隐患等安全管理信息,确定如何采取纠正上述偏差状态的措施);三是采取相应安全管理、安全教育以及安全工程技术等纠正不良偏差或隐患的措施。

2.安全管理策略的一般控制原理

(1)系统整体性原理。安全管理的整体性要体现出有明确的工作目标,综合地考虑问题的原因,要动态地认识安全状况;落实措施要有主次,要抓住各个环节,能适应变化的要求。

(2)计划性原理。安全对策要有计划和规划,要有近期的和长远的目标。工作方案、人、财、物的使用要按规划进行,并且有最终的评价,形成闭环的管理模式。

(3)效果性原理。安全对策效果的好坏,要通过最终的成果的指标来衡量。由于安全问题的特殊性,安全工作的成果既要考虑经济效益,又要考虑社会效益。正确认识和理解安全的效果性,是落实职业安全卫生措施的重要前提。

(4)单项解决的原理。在制定具体事故预防措施时,问题与措施要一一对应,有主次、有轻重缓急,使事故隐患的消除落到实处。对于老大难的问题,应逐步地考虑整治,一年一步,不能急于求成。

(5)等同原理。根据控制论原理,为了实现有效的控制,控制系统的复杂性与可靠性不应低于被控制系统。在安全上,安全系统或装置的可靠性必须高于被监控的机器和设备系统。要落实安全管理上监察、审查及否决权制度,安全职能部门的理论、技术方法、安全人员的素质水平和层次等不应低于其他职能部门。因此,安全从技术上和组织职能上都充当管理者的角色,而非被管理的对象。

(6)全面管理的原理。工业企业的安全管理,要实行全面管理,即党、政、工、团、职能部门一起抓。只有调动起全员的安全积极性和提高全员的安全意识,事故的防范才可能有更高的保证。

(7)责任制原理。规定全体劳动人员的权利和职责细则是直接关系到各级机构的工人、干部、工程技术人员的职业安全的问题。各级部门和企业单位应实行职业安全卫生责任制,首先各部门和企业的一把手应负主要责任,其他所有的业务部门也同样负有责任,对违反职业安全法规和不负责的人员应追究刑事责任。只有将责任落到实处,安全管理效果才能得到保证。

(8)精神与物质奖励相结合的原理。应用激励理论,对于期望的安全行为给予正强化,即采用精神与物质奖励相结合的办法,激发职业安全卫生积极性,促进工业职业安全卫生。

(9)批评教育和惩罚原理。同样是利用行为科学中的强化理论,对不安全的行为进行负强化,即进行批评教育和经济与职务上的处罚。应用这一方法时,需要注意时效和客观的问题。

(10)优化干部素质原理。做好工业职业安全卫生工作,专职人员的素质起着非常关键的作用。随着科学的发展,安全科学技术有了很大的发展,传统的技术手段和管理方法已不能适应新的要求。这就需要提高安全队伍人员的专业素质,要求其懂得技术知识的同时,还需要掌握经济学、系统学、心理学、教育学、人机工程等方面的知识。同时,选择安全干部时要重视德才兼备。

3.安全管理的一般性控制原则

从控制论理论中,可以得到如下安全管理的一般性控制原则:

(1)闭环控制原则:要求安全管理要讲求目的性和效果性,要有评价。

(2)分层控制原则:安全管理和技术实现的设计要讲求阶梯性和协调性。

(3)分级控制原则:管理和控制要有主次,要讲求单项解决的原则。

(4)动态控制性原则:无论技术上或管理上,要有自组织、自适应的功能。

(5)等同原则:无论是从人的角度还是物的角度出发,必须是控制因素的功能大于和高于被控制因素的功能。

(6)反馈原则:对于计划或系统的输入要有自检、评价、修正的功能。

6.4.3　安全管理控制实现

安全控制论的主要贡献在于,"用现代控制理论的方法论、数学模型和控制机制,使安全管理网络以及安全系统工程各种范畴的实施,实现闭环控制"。

1.建立符合安全控制论原则的管理体系

首先是全过程的控制。即处理好系统寿命周期各阶段,包括规划、设计、建设、试验、运行、更新(大、中修)等阶段的安全评价和危险控制问题。各阶段工作要求和所用技术应有所不同。对工作过程所用软件(表格、文件)国家应有统一的规定。对主持人、审查人的工作程序要求、质量要求,也应有可操作性强的明确的规定。

其次是各级管理机构应是一个整体,他们之间必须步调一致协同运作。目前所实施的分层次的阶递控制,上下级之间问题不大,但横向之间的协同运作往往问题较多。

从安全部门角度看,正向关系是安全部门对设计部门的关系,应该是安全部门提出一套完整的规范,以落实国家的安全生产方针政策,其中包括以下几个方面:

(1)规定适用的危险辨识、分析技术。

(2)系统危险辨识结果(特别是接口间存在的危险)。

(3)安全措施方案的优化。

(4)剩余风险的评估。

(5)各级审查人员对设计结果的评审意见。

此外,安全部门还有对设计部门提供技术支援的义务。设计部门对安全部门则是反馈关系,其中包括:要求安全部门提供有关软件,请求安全部门给予技术支援,提出符合要求的文件等。一般企业很少这样细致考虑二者的关系,因而上述问题解决得不够令人满意。

科学的做法是:全面考虑,对 M 个部门,确定它们间的所有正向关系和反馈关系,最好是建立一个 $M \times M$ 的相关矩阵,便于进行深入研究又不会遗漏。

2.工作部署实现闭环控制

闭环控制是安全控制论的核心,安全管理工作部署应当设法形成一种自动反馈机制,即制订相关工作程序和软件表格,提出质量要求和接口间的信息处理、传递路线,以便形成一种自动控制机制,从而提高工作效率。这种做法应该制度化,并设计出有关软件。如果只提出要求而没有规定具体做法或缺乏适当的软件,则不可能真正达到目的。

在前面安全控制论理论基础提出的图6.5安全控制系统反馈控制图,就说明反馈控制的每一个步骤必须为下一步提供相应的接口。例如,经安全检测后的危险分析,就必须对分析结果进行综合归纳,并对重大问题指出解决问题的方向。图6.11就是一个隐患整改反馈控制的原理示意图。具体步骤如下:

(1)由隐患所在单位向安全部门提出申请,安全部门下达隐患整改通知书。

(2)必须在规定时间内完成任务,如果在规定时间内未完成任务而在现场发生由隐患所致事故时,整改单位负责人应负有不可推卸的责任。

(3)完成任务时间由用户验收签字时间决定。

(4)提前完成任务给予奖励。

(5)隐患整改任务完成后,由隐患所在单位向安全部门反馈信息,报告完成情况,同时对所报隐患销号。

以上所有这些都必须精心设计流程和应用软件,才能达到效果。

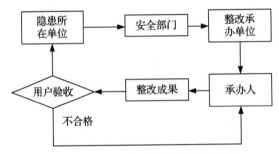

图6.11 隐患整改反馈控制原理示意图

3.建立安全信息系统

信息是控制的基础,安全信息内容很多,所需信息量十分庞大,而且各级组织应掌握的内容也不一致,这在企业管理信息系统中,是最复杂而且最薄弱的环节,必须加快安全信息系统现代化步伐。建立安全信息系统,已是迫在眉睫的任务,但是解决这个问题的难度远大于一般的管理信息系统。

(1)建立安全信息网络。安全检查是获取安全信息的主要来源,必须明确规定各级组织和各种类型的检查周期、内容,并设计出安全检查表。应该推行岗位每日的例行检查为基础的安全检查。

(2)建立危险源结构信息库。信息库能够动态显示危险源信息,为实施安全控制系统决策提供依据。对于危险源有关信息,要特别注意本单位或友邻单位曾发生过的事故所提供的信息。

(3)建立失误信息库。必须十分重视人为失误和管理失误有关情况的信息。事实证明,一切事故都牵涉到人为失误或管理失误。

【延伸阅读】

[1] 张翼鹏.安全控制论的理论基础和应用(一)[J].工业安全与防尘,1998(1):1-5.

［2］张翼鹏.安全控制论的理论基础与应用(二)［J］.工业安全与防尘,1998(2):1－4.

［3］张翼鹏.安全控制论的理论基础与应用(三)［J］.工业安全与防尘,1998(3):1－4.

［4］张翼鹏.安全控制论的理论基础与应用(四)［J］.工业安全与防尘,1998(4):1－5.

［5］张翼鹏.安全控制论的理论基础与应用(五)［J］.工业安全与防尘,1998(5):1－4.

［6］莱文森.基于系统思维构筑安全系统［M］.唐涛,牛儒,译.北京:国防工业出版社,2015.

【思考练习】

(1)什么是反馈控制？它的控制原理是什么？

(2)前馈控制和反馈控制有何异同？

(3)安全控制系统是如何运行的？举例说明。

(4)如何认识控制系统中安全度的积累效应？

(5)为什么要建立安全信息系统？

(6)安全管理策略的一般控制原理有哪些？

第7章　安全文化原理

【学习导读】

　　安全文化是指一个组织或社会中形成的对安全价值观、信念、态度和行为等的共同认知，反映了个体和组织对安全的重视程度，以及对安全行为的要求和期望，涵盖了安全价值观、安全信念、安全态度、安全行为、安全管理等方面的内容。安全文化的建立需要各方面的努力，包括组织领导者的倡导、员工的参与和培训、安全意识教育和沟通等措施。一个积极健康的安全文化有助于预防事故和减少风险，保护人们的生命和财产安全。

　　了解安全文化的定义及其主要功能，明确安全文化基本结构，掌握企业安全文化及其建设要点，理解社会安全文化外延，树立正确的社会安全文化观。

7.1　安全文化及其功能

7.1.1　文化与安全文化

1.文化

在现代学术领域中，文化有着多种多样的定义，十分复杂并不断变化。人类学家、生物学家、社会学家等都从自己的学术角度对文化进行了不同的诠释和理解，据统计，目前学术界有关文化的定义已有四五百种。如：

　　(1)文化是社会传播的行为模式、艺术、信仰、制度和其他所有人类劳动和思想产物的总和。

　　(2)文化是个体通过教授、模仿或其他社会学习形式来获得和维持的一种信息，如技能、态度、信念和价值。

　　(3)文化是能够通过社会学习一代代传播下去的一种演化创新。

　　总之，人类文化是随着人类社会的发展而不断发展变化的。在此，笔者认可中国《辞海》对文化的定义，其一直沿用广义和狭义两种解释：

　　广义定义是指人类在生存、繁衍、发展和社会实践的历程中所创造的物质财富和精神财富的总和；狭义定义是指社会的意识形态，以及与之相适应的制度和组织机构。

2.安全文化

安全文化是随着人类的生存和发展而产生的，并随之得到不断的创造、继承和发展。安全文化寓于人类文化宝库之中,它不以人的主观意志为转移,是一种客观存在,是人类在生存、生产、生活的实践活动中,由人类集体的智慧和力量以及科学技术的进步凝聚而成的。只不过在最初表现为生存文化。

在人类诞生之初,生产资料和生活资料极少,创造和使用的工具也极其简单,并随时面临野兽侵袭、自然灾害等,所以说,生存下来是基本需要,人类也在原始劳动中自觉地实践。而符号的出现标志着人类文化的诞生,也使得人类生活的经验、生存和御敌的方法传承下来,形成原始的安全文化。因此,也可以说安全文化是一种元文化,即人类最初脱离动物状态时首批创造的文化,它是与人共生的,是与人类创造自身一起创造的文化。由此,安全文化的形成历史非常久远。但安全文化概念的提出及研究是近 40 年以来的事情。

"安全文化"一词是由国际原子能机构(IAEA)的国际核安全咨询组(INSAG)于 1986 年发布切尔诺贝利核电站的安全报告 INSAG-01 时首先使用,1991 年出版的 INSAG-04 给出了安全文化的正式定义,即"安全文化是存在于组织和个人中的种种素质和态度的总和"。英国保健安全委员会核设施安全咨询委员会(HSCACSNI)认为,上述的安全文化定义是一个理想化概念,且没有强调能力和精通等必要成分。于是提出了修正的定义,即"一个单位的安全文化是个人和集体的价值观、态度、想法、能力和行为方式的综合产物,它取决于健康安全管理上的承诺、工作作风和精通程度"。在安全生产实践中,安全文化是影响安全管理的重要因素之一。

国外学者对安全文化的定义有诸多阐释。道格拉斯·韦格曼提出,安全文化是由一个组织的各层次、各群体中的每一个人所长期保持的、对职工安全和公众安全的价值和优先性的认识,涉及每个人对安全承担的责任,保持、加强和交流对安全关注的行动。Cox 认为安全文化的实质反映了员工在安全生产方面存在共同的认知,包括对安全方面有相同的重视程度、理解方式和行为指导准则。Gale 则认为安全文化是组织文化的一个重要组成部分,通过日常的熏陶和影响,可以对组织的安全和绩效产生积极影响。Richter 和 Koch 将安全文化定义为:安全文化是企业中可共享和学习地对工作和安全的理解、经验和解释,其中有部分可以用符号表示,引导人们对待风险、事故及预防的行动。Malgorzata Milczarek 认为一个被视为公司的安全文化和氛围的一部分维度是工人对危险和安全的态度,被定义为工人的安全文化。通过调查分析得出经历过事故、危险的人认为导致该问题出现的主要原因是没有形成很好的安全文化。

国内学者于 20 世纪 90 年代初就认识到了安全文化建设的必要性,并对此进行了深入的研究和讨论。曹琦认为安全文化为"安全行为规范、价值观的呈现,其最终安全行为是一种表层结构,而安全价值观则属于里层结构"。王淑江指出安全文化的本质是保护人的身心安全和健康、尊重人的生命、实现人的价值的文化,是存在于组织和个体中的种种安全素质和对安全的态度、方法的总和。徐德蜀认为安全文化是安全生产的核心及灵魂,只有将安全生产工作提高到安全文化的高度来认识,不断提高企业员工的安全科技文化素质,安全生产的严峻形势才会出现根本好转的势头。罗云在赞同徐德蜀关于安全文化定义观点的基础上,提出安全文化是人类安全活动所创造的安全生产、安全生活的精神、观念、行为与物态的总和。

2008 年,我国国家安全生产监督管理总局提出了有关安全文化的相关解释,同时发布了标准,将企业安全文化定义为:"被企业组织的员工群体所共享的安全价值观、态度、道德和行为规范组成的统一体。"自此以后,安全文化得到了更多学者的关注和讨论。刘素霞通过剖析安全文化、安全氛围、安全动机以及安全绩效之间的作用关系后,得出安全文化对安全绩效产生正向影响。代伟等人认为目前安全文化建设存在系统性不强、协调性不够、持续性不足、结合实际不充分、可操作性不强等方面的问题。

众所周知,在当前人们有组织的从事生产劳动的任何领域,都要以具备安全健康的条件为前提。这个达到的前提,必须在两个方面体现出来,概括地说,就是在物质方面和精神方面。事实上,人们受到国家法律的制约,社会安全价值观日益趋同的影响,以及自己头脑中安全观念的支配等因素的作用,人们就会有所行动,会结合自己所从事的生产经营实际,制定相应的规章制度和操作规程,依靠科技进步成果改善工作环境,使之既有利于操作又有利于安全、健康。

因此,综合目前国内外相关专家学者已给出的种种关于安全文化的定义,并结合上述观点,将安全文化定义为:人类在生存、生活、生产活动中,为保护人类身心安全与健康所创造的物质财富和精神财富的总和。

3.安全文化的研究对象

安全文化,是以辩证、历史、唯物的文化观,研究人类在生存、繁衍和发展的历程中,在生产、生活及实践活动的一切领域内,为保障人类身心安全与健康并使其能安全、健康、舒适、高效的从事一切活动中所产生的文化现象,达到预防、控制和消除灾害和风险所造成的物质和精神损失的目的。

7.1.2 安全文化的主要功能

当前,随着科学技术和生产技术的快速发展,生产技术系统越来越复杂,人类在生存、生活和生产过程中所面临的威胁已发生了重大改变,不再仅仅是自然灾害,还有人为灾害。大量生产事故频繁且重复发生的事实表明,人类在事故预防的经验及信息接收方面存在重大制约因素,如个人可能为了改善生活条件冒险作业、企业可能为了获得超额利润减少安全投资等,而安全文化则可以通过其自身的规律和运行机制,创造其特殊形象及活动模式,形成宜人、和谐的安全文化氛围,教育、引导、培养、塑造人的安全人生观、安全价值观,树立科学的安全态度,制定安全行为准则和正确规范的安全生产、生活方式,使人民大众,特别是使企业安全文化向更高的安全目标发展。总之,安全文化的功能对人民大众,企事业单位,对社会和员工家庭将发挥如下作用,如图7.1所示。

1.安全认识的导向功能

安全文化是人类文化的元文化之一,通过传承和学习,它可以告诉人们在面临威胁的时候如何趋吉避凶、如何保护自己。当前,随着生活用品的多样化和复杂化、生产工艺的自动化和精细化,人类所面临的威胁也越来越复杂、越来越趋于隐蔽。因此,安全文化则承载着更多的安全生产和生活经验,通过其不断的宣传和教育,可使广大社会成员逐渐明白正确的安全意识、态度和信念是什么,树立科学的安全道德、理想、目标、行为准则等,给安全生产经营和日常安全生活提供正确的指导思想和精神力量,使社会成员都能懂得自己的行为和习惯已成为安全生产和安全生活的重要因素,提高安全文化意识和素质,是为公众与社会、企业和员工的安全行为导向。具有导向功能的安全文化可以指导组织及其成员的安全价值取向和安全行为取向,从而使其符合并围绕设定的安全目标。

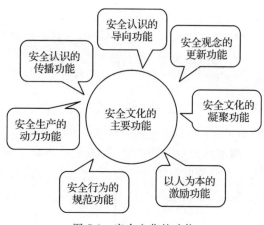

图 7.1　安全文化的功能

2.安全观念的更新功能

随着人民生活条件的改善,对待安全的态度也不断发生变化。安全文化给大众及企业员工提供了适应深化改革、开放进取的安全新观念和新意识,使其对安全的价值和作用有正确的认识和理解,树立科学的安全人生观和现代安全价值观,从而用新的安全意识和新的安全观点指导自身的活动,规范自己的行为,更有效地推动安全生产和保护自己。

3.安全文化的凝聚功能

安全文化是以人为本、尊重和保障人权、关爱生命的大众文化,是保护社会成员安全与健康的物质和精神手段。社会及企业都要尽义务为人民的安全与健康创造条件,遵纪守法、尽职尽责、珍惜生命、爱护人民、关爱职工,以独特的企业安全文化,体现尊重人、爱护人、信任人,建立平等、互尊、互敬的人际关系,树立一种共同的安全价值观,形成共同遵守的安全行为规范。安全文化建设能把人与人的安全价值理念、安全思想行为及追求安全生产的心理情感统一到一起,为追求共同的安全目标形成合力。

当企业安全文化所提出的价值观被企业职工内化为个体价值观和目标后,会产生一种积极而强大的群体意识,将每个职工紧密地联系在一起,形成一种强大的凝聚力和向心力。

4.以人为本的激励功能

社会和企业有了正确的安全文化机制和强大的安全文化氛围,人的安全价值和人权才能得到最大限度的尊重和保护。安全是人民大众和企业员工最基本的需求,员工的劳动安全和劳动保护受到国家法律的保护。在这样的条件下,人的安全行为和活动将会从被动、消极的状态,变成一种自觉、积极的行动。从而以人为本、珍惜生命、尊重和保障人权,使人与社会、人与自然、人与人之间达到高度和谐与友善,提高人生价值,保护人的进取精神,极大地增强凝聚力。建立起以人为本的激励机制是发挥安全文化激励功能的具体体现。

5.安全行为的规范功能

安全文化可以规范人的安全行为,使每一个社会成员都能了解安全的含义、明确对安全的责任及应具有的道德,从而能自觉地规范自己的安全行为,也能自觉地帮助他人规范安全行为。安全行为的规范功能是以对安全文化的宣传和教育为载体,以加深社会成员对安全法律、法规、标准以及安全规章的理解和认识,促使其学习安全知识及技能,增强安全意识,从而起到规范行为、保障安全,形成自觉地、持久的规范习惯。

6.安全生产的动力功能

安全文化建设的目的之一,是树立正确的安全文明生产的思想、观念及行为准则,当员工充分认识到安全行为的意义时,员工灵魂深处就会具有强烈的安全使命感,并产生巨大的工作推动力。心理学表明:越能认识行为的意义,行为的社会意义就越明显,就越能产生行为的推动力。倡导安全文化正是帮助员工认识安全文化的意义,从"要我安全"转变为"我要安全",进而发展到"我会安全"的能动过程。

7.安全认识的传播功能

通过安全文化的教育功能,采用各种传统和现代的安全文化教育方式,对员工进行各种传统和现代的安全文化教育,包括各种安全常识、安全技能、安全态度、安全意识、安全法规等的教育,从而广泛地宣传和传播安全文化知识和安全科学技术。

当然安全文化还有融合功能、示范功能、信誉功能和辐射功能等,充分发挥和有效利用其导向、激励、规范、约束、凝聚、融合、自控、协调、塑造形象、信誉、辐射等功能,将会对企业安全文化的建设发挥极为重要的作用。

安全文化建设,具有安全生产和安全生活的务实作用和推动社会进步与文明生产,保持国民经济持续发展的战略意义。归根结底,它是保障企业安全生产经营活动,保护员工安全与健康,提高大众安全生活质量和水平的根本途径之一。

7.2 安全文化的结构

7.2.1 安全文化层次结构的三分法

依据文化的三层次理论,安全文化也可分为上、中、下三个层次,即表层、中层和深层,也叫安全文化层次结构的三分法,如图7.2所示。

表层安全文化是以物质或物化形态表现的,又称为安全目视化,目视化管理所针对的对象,是外显的,是摸得着看得见的,是使人一目了然的,它往往能折射出安全生产思想、安全管理哲学、工作作风和安全审美意识。如各种劳保服、劳保口罩、劳保手套、安全帽、安全带、电工绝缘鞋、劳动保护教育室和展览厅、安全监察车、消防车、消防栓、灭火器、瓦斯检测仪、氧气(空气)呼吸器、安全标志牌、十字路口红绿灯、人行横道斑马线、安全旗、安全徽标、各种安全报刊及出版物、工艺美术品中的吉祥物等,都江堰及二王庙、铭刻治水信条的石碑、李冰和李二郎的塑像等,均属此层。

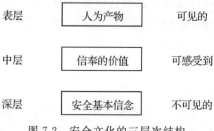

图 7.2　安全文化的三层次结构

中层安全文化是以人的行为活动或行为化的方式表现的,它不像表层文化那样外露,但也不像深层文化那样隐秘,虽然摸不着,但能看得见或听得见。主要指对员工和组织行为产生规范性、约束性影响的部分等,如建设项目的安全评估、生产场所和社区的危险源辨识、重大事故应急预案及安全技术措施、行政区域具有防灾意义的厂矿布局原则、企业的安全生产发展规划和职工安全培训规划、各种安全检查(国家级检查、省部级检查、行业检查、企业自检等)、各种专项治理(化学危险品整治、小煤矿整治等)、各项安全活动(生产班组安全活动日、中小学生安全教育日、安全生产周、安全生产月、安全生产万里行等)、生产企业独具特色的安全宣誓活动和安全旗升降仪式、各种安全法律法规和标准制度、安全文艺演出、安全影视作品的拍摄制作、安全新闻媒体的采编业务、各种安全习俗和避危禁忌等均属此层。

深层安全文化是以人的意识形态表现的,它是无形的、内隐的、不易觉察的,它是蕴藏在人的头脑中的各种观念,是安全文化建设的核心和灵魂,是人对安全问题的个人响应和情感认同,例如安全第一的价值观念、尊重生命的道德观念、劳动保护的政治观念、不安全不生产的法制观念、以文明卫生和行为安全为美的审美观念、崇尚安全的各种信仰等。任何深层文化都属于人自身的文化,要完全了解一个民族或一个群体的深层文化,必须考察较长的时间。它们虽然是摸不着、看不见的,但它的各种观念、信仰均反映在中层和表层文化中。

因此,深层文化可通过中层和表层文化而明了,或通过他人介绍而了解,或根据有关材料而知悉。例如,一枚安全徽章,它本身是物质的,属于表层文化,但通过观察人们所佩戴的不同的安全徽章可以了解他们独特的安全观念。假如安全徽章图案是齿轮、长城加橄榄枝包围的绿十字,表明这是中国的劳动安全卫生标志,他们崇尚生产安全卫生。例如,安全培训和考核是以行为活动方式表现出来的,它本身属于中层文化,但通过自己观察或他人介绍其培训考核的内容、形式和要求,可以了解到他们的安全意识、事故的调查处理过程和最终揭案,这就是以行为活动方式表现出来的中层文化,从中可窥见他们的法制观念;再比如员工着符合标准的劳保服装进入生产现场或从事生产操作,也是以行为活动方式表现出来的中层文化,通过这些能洞察出他们的价值观念、审美观念等许多深层文化的内容。

文化空间的三层结构是彼此关联的。各个文化层中,往往你中有我,我中有你,一般是很难区分的。深层安全文化是表层安全文化和中层安全文化的思想内涵,是文化建设的核心和灵魂;中层安全文化制约和规范着表层安全文化和深层安全文化的建设,没有严格的规章制度,安全文化建设也就无从谈起;表层安全文化是安全文化建设的外在表现,是中层安全文化和深层安全文化的物质载体。比如一张新闻纸,它本身是物质的,属于表层文化。当人们用它用来做安全宣传的载体,印刷安全报刊时,它又是安全的行为活动,即中层文化必不可少的材料,而且从中又可以觉察到隐藏在字里行间,属于深层文化的安全意识和保护劳动者安全健康的情感。再比如一件劳保服装,它本身是物质的,属于服饰文化的表层文化,但从中可以看到人们有关服饰与安全的审美观念,这是深层文化的内容。同时也可以看到这件劳保服对使用者的有效保护作用,还可看到设计制作者制作服饰的工艺,这又是中层文化的内容。

文化空间的三层结构,虽有联系,但也有差别。其核心层是深层文化,它是文化形成、发展的基础,任何文化都是先有观念、信仰等,然后才有实现这些观念、信仰的行为活动,才会为确保这些活动的正常开展以及使活动取得成效而制定的制度和规范,才会产生与之有关的物质或物化的文化。安全文化也不例外,远古时期,人们在生存受到极大威胁的情况下,活着是首位的,也是不易的。这种情况下,人们就把平安地活着作为理想、信仰与追求。但当时由于人们认识的局限、活动能力的制约,很多奇异现象无法解释,导致以生存、活着为核心的信仰与追求很难实现,于是一方面产生了神灵的观念,然后就有了祈求神灵保佑的仪式,为了祭祀神灵、祈祷平安的仪式隆重些、方便些,就想到去建造神庙和塑造神的偶像等,而另一方面又促进了工具的制造,各种原始工具不断被制造出来,如石刀、石斧,骨针等。在文化变迁中,深层文化又起着决定性的作用,深层文化的变化,必然会引起整个文化的变异。

深层文化的变化,是由社会存在(社会生产、社会经济、社会环境等)所决定的。社会存在的变化必然会引起观念、信仰等深层文化的变化。例如事故频发,死亡的人多,人们的安全意识会因此而增强,安全观念会有所更新,安全文化就会有一个阶段性的发展的机会;如果事故少发,伤亡率低,人们的安全意识会有所减弱,安全观念会淡化,安全文化也可能会停滞不前。

7.2.2 安全文化层次结构的四分法

在安全文化层次结构的划分上,除前面介绍的三分法外,有些学者将其分为安全物质文化和安全精神文化两个层次,还有分为四个层次的,也叫安全文化层次结构的四分法,如图7.3所示。

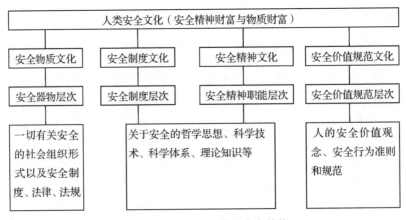

图 7.3 安全文化四分法内在结构

1.安全器物层次

安全器物层次包括：人类因生产、生活、生存和求知的需要而制造并使用的各种防护或保护，影响或伤害人类身心安全（含健康）的安全工具、器物和用品。如：古代寻食护身的石器、铜器，护心防刺的盔甲，当今的防弹车、装甲车、防弹衣；防寒保温的太空服，耐湿抗酸的防护服，防静电、防核辐射的特制套装；安全生产设备或装置；机械手、连锁装置、光电保护器、电磁防护器、自动保护开关、自动引爆装置、超速自动保护装置等；安全及防护的器材、器件和仪器仪表；阻燃、隔声、隔热、防毒、防辐射、电磁吸收材料等；本质型防爆器件、光电报警器件、热敏控温器件、毒物敏感显示器；水位仪、泄压阀、气压表、消防器材、烟火监测仪、毒气报警仪、瓦斯监测器、雷达测速仪、自动报警仪、红外探测监视器、音像监测系统；武器的保险装置、控制设备、电力安全输送系统，微波通信站工作人员的电磁防护、激光防护器件及其设备的防护，乃至人们的衣食住行、娱乐健身需用的各类安全防护物件用品；化纤织物防过敏及静电的消除剂，防食物中毒及治疗设备，防压、防爆装置，防燃气泄漏快速切断装置，交通警及环卫工人的反光背心，运动员的保健饮料、长路或登山的运动鞋等。

器物是指一切自然物和人造物（人工自然物），而"人工自然"即人造的器具、物品，包括挖掘的文物、器具、物品等，它是文化概念中物质文化的重要内容，是科学思想和审美意识的物化，是安全文化构建的物质基础，安全器物层的建设水平体现了安全文化体系构建的重要指标，也是安全文化建设水平的重要实物体现。安全文化的器物层能够较明显、较全面、较真实地体现一定社会发展阶段的科技文化特点，特别是从考古器物中，可考证古代的安全文化及特殊的安全工程技术的发展历史和水平，反映出特定社会群体的安全文化水平及其聪明才智的高低，以及评价古代人类的安全认识能力、安全生产、安全技术和改造自然本领的强弱。因此，在一般情况下，通过对器物层次的考察就能直观而外在地反映它所属的文化整体发展水平，即当时的整体水平。安全器物层次相应的安全文化为安全器物文化，通常又被称为安全物质文化，也有人称物态安全文化。

2.安全制度层次

安全制度层次包括：劳动保护、劳动安全与卫生、交通安全、消防安全、减灾安全、环保安全等方面的一切制度化的社会组织形式以及和人的社会关系网络。从社会制度、法律制度、政治体制、经济体制，以及教育制度、科学体制，直至各种工业、生产行业、各个社会集团的组织形式等，是在政治、经济、社会、科学活动中逐渐形成的。为保障人和物的安全而形成的各种安全规章制度、安全操作规程、安全防范措施、安全宣教与培训制度、各种（各级）安全管理责任制等，均属于安全制度文化。它是安全精神（智能）文化的物化体现和结果，是物质文化和精神文化遗传、涵化和优化的实用安全文化。制度文化的建设包括：各种岗位和工艺的安全操作条例和规程，安全检查、检验制度，安全知识和技能的学习及培训制度，特殊工种安全训练（操作、防火、自救等）制度，安全教育及宣传制度，安全班组建设及其活动制度，事故管理及处理、劳动保护和女工保护条例，劳动防护用品及用具发放规定，作业场所尘毒工业标准监测制度，物理因素危害防护及监测规定，环境保护监测规定等一系列的制度建设。

3.安全精神智能层次

安全文化的精神智能层次包括：安全哲学思想、宗教信仰、安全审美意识（安全美学）、安全文学、安全艺术、安全科学、安全技术以及关于自然科学、社会科学的安全科学理论或安全管理方面的经验与理论。安全文化的精神智能层次,从安全本质来看,它是人的思想、情感和意志的综合表现,是人对外部客观和自身内心世界的认识能力与辨识结果的综合体现,人们把它看成是文化结构系统中的"软件"。安全文化的器物层次、制度层次都是精神智能层次的物化层或对象层,是其"物化"或称为"外化"的表现形式(见图7.3),是精神转化为物质的"外化"结果。而安全文化系统的安全价值与规范层次,则是安全文化精神智能层次长期作用形成的心理深层次的积淀和升华产物。

4.安全价值规范层次

安全文化的价值规范层次包括人们对安全的价值观和安全行为规范。美国人类学家安·瑞菲尔德(R. Redfeild)认为:"价值是一种或明确或隐含的观念。这种观念制约着人类在生产实践中的一切选择、一切愿望以及行为的方法和目标。"更直白地说,所谓价值观念,就是人们对什么是真的和什么是假的(鉴定认知)、什么是好的和什么是坏的(鉴定功用)、什么是善的和什么是恶的(鉴定行为)、什么是美的和什么是丑的(鉴定形式)等方面的问题所做出的判断。实际上,从事安全文化的事业是保护和爱护人类能安全、和谐、持续地发展与进步的事业,是为他人、为自己、为社会奉献爱心和力量的公益性工作,它的价值观应是美、好、真、善的,是大众的、社会的、最有活力和前途光明的事业。安全价值观念反映在人际关系上,则形成公认的安全价值标准,存在于人们内心,指导着人的安全行动,安全生命观制约着人们的安全行为,这就是所谓安全行为规范。

安全行为规范具体表现为安全的道德、风俗、习惯、伦理等。安全价值规范层次处于文化系统的深层结构之中,是文化中最不易变更的而较为顽固的成分。每一社会区域的变化,都是通过集体认同的价值观念,把各种不同的个人在信念和心智上统一于一个整体。因此,价值规范层次被视为它所属的文化系统的特质和核心。

安全文化的器物层次、制度层次都是精神智能层次的物化层或对象层;而安全文化的第四个层次——价值规范层次,则是安全文化精神智能层次长期作用形成的心理思索的产物。

在一个完整体系中,这四个层次是密不可分的。器物层次是安全文化的物质体现,也是其他层次建设的基础和载体;器物层次和制度层次是安全文化体系的外在体现,是安全精神智能层次的表现形式。安全价值规范层次是企业安全文化的内在体现,也是整个安全文化的内在沉淀和升华的精神产物。

7.3 企业安全文化及其建设

7.3.1 企业安全文化

1.企业文化

企业文化是指企业在长期的生产经营活动中,逐渐形成并为全体员工所认同、遵循,具有企业特色的价值取向(价值观)、行为方式、科技手段、管理方法、经营理念和作风、企业精神和风貌、伦理标准和道德规范、发展目标和思想意识等物质和精神财富之总和。企业文化不仅仅是经济文化、政治文化和道德文化,也是企业生存和发展的基础。加强企业文化建设,对企业深化改革、促进现代管理、实现奋斗目标、树立企业形象、提高员工道德水平和科技文化素质,具有极为深远的战略意义和重要的现实意义,无论是企业生产经营还是生产管理,都是因企业的不同而形成不同的企业文化的反映。

2.企业安全文化的定义和特点

(1)企业安全文化的定义。

企业安全文化是指企业在长期安全生产经营活动中形成的或有意识塑造的,又为全体员工接受、遵循的,具有企业特色的安全思想和意识、安全作风和态度、安全管理机制及行为规范,企业的安全生产奋斗目标和企业的安全进取精神,保护员工身心安全与健康而创造的安全、舒适的生产、生活环境和条件,防灾避难应急的安全设备和措施的配置和投入理念,企业安全生产的形象、安全的审美观、安全的心理素质和企业的安全风貌、习俗等种种企业安全精神财富,涵盖了保护员工在从事生产经营活动过程中的安全物质文化、制度文化、精神文化和价值观文化。

企业安全文化把实现生产的价值和实现人的价值统一起来,以实现人的生命价值为制约机制,以实现生产的社会价值及经济价值为动力机制,建立起完善的企业安全生产的经营机制和管理机制,保护广大员工的身心安全与健康,珍惜、爱护和尊重员工的生命,实现人的自身价值和奋斗目标。从意识、思维、观点、行动、态度、方法上形成深层次的安全文化素质,付诸创造企业精神,表现完善和维护企业安全文明生产的社会形象。

企业安全文化提倡"爱"与"护""以人为本",以员工安全文化素质为基础形成群体和企业的安全价值观(即生产与人的价值在安全取向上的一致)和安全行为模范,表现于对员工安全生产的态度和敬业精神的激励。建立起"安全第一,预防为主""尊重人,关心人,爱护人""珍惜生命,文明生产""保护劳动者在生产经营活动中的身心安全和健康"和"提升员工安全素质,维护社会公共卫生安全"的安全文化氛围,是企业安全文化的最终目标。企业安全文化也是广施仁爱、尊重人权、保护人格的安全与健康的文化。

(2)企业安全文化的特点。

1)企业安全文化是指企业在生产过程和经营活动中为保障企业安全生产,保护员工身心安全与健康所进行的文化实践活动。

2)企业安全文化与企业文化目标是基本一致的,都着重于人的精神、人的思想意识、人的积极因素和主人翁责任感,即以人为本,以人的"灵性"管理为基础。

3)企业安全文化更强调企业的安全形象、安全奋斗目标、安全作风与态度、安全价值观和安全生产及产品安全质量、安全设备的投入使用情况等,对员工有很强的吸引力及号召力。

3.企业安全文化的功能

(1)导向功能。企业要在市场经济中求得生存和发展,必须摆脱市场经济浪潮的冲击以及潜伏的危机困扰,而安全的投入、管理和安全文化的建设又起着十分重要的作用。一个企业没有完备的安全生产规章制度和严格的约束机制,经营者、职工群体没有统一的安全生产理念、认识,没有规范的行为,事故隐患随处可见,必然导致事故不断,企业整天应付事故处理,员工议论纷纷,人心涣散,社会负面影响大。严重的事故会导致企业全面停产、瘫痪、一蹶不振甚至破产倒闭,最终被市场经济的浪潮吞没,此类事件屡见报端。无可非议,事故和事故隐患以及企业经营者、员工不良的理念认识和行为是企业生产经营的天敌,制约着企业的生存和发展。摆脱事故困扰势必成为企业生产经营管理中的一项首要任务。

优秀的企业安全文化渗透到企业生产经营管理中,有着不可忽视的重要作用。实质上通过它的建设,有利于明确企业生产经营发展的目标和方针。建立完善的安全生产规章制度和约束机制,使安全生产管理规范化、科学化。同时培育企业经营者和员工群众安全群体的思想行为,使员工在良好的安全氛围引导下,具备自主的安全理念,从而实现由"要我安全"到"我要安全"的转变,最终实现安全生产目标,引导企业生产经营健康、正常地向前发展。因此,企业安全文化具有不可忽视的导向功能。其主要体现在三个方面:一是规定企业安全行为的价值取向,二是明确企业安全生产的行动目标,三是建立企业安全生产的规章制度。

(2)凝聚功能。企业在市场经济的浪潮中赖以生存、发展的基础是物质安全文化。企业职工生活在企业,其生存同样靠的是企业丰厚的物质文化,以满足员工群体日益增长的物质需求。企业与职工之间形成了"企业靠员工发展,员工靠企业生存"的利益共同体,决定了共同追求丰厚的物质文化是双方的动力源泉。安全生产无疑是维护和确保实现共同目标的必要条件。

优秀的企业安全文化,能使双方充分认识到,安全对实现共同的物质文化目标有着至关重要的作用;优秀的企业安全文化所提出的价值观被每个企业职工内化为个体的价值观和目标后,会产生一种积极而强大的群体意识,将每个职工紧密联系在一起。安全文化实质上是通过多方面、多渠道的方式培育企业、员工群体对安全生产的理念认识,同时传递、沟通心理情感,促进情感相互交融,把共同的利益目标同安全文化建设的结果等同起来,充分激励、调动双方的安全生产热情,使双方形成巨大的合力向共同的目标奋进,以追求更高的物质文化水平。由此可见,企业安全文化能把企业、员工群体的价值观念、心理情感黏合在一体,为追求共同的利益目标形成合力,这就是凝聚功能。

(3)规范功能。企业安全文化包括有形的和无形的安全制度文化。有形的是国家的法律条文、企业的规章制度、约束机制、管理办法和环境设施情况。一方面,企业在生产经营活动中,不得不制定出规章制度、约束机制,对企业、员工群体的思想、行为以及环境设施进行安全规范和约束;另一方面,对违反制度的进行教育、惩处、鞭打,这种"硬约束"在企业、员工群体中形成自觉的行为约束力量。无形的安全文化是企业、员工群体的理念、认识和职业道德,它能使有形的安全文化被双方所认同、遵循,同样形成一种自觉的约束力量,这种有效的"软约束"可削弱员工群体对"硬约束"的心理反感,削弱其心理抵抗力,从而规范企业环境设施状况和员工群体的思想、行为,使企业生产关系达到统一、和谐,取得默契,维护和确保企业、员工群体的共同利益。安全文化在此意义上具有有形和无形的规范约束功能。相比于"硬约束",企业更强调不成文的"软约束",即通过文化使信念在员工内心形成定势,成为一种响应机制,只要有诱导信号发出,即可得到积极响应,并迅速转化为预期行为。

(4)辐射功能。企业安全文化是一扇窗口。通过它可以展示一个企业生产经营规范化、科学化的水平,以及企业、员工群体的整体素质。它从一个侧面显示企业高尚的精神风范,树立良好的企业形象,能引发员工群体的自豪感、责任感,促进生产力向前发展,提高企业的市场竞争力、社会的知名度和美誉度,辐射并影响其他企业、行业推行企业形象战略。具备优秀安全文化的企业对其产业链相关的上下游企业具有辐射作用,在安全方面不具备相应的软、硬件条件的企业,就不可能与其他企业产生业务往来,出于生存和发展的要求,会在安全管理方面发生主动学习和交流行为,带动更多企业的安全文化建设。如有色行业中的白银公司,在 1983 年首先开创"安全标准化作业班组"建设活动以来,安全生产成效显著。它以其独特的安全文化充分展示了企业的形象,赢得了社会的肯定。今天,无论是有色行业还是其他行业均以此为榜样,标准化班组、工厂像雨后春笋一样茁壮成长起来。可见,优秀的企业安全文化能够以自己独特的方式,以点带面向周围辐射,影响到其他企业、行业和地区,此为辐射功能。

(5)激励功能。企业安全文化建设在企业、员工群体共同的价值观的基础之上,无论是企业还是员工群体均会在社会中寻求存在的价值、人生价值和地位。积极向上的企业安全文化能让员工长时间处于此文化环境下,反省自己的生产活动行为,找到自己的不足并加以改正,保障自身安全健康与企业安全生产。"厂兴我荣,厂衰我耻"就充分体现了双方共同价值观念的取向,安全文化正是在双方强烈的共同价值观念的大力倡导下建设起来的。

安全文化实质上是采取多方面、多渠道的方式让员工群体参与安全管理和决策,听取员工的意见和建议。一方面,对表现优秀的员工进行表彰奖励,另一方面,对过失、受挫的员工进行教育、帮助、关心,沟通思想,交流情感,在浓厚的安全文化氛围中向员工群体展示企业理解人、尊重人、关心人的文化。从而形成一种团结向上的气氛,充分激发、调动员工群体的积极性、创造性。在企业生产经营管理中体现个人的价值,赢得社会的尊重、赞许,在企业中显示自己的崇高地位,有力地激励员工群体发挥潜能,同企业一道在市场经济的浪潮中披荆斩棘,共求生存、同谋发展。这种激励功能对企业物质文化的丰富起着重要的作用。

(6)调适功能。有一定规模的企业,其生产均属社会化大生产。在生产经营过程中,人的心理因素、人际关系、市场环境随着时间的推移以及先进技术的广泛采用而发生改变,机制为适应生产力的发展要求适时调整、变化,物质环境随着生产力的发展同样会发生改变,从而难以避免由于生产关系的滞后所出现的矛盾和冲突,制约生产力的发展,对企业生产经营产生不可忽视的负面影响。

企业在安全文化的建设中,可以通过形式多样的活动来沟通思想及传递情感,统一认识并创造良好的心理环境,增强员工群体自我承受力、适应性和应变能力,消除心理冲突,化解人际关系矛盾。同时,为员工群体创造整洁、优雅、舒适的环境,净化其心灵,让员工群体在轻松愉快的工作环境中,感受企业大家庭的温馨,激发其劳动热情,自觉创造和寻求融洽和谐的生产关系,使企业生产经营充满生机、活力。安全文化在企业生产经营管理中协调生产关系,适应了企业生产力的发展,在此意义上,安全文化具有较强的调适功能。

4.企业安全文化的衡量

目前对企业安全文化进行衡量的表征,究竟应该有哪些,在学术界还没有定论,国内外专业学者提出的方法各不相同,表征数量从 2 个到 19 个不等。我国于 2009 年出版的《企业安全文化建设评价准则》(AQ/T 9005—2008)中将企业安全文化的表征划分为基础特征、安全承诺、安全管理、安全环境、安全培训与学习、安全信息传播、安全行为激励、安全事务参与、决策层行为、管理层行为、员工层行为等 11 个指标;韦格曼等人在分析了大量评价系统的基础上,总结出安全文化至少有 5 个通用的表征,包括组织的承诺、管理参与程度、员工授权、奖惩系统和报告系统。

(1)组织的承诺。组织的承诺指由组织的高层管理者对安全所表明的态度。组织对安全的承诺与组织的高层领导将安全视作组织的核心价值和指导原则的程度有关,因此,这种承诺也能反映出高层领导者向安全目标前进的态度以及有效地激发全体员工持续改善安全的能力。也只有高层管理者做出安全承诺,才会提供足够的资源并支持安全活动的开展和实施,并带动影响全体员工自觉投身于企业的安全管理。

(2)管理参与程度。管理参与程度指高层和中层管理者亲自参与组织内部的关键性活动的程度。高层和中层管理者通过每时每刻参加安全的运作,与一般员工交流注重安全的理念,将在很大程度上提升员工对企业的认同度和归属感,激发员工提高安全行为的自觉性。

(3)员工授权。员工授权指组织有一个良好的授权于员工的安全文化,并且确信员工十分明确自己在改进安全方面所起的关键作用。根据安全文化的含义,员工授权意味着员工在安全决策上有充分的发言权,可以发起并实施对安全的改进,为了自己和他人的安全对自己的行为负责,并且为自己的组织的安全绩效感到骄傲。同时,清晰的责权划分能够避免出现安全管理有名无实的情况,保证安全管理的有序执行、安全责任的有效落实,使安全管理的措施可以更好地在基层落实。

(4)奖惩系统。组织需要建立一个公正的评价和奖励系统,以促进安全行为,抑制或改正不安全行为。一个组织的安全文化的重要组成部分,是其内部建立的一种规矩,在这个规矩之下,安全和不安全行为均被评价,并且按照评价结果给予公平一致的奖励或惩罚。因此,一个组织用于强化安全行为、抑制或改正不安全行为的奖惩系统,可以反映出该组织安全文化的情况。

(5)报告系统。报告系统是指内部所建立的,能够有效地对安全管理上存在的薄弱环节在发生事故前就识别出来并由员工向管理者报告的系统。可鼓励所有员工共同参与,在满足安全需求的基础上增加员工与管理层之间的互相交流沟通经验,减少不安全行为的发生。

7.3.2 领导行为对企业安全文化的影响

1.领导及其影响力

领导是一种社会活动或社会职能,特指领导者的角色行为,即对他人施加影响力,使之致力于实现预期目标的活动过程。同时,领导又是一种角色,即领导者。领导者是能吸引别人团结在自己周围的人,但是在企业组织中的领导并不一定具有这样超凡的鼓动力。因而组织的领导者往往是指具有职权、责任和义务来完成组织的目的并被委派到某一职位上的个人,是一种特殊的社会角色。

领导的实质是领导者的影响力。影响力是指领导者影响他人心理与行为的能力,是领导者能够产生或者拥有群体达到目标所必需的职权或资本,领导力的大小很大程度上决定了领导的效果。影响力主要由三种子影响力构成,分别是:

(1)权力性影响力。权力性影响力是指由领导者拥有权力和社会地位形成的影响力。领导者的权力与地位越高,权力性影响力就越大。领导者在领导行为中,完全依靠权力影响力来推动工作是危险的。

（2）非权力性影响力。非权力性影响力是指由于领导个人因素而形成的影响力，又称人格魅力，主要包括道德、学识、情商、才干、创新、冒险意识、志向、榜样力量、责任心等因素。领导者应该努力发挥自己的非权力性影响力，这样会更好地提高领导效果。

（3）思想性影响力。思想性影响力是指由于改变了受众或下属的思维方法、认知结构而产生的影响力，它可能是重复宣传的效果，也可能是某种体系严密的理论传播。

在权力性影响力、非权力性影响力、思想性影响力中，领导者最容易获得的是权力性影响力，其次是非权力性影响力，最难的是思想性影响力。

2.领导行为与安全文化

企业安全文化是企业内个人和集体的安全价值观、安全态度、安全能力和安全行为方式的综合体现，而作为企业内各个层级的领导者，尤其是最高层领导者，其安全价值观、安全态度及安全行为方式对于员工的安全价值观、安全态度及安全行为具有深远的影响，在企业安全文化的建设与发展过程中发挥着重要的作用，主要体现在主导安全意识、改善企业安全生产环境、建立健全企业安全奖惩制度、传递与交流安全信息等方面。企业各级领导通过以身作则的良好个人安全行为，能够使员工真正感知到安全生产的重要性，感受到领导做好安全的示范性，感知到自身做好安全的必要性。

大量的事故案例原因分析及管理失误理论均表明，领导行为对于事故的发生具有重要影响。一些学者的研究也证明了这一结论，如通过实例研究证明了领导行为对企业安全文化各个层面（物态环境、安全教育与培训、奖惩系统、沟通与报告等）具有显著影响，证明了领导-成员关系与安全文化呈正相关关系。如，塔里木油田应用"有感领导"推进企业安全文化建设并取得一定成效。

7.3.3　企业安全文化建设

企业安全文体建设就是要在企业的一切方面、一切生产经营活动的过程中，形成一个强大的安全文化氛围。企业安全文化建设需要做到"内化于心、外化于行、展现于表、固化于制"，安全管理制度体系的实施与有效运行过程中企业安全文化逐渐形成。建设企业安全文化，就是用安全文化造就具有完善的心理素质、科学的思维方式、高尚的行为取向和文明生产活动秩序的现代人，使企业内的所有员工均树立安全第一的哲学观、珍惜生命的人生观、安全生产的工作观、综合效益的价值观、人机环管的全局观及本质安全的科学观等现代企业安全观点。

企业安全文化是多层次的复合体，根据四分法，可从物质安全文化、行为安全文化、制度安全文化和精神安全文化四个部分来进行建设。

1.物质安全文化建设

物质安全文化是企业安全文化的实体（硬件）和外部形象标志，是企业安全文化建设的最终体现。最能直观地体现某一企业的安全文化，是指为预防事故而使用的各种安全设施、设备、材料以及工作环境，包括生产对象、生活资料、生产条件、作业环境、设备设施、厂风厂貌、劳动保护用品及环境保护基本设施等，其目标是实现人、机、环境、管理系统的本质安全化。

(1)工艺过程本质安全化。工艺过程的本质安全,主要指对生产操作、质量等方面的控制过程。工艺过程的本质安全化要求操作者不仅要熟悉物料、原料的性质,还要掌握正确控制这些物料和原料的各项参数,明确控制过程的各种步骤、方法、措施和规定。同时管理者还应当制定控制过程管理的方法、标准、措施等。

(2)设备控制过程的本质安全化。企业采用的各种设备、设施本身可能因设计、制造、安装、运输或材质等问题,客观上存在着发生事故的可能性。因此从设备、设施的设计、制造和使用等方面都要考虑其安全防护性能、安全可靠性和稳定性,主要内容是:项目开始前,要认真研究和分析可能会有哪些潜在危险、推测发生各种潜在危险的可能性,并从技术上提出防止这些危险性及控制危险的方法,主要表现为自监测、自控制功能,即当超过设计设定的参数值时,设备能够自行监测到可能的变化,并按照预先设定的程序处理这些变化的情况。

(3)整体环境的本质安全化。人的安全行为除了内因的作用和影响外,还受外因的影响。环境、物的状况对劳动生产过程的人也有很大的影响,要保障人的安全行为,必须创造良好的环境,保证物的状况良好、合理,使人、物、环境更加协调,从而增强人的安全行为。通过环境揭示环境与事故的联系及其运动规律,认识异常环境是导致事故的一种物质因素,使之能有效地预防、控制异常环境导致事故的发生,建立"本质安全"思想,实现"环境"条件最佳化,努力改进和完善生产现场的劳动保护设施和技术措施,使员工处于安全有保障的作业环境中。要对生产环境中有哪些危险因素、影响程度、产生的原因进行综合分析,明确控制环境不安全状况的目标和任务,并在生产实践中依据环境安全与管理的需求,制定措施和计划,对生产事故进行预防、控制的方法,要不断完善防止人身、设备事故的技术措施,从技术上、装置上控制和减少发生事故的可能性。

(4)管理过程的本质安全化。安全管理具有要素多、复杂性高、管理对象抽象的特点,在管理中任何一个环节的错误,都会在接下来的环节直接引起人为事故。为此,要主动避免人因事故的发生,就必须使企业的安全管理由被动管理向本质安全化管理转变。为此,需要强化调度计划管理,抓好复杂操作的风险管控,精确化安全风险管理模块,建立动态管理机制,积极促进组织内部的监督。

2.行为安全文化建设

行为安全文化即员工们体现安全价值观的行为、体现安全理念的活动等。树立安全道德,安全道德就是人们在生产劳动过程中维护国家和他人利益、人与人之间共同劳动生产工作的行为准则和规范,具体做法包括:

(1)树立集体主义的精神风貌。这是安全道德的基本原则,也是人们在劳动安全生产过程中体现出人与人之间的关系所应遵循的根本指导原则。

(2)开展安全道德宣传工作,依靠社会舆论、环境氛围和人们的内心信念的力量,来提高安全道德修养。

(3)做好安全道德教育,培养人们安全道德的情感,树立安全道德的信念。安全道德教育要唤起全社会对安全生产的广泛关注,树立对生命和健康的价值理念。

3.制度安全文化建设

制度安全文化是指与物质、心态、行为规范安全文化相适应的组织机构和规章制度的建立、实施及控制管理的总和。其主要包括安全生产和工业卫生的法律法规、国家标准和行业标准，以及企业制定的安全规章制度、操作规程、事故防范规程、应急逃生预案、职业安全健康道德标准与规范等。

4.员工心态安全文化建设

员工心态安全文化建设即员工精神安全文化建设，是人的思想、情感和意志的综合表现，是人对外部客观世界和自身内心世界的认识能力与辨识结合的综合体现，其目的就是要提高职工的安全意识和安全思维，它主要包括安全的人生观、价值观、安全生产意识、企业安全风貌和态度，对"安全-质量-效益"的认识，对真善美的追求，对安全科技与教育、企业安全形象及企业精神的完善等。它是包括以认识、情感和意志为基础的有机整体，从人体的安全防护意识上分析，可分为应急、间接和超前的安全保护意识三个层次。

(1)应急安全保护意识。主要体现在，当事故以显性危险方式出现时，能对这种直接的危害察觉、避让和采用应急措施。

(2)间接安全保护意识。主要体现在，当危险因素以隐性的危险方式出现时，对间接的慢性的伤害及其所造成的后果，应采用的防护、隔离等安全措施，这要经过安全教育与培训方可形成。

(3)超前的安全保护意识。主要体现在，由于"安全管理的缺陷"造成人的态度、情绪与不安全行为，需要采取预防与控制的手段，一般人们在这方面的安全意识比较薄弱，对潜在危险因素的洞察性、预防性和控制性均较差。

5.企业领导层安全文化建设

当前，我国正处在进一步完善市场经济体制的进程中，虽然经过多年的努力，安全生产形势有所好转，但安全生产压力依然较大。由领导安全行为的影响力可知，企业领导层的安全文化建设十分重要。因此，可从企业安全生产战略思想或安全理念方面的认可度着手建设和实施。

企业法人代表是企业的"一把手"，也是安全生产的第一负责人。法人代表是企业安全文化的关键，其对安全生产认识的程度、安全生产的指导思想和决策起决定作用。企业的决策参与者与管理者是生产经营决策的贯彻者和执行者，他们的安全意识、安全素养以及如何贯彻执行企业的安全生产思想对企业安全文化建设具有重要作用。

我国于 2009 年出版的《企业安全文化建设导则》(AQ/T 9004—2008)中将企业安全文化建设划分为安全承诺、行为规范与程序、安全行为激励、安全信息传播与沟通、自主学习与改进、安全事务参与、审核与评估 7 个部分，从总体上说是一个规范性的建设体系，企业也可从此方面加以规范和建设。

7.4　社会安全文化

社会安全文化主要包括社区安全文化、交通安全文化、消防安全文化、休闲娱乐安全文化和保健安全文化等。

7.4.1 社区安全文化

社区安全包括的方面非常广泛,如家居、职业卫生、学校、公共场所等,涉及社区内每个人。社区的安全状况根据各自社区的特点有所不同,因此危险及有害因素的种类也不同,表7.1为社区常见事故及其发生概率,从表中我们可以得知,治安事件在所有事故中占首位,抢劫盗窃案件居多,社区内保安措施缺乏和居民防盗意识的淡薄给了犯罪分子可乘之机。

表 7.1　社区常见事故及其发生概率

序号	事故类型	发生概率	序号	事故类型	发生概率
1	治安事件	20.57%	11	煤气泄漏中毒	2.61%
2	交通事故	14.32%	12	物体打击	2.50%
3	火灾	13.75%	13	管道破裂	2.16%
4	自杀	7.50%	14	其他中毒	1.70%
5	恐怖事件	5.68%	15	引发疾病猝死	1.48%
6	恶劣天气	5.68%	16	触电	1.48%
7	建筑工地	5.45%	17	溺水	1.25%
8	爆炸	4.43%	18	酗酒	0.57%
9	高空坠落	4.20%	19	家庭暴力	0.45%
10	其他意外伤害	3.98%	20	异物堵塞	0.23%

社区安全文化由四个要素构成:人口,地域,相联系的、有组织的社会经济、政治生活及相适应的管理机构,维护集体生活所需的共同道德风尚。社区安全文化则专门研究在社区范围内安全文化的应用问题,保护社区成员的身心安全与健康,创建文明、稳定、和谐的安全文化氛围。社区安全文化是公众安全文化的重要组成部分,也是社会主义精神文明建设的组成部分。

社区文化要求社区每个成员无论何时、何地、做任何事情都必须视大众安全为第一重要的事情。我不伤害自己,我不伤害别人,我不被别人伤害,这是大众安全文化的表现之一。社区安全文化要求各个社会群体(组织或单位)在生产、经营等各项活动中,始终坚持安全第一、大众安全至上,坚持时时为大众安全着想,事事为大众安全服务,以有组织的生产活动和社会行为来保障大众安全。社区安全不仅包括大众的身体健康、工作安全,而且包括高质量的生活和工作。从安全观念文化的正确引导、大众安全制度文化的科学建设及公众的安全行为文化建设这三方面,来强化树立社区安全先行的思想观念。

1.安全观念文化的正确引导

安全观念文化首先是安全价值观的确立,安全价值观是人的价值观中有关安全行为选择、判断、决策的观念的总和。它是处理人与人关系和人与自然关系的行为基础。我们主张建立“珍惜生命,爱护自然”“人人为我,我为人人”“爱护自己,爱护他人”的安全价值观。安全观念文化的另一个重要的方面就是安全意识,通过安全文化的建设,在社会大众中树立起“安全第一、居安思危、防微杜渐、警钟长鸣”的安全意识。

2.大众安全制度文化的科学建设

通过法律、规章、政府告示、行政条例等对公众建设、公民生活用品、市民公共行为的安全性原则、目的、标准等做出要求和规定,明确社会大众安全行为的要求。

3.公众的安全行为文化建设

社会公众无论在公共场所,还是在私人住宅,都有安全行为文化的问题。大众安全行为文化建设需要考虑如下方面:交通行人的安全行为文化,倡导遵章守纪、礼让他人、慢行细观;饮食的安全文化,倡导讲究卫生、防病入口、餐具消毒、不买变质食品、科学饮食;娱乐中的安全行为文化,倡导科学娱乐、适当刺激、安全健身、平安旅游;家庭生活中的安全行为文化,主张培养良好的安全卫生起居习惯,学会安全使用电器和操作燃气,懂得家庭意外事故发生后的应急常识,在安全生存方面训练有素;防火中的安全行为文化,要求人们具有防火报警、会使用灭火器材、良好的用火习惯,等等。

7.4.2　交通安全文化

21 世纪的中国,高速公路、高速铁路、海上快艇、空中大型客机等海、陆、空交通网络将日趋完善。但是对于富裕了的中国人来说,旅途中的交通安全是头等重要的大事,不论是汽运、铁运、海运、航运都要求舒适、快捷、安全、可靠。这就要求各营运系统要应用高新技术,提高营运装置的可靠性,培养技术熟练、心理素质高的驾驶员,建立完善的安全管理机制。对于某些不可抗拒的因素,在特殊条件下或复杂的气象环境中,为了尽量避免或减少灾难和伤害,要宣传安全性自救、互救的应急方法,例如,如何正确使用高速汽车、火车、飞机、轮船等公共交通工具上的安全带、氧气罩、救生衣、救生圈、紧急出口等。这些知识都是现代中国人应该熟练掌握的交通安全文化知识。人们一旦掌握了这些知识,在紧急状态下人人都是救护队员,人人都懂得逃生,亦即"人人讲安全,个个会应急"。

加强交通安全文化建设最重要的是要树立安全意识,从心态上开展安全文化建设。所谓心态安全文化即人们的安全观念在社会实践中的活动过程。交通运输行业建设心态安全文化就是要使从业人员树立起"安全第一"的观念,自觉遵守交通规则,自觉按章办事。

建设交通安全文化,一是要加强交通安全宣传,增强人们的安全意识。特别是要提高人们对生命价值的认识,形成"生命第一"的观念。二是要正确认识安全和社会经济发展的关系,没有安全就不可能有经济的发展和社会的进步。三是要开展全员安全教育,提高从业人员的安全素质。交通安全工作的好坏与从业人员的关系最直接,与他们的安全意识、安全技能最密切。因此,交通从业人员,特别是交通企业领导,必须努力提高对安全与生命、安全与经济关系的认识,具备行业规定的职业技能。

7.4.3　消防安全文化

加强消防安全文化建设,增强场所人员消防理念,不仅可以保障人身安全,也可以保障单位自身财产安全,提高企业的生产效率。21 世纪的中国,都市高楼林立,酒店、商场星罗棋布,而对在这些公共场所休闲、购物、娱乐的人们来说,消防安全是头等大事。

为了加强消防工作,保护公共财产和公民生命财产的安全,早在 1984 年,第六届全国人民代表大会常务委员会第五次会议就批准了《中华人民共和国消防条例》,对火灾的预防制定了 11 条规定,对于消防组织、火灾救护、消防监督也都制定了有关条款。为了加强全社会的消防意识,公安部等 4 部委于 1995 年 10 月联合发布《消防安全 20 条》,它的主要内容包括火灾预防、管理和火灾发生后如何报警逃生,语言简练,通俗易懂,便于操作,实用性强。消防安全文化建设一直是消防工作的重点,防患于未然才是解决消防隐患的根本方法。

1.提高消防安全文化素质

提高消防安全文化素质应该加强对公民防火应急能力的建设,而提高应急能力的重要一点就是从根本上克服盲动行为,这种盲动在心理学上被称为盲目趋同心理或盲目从众心理,它是造成火灾中生命伤亡和财产损失的重要原因之一,危害很大,具体有以下几点:

(1)传染性很强,易造成大量人员拥挤伤亡,特别是在人员集中的地方,比如商场、车站、餐馆等。火灾突然降临,人们会由于恐惧而惊慌,如果心理素质较差,看到他人逃跑时不能判断方向的正确性而盲目追随,并且这种趋同的速度之快,令人吃惊。

(2)不利于人员的疏散。火灾初期,在消防人员还没有赶到时,疏散任务就应由熟悉火场情况的人员来完成,如售货员、服务员或其他工作人员,然而在很多火灾中,这些人也会失去理智,加入盲目的人流之中,错过了人流的最佳疏散期,等到消防人员赶到时,疏散通道已经被大火堵住或失去理智的人流已经无法统一调动,一切都为时已晚。

(3)延误灭火时机,加大损失和伤亡。由于灭火的原则是,救人先于灭火,因此消防人员赶到火场后必须首先疏散被困人员。由于盲目趋同心理的影响,被困人员不能和消防人员很好地配合,延长救援时间,错过最佳灭火时机,导致火势蔓延,造成不必要的损失。

2.加强消防安全文化教育

火灾是客观存在的,通过研究古今中外的众多火灾发现,虽然导致火灾的原因多种多样,但归根结底是人对火灾的认识不足,但是这种认识上的不足通过人的努力是可以改变的。消防安全文化教育的实施,是一项长期而缓慢的工作,但是我们可以先将其简化。例如对于企业,希望员工对于消防安全文化尽快有一个大体的认识,可以采取"短、平、快"的原则。"短"是指采取公众乐于接受的方式方法;"平"是指传播的消防知识要通俗易懂,集知识性、趣味性为一体;"快"是指要抓实效,需要什么内容,就传播什么内容,做到有的放矢。这样就可以花最少的时间,达到最好的效果。当然,从总体上来讲,这只是消防安全文化教育中很小的一部分,消防安全教育是一场持久战,需要不断地强化和提高。

3.企业消防安全文化建设

企业作为火灾的高发场所,存在的主要问题是:消防管理模式不完善,企业的消防主动性低,消防投入少,消防评估缺乏统一的鉴定执行标准,防火责任人不明确,出现问题互相推诿等。建立企业消防安全文化,培养良好的安全意识,可以减少不必要的经济损失,保证企业的正常运营。企业要做到消防观念的创新,首先是完善消防设备的投入与更新,做好企业的消防规划工作。其次,要提高企业自身的抗御火灾的能力,完善消防设施。再次就是做好定期设备检查和维修,减少火灾发生。在硬件措施得到保障的同时,树立消防安全观念,减少由误操作所引起的火灾。

4.学校消防安全文化建设

近年来,校园火灾造成的人员和财产损失成为校园安全中一个重要的问题。不少学生在火灾中丢失了年轻的生命。火灾防范意识缺乏和逃生观念薄弱是校园消防安全文化建设中面对的重点问题。首先,要加强安全管理,杜绝在公寓内使用违规电器、违章用电,彻底消灭火灾隐患。其次,依法进行建设,消除各类建筑的先天性火灾隐患,合理配置消防设施和器材并保证完整好用。最后,要加强学生安全教育,增加消防安全知识讲座教育,提高学生火灾预防和逃生技能。

5.娱乐场所消防安全文化建设

近年来娱乐场所的消防隐患令人担忧。娱乐场所由于人口密集度高,社会关系复杂,安全通道狭窄等原因,一旦引发火灾,人员伤亡和财产损失都极为严重。因此,加强娱乐场所消防安全的建设,关系到广大人民群众的切身利益和和谐社会的构建。

7.4.4 休闲娱乐安全文化

近年来,游乐园多次发生事故,大多是娱乐器械安全可靠性低而造成的。国家技术检查局对目前我国娱乐场所的游乐设施组织抽查的结果是,有相当一部分游乐设施不合格。如安全带、安全把手、安全距离及车辆连接器的二道保险装置等都是保证游客人身安全必不可少的安全措施,国家标准均有明确规定,但是,目前游乐设施自动控制不合标准、焊接与螺栓连接不合标准、站台及棚栏尺寸不合标准、游戏机未作电气连接、游乐园重要受力部件探伤不合标准、游乐园的机械传动不合标准等问题在全国各地都不同程度地存在。这些都是安全隐患,这些缺陷将直接影响游客,特别是中小学生的人身安全。

因此,必须加强对休闲娱乐场所各种游乐设施的安全监察、检测的力度,时刻不放松。因为虽然科技进步将给游乐设施的安全可靠增加了保险系数,但设施运营,设备维修、设置保养的好坏将直接影响人身的安全。加强人民大众的休闲娱乐安全文化教育,形成良好的休闲娱乐氛围,所有参与者都遵守休闲娱乐规则,安全娱乐、安全休闲,人人幸福。

7.4.5 保健安全文化

经济发展使人民生活水平和质量逐步提高,人们都希望自己活得有质量并健康长寿。因此,人们对饮食营养普遍关心。根据人们的不断需求,各种花样的食品、营养品、化妆品应运而生,并席卷全国。

保健安全文化的核心理念是将健康和安全视为最重要的价值,并将其纳入各个层面的生活和工作中。建设保健安全文化机制需要建立明确的保健安全政策和目标,明确组织的立场和承诺,将保健和安全视为最重要的价值和优先事项,并制定相应的管理规程和程序。定期组织各种形式的保健安全培训和教育活动,包括提供相关知识、技能和意识的培训,以增强员工和参与者的保健安全意识和能力。

饮食营养保健安全是保健安全文化的重要内容,它需要充实、完善和提高。教育人们懂得科学饮食,合理地、有针对性地选择营养品,以保证身体的健康。

【延伸阅读】

1.安全文化层次结构分类

关于安全文化层次结构分类,还有一部分学者按照不同的归类方式,对安全文化的层次结构做出其他解读,主要包括:

(1)二层次法。将安全文化分为安全物质文化和安全精神文化两个层次。

(2)三层次法。Cooper的交互式安全文化三要素模型,认为影响安全文化的三个维度包括参与者的主观因素、安全行为以及客观因素,且这三者之间存在相互影响。于广涛提出安全文化的"三因子"模型,将企业中的安全行为分为三类:管理层的行为、员工的行为以及企业的两个主体之间能否在安全问题上达成共识的行为。方东平提出安全文化三层次模型,将器物层划分为客观/显性文化,将制度层与精神层划分为主观/隐形文化。戈明亮提出安全行为不属于安全文化范畴,同时员工安全理念 I(ideasofsafety)、社会安全制度 R(regu-lationsofsafety)、企业安全物态 M(materialcultureofsafety)三者相互关联,构成一个坚实的安全文化平台,并共同制约个体安全行为,是一个四面体结构。罗云主要针对安全文化的发展进行研究,构建了安全文化的形态体系、领域体系和对象体系,分析了文化学与安全文化的内在联系。袁旭和曹辑对安全文化的结构进行了论述,介绍了安全文化建设的功能,为安全文化的建设提供了思路,对安全文化与企业文化、安全教育之间的关系进行了梳理。Schein 在 1992 年提出了安全文化的三层次模型(three-layered cultural mode),三个层次分别是外在表象(artifacts)、共同的价值观(espoused values)、核心基本假设(core underlying assumptions),该模型层次划分较为模糊,没有清晰地解释三个层次间的联系,可操作性较差。

(3)四层次法。Wang提出了全方位的安全文化模型,即安全文化包括环境因素、个人因素、组织因素和心理因素,两两关联,相辅相成。

毛海峰从安全文化建设的角度将复杂的企业安全文化划分为六个基本维度和一个辅助维度。其中,六个基本维度包括体系要素维度、体系运行系统维度、安全文化载体维度、安全文化发展维度、企业安全管控维度和企业安全管理专业维度,各基本维度之间相互关联,构成企业安全文化的完整模式。

2.交通安全文化建设新认识

进入新时代,我国经济社会发展态势对交通安全管理的要素变革产生了积极影响,也对交通安全管理模式提出了新的更高的要求。为此,有必要立足交通安全发展的现状,建设新时期交通安全文化。参照发达国家交通安全文化建设内容,我国的交通安全文化建设重点可以设想为 5 个"一"。

"一部法",就是《中华人民共和国道路交通安全法》和实施细则需要持续修订和完善。我国的道路交通法和实施细则还很不完善,有些考虑不够周全,如对靠右行驶没有更进一步的要求和规定,没有在什么条件下必须是慢行靠右,从左侧超越等的规定。如我们只提到保持安全车距,但什么是安全车距并没有技术指导,而这类细节的缺失,是导致很多交通事故的关键。

"一套书",就是针对不同人群的交通规则和行为方式缺少指南类的教材。有了"法",如何向人们传递和普及呢?儿童、少年、青年、老师、家长、城市居民和农民等等,也包括专业人士等,都有不同的教化方式和学习接受能力,针对不同的人群,交通规则意识的表述和传授方式需要有针对性的建设,其核心要义是社会契约精神意识的培养,是交通规则和知识的灌输。

"一堂课",我国汽车工业社会化时间不长,全民的交通安全意识教育和规则的普及还没有形成迭代积累。学校,特别是幼儿园和小学,是国民改变交通安全意识和知识水平的重要环节。应像文化课和体育课那样,将交通安全规则教育成制式地纳入教学内容。这种教学不应该局限于教室,而应该放在道路环境内进行实际操作训练。

"一项制度",就是建成一项交通安全文化培养制度,将交通安全教育和研究领域的各种工作制度化,以确保资源投入和可持续发展。这个制度应该不仅仅针对教育,也应该包括持续的科学发现和投入的机制保障制度。作为一个人口大国,我国交通安全知识和意识的普及推广,应该有一套完整的保障制度,从资金、人力、场地、评价机制等角度,建立完善的体系。

"一个平台",应加强地区安委会机制建设,在各个社区和建制村,都应该有专门的功能植入,平台可以是电子化的,也可以是实体的,覆盖全国所有行政区域和社区的交通安全教育平台是很有价值的。不仅可以长期和及时地进行对应地区和对应行业的交通安全风险提示、交通安全知识告知,还应该有道路运行管理机关和用路人的互动功能,让交通安全风险隐患及时得到曝光、预警和纠正。

【思考练习】

(1)简述企业文化和企业安全文化的区别与联系。

(2)安全文化主要有哪些原理或功能?

(3)论述安全文化层次结构的不同分法的含义。

(4)试述企业安全文化建设的主要内容。

(5)试述企业安全文化评价应该关注哪些内容。

(6)举例论述社会安全文化建设的必要性和可行性。

第8章　安全经济原理

【学习导读】

人类的安全水平在很大程度上取决于经济水平,经济问题是安全问题的重要根源之一。

安全性与经济性是人们解决安全工程问题客观存在的矛盾:提高安全技术及管理保障水平,就要求增加投入;反之,不愿投入,就意味着增大事故的风险。因此,处理安全与发展、安全与生产、安全与效益、安全与成本、安全与效率的关系,是安全经济需要解决的问题。

了解安全与经济、安全经济学、安全成本、安全投资、安全效益等基本概念,理解安全经济学的研究对象及安全的两大经济功能,掌握安全生产成本的构成内容及安全经济特征参数规律的分析过程,掌握影响安全投资的主要因素及主要来源,掌握安全经济管理的特点、分类及安全经济的强化手段。

8.1　安全经济基本概念

安全是实现可持续发展的保障,安全需要一定的经济基础来维持。以安全经济的基本理论作为指导,可满足社会和人们在活动中对安全的需要,有效、合理地运用国家、社会、企业有限的安全资源,科学决策,最大限度地发挥所投入的人、财、物的潜力,将事故造成的损失降到最低,实现安全发展、科学发展。运用安全经济的效益及利益规律理论还可以对实际中安全经济投入的必要性、合理性进行评价。

8.1.1　安全与经济

人类的安全水平很大程度上取决于经济水平,经济问题是安全问题的重要根源之一。这种客观存在决定了"安全"具有相对性的特征,安全标准具有时效性的特征。安全活动离不开经济活动的支撑,安全经济活动贯穿于安全科学技术活动的理论和应用范畴。所以,安全经济的诞生既丰富了安全科学基本理论,也为安全科学增添了应用方法。为了解决安全问题,既要涉及自然现象,又要涉及社会现象,既需要工程技术手段,也需要法制和管理等手段,所以安全科学具有自然科学和社会科学相互交叉的特点。在安全经济研究和解决安全经济问题中,它既是一门经济学(社会科学),又是一门以安全工程技术活动为特定应用领域的应用学科。有的学者将安全经济学定义为:研究安全的经济(利益、投资、效益)形式和条件,通过对安全活动的合理组织、控制和调整,达到人、技术、环境的最佳安全效益的科学。

它是研究安全经济活动与经济规律的科学,以经济科学理论为基础,以安全领域为阵地,为安全经济活动提供理论指导和实践依据。总之,安全经济学是研究安全领域中理性人决策行为的科学。

据联合国有关资料统计,世界上发达国家平均每年的事故造成经济损失约占国民生产净值(GNP)的 2.5%,预防事故和应急救援措施的投入约占 3.5%。以上两项表明,安全经济活动的总体规模和程度合计高达 GNP 的 6%。客观上讲,由于我国工业水平总体会低于世界发达国家的水平,为提高安全经济规模,保障安全生产投入,国家财政部、安全监管总局于 2012 年印发了《企业安全生产费用提取和使用管理办法》(财企〔2012〕16 号);依据《中华人民共和国安全生产法》等有关法律法规,由财政部、应急部以财资〔2022〕136 号印发《企业安全生产费用提取和使用管理办法》,于 2022 年 11 月 21 日发布实施,《企业安全生产费用提取和使用管理办法》(财企〔2012〕16 号)同时废止。

应急管理部自 2018 年成立以来,收支预算保持逐年增长。应急管理部 2022 在应急救援专项项目中安排支出 4 864.95 万元,较 2021 年的 8 334 万元减少了 3 469.05 万元,高于 2020 年的 2 828.4 万元。在安全生产专项项目中安排一般公共预算 3 918.33 万元,较 2021 年的 1 601 万元增加 2317.33 万元,增幅为约 145%。

中国铁建持续完善安全生产管理体系,2021 年,安全生产投入 158.727 亿元,安全生产教育培训 27 980 人次。

以上仅从产业(工矿企业)安全经济角度进行了分析和探讨,如果用广义的安全经济概念来考虑问题,即考虑把生产、生活、公共安全等领域,以及安全对社会和经济建设间接和潜在的影响,如工效、企业商誉、人的生命与健康价值、社会与环境价值等方面的效益,则问题会更为严重和突出。

因此我们必须意识到,安全问题不仅是减少或防止事故带来的经济损失的简单问题,更有促进社会发展和经济建设的作用。换言之,安全不仅具有负效益的一面,更有正效益的意义,安全也是一种生产力。在知识经济的时代,安全科学技术作为人类知识的重要发展领域,不仅是保障人的生命、社会稳定和经济发展的前提,对于减少人类社会发展的代价(生命和健康损害、事故造成的社会经济损失等),以及保护和发展生产力都有着客观和现实的意义。用社会有限的投入去实现对人类尽可能高的安全水准。在获得人类可接受的安全水平下,尽力去节约社会的安全投入,这是上述现代社会背景和现状对安全科学技术提出的挑战和要求,显然其应成为每一个安全科技工作者思考的安全经济命题。完成这一命题,就是安全经济学的最基本任务。

在国外,20 世纪 80 年代前后出现了以安全经济学为命题的文献,尤其是意大利的著名学者 D·安德列奥尼先生撰写的"职业性事故与疾病的经济负担"(*The Cost of Occupational Accidents and Diseases*)一书,主要研究工业事故造成的经济后果,分析了职业伤害费用在不同社会成员间的分布。

在国内,中国地质大学罗云教授 1993 年出版了《安全经济学导论》,国家经贸委安全科学技术研究中心宋大成研究员 2000 年出版了《企业安全经济学》等,都标志着安全经济学在中国的提出和发展。

8.1.2 安全经济学的特点

安全经济学是一门横跨自然科学和社会科学的新的、特殊的交叉学科。安全经济学从研究方法上讲,具有系统性、预先性、优选性;从学科本质上讲,具有边缘性及实用性。

(1)系统性。安全经济问题往往是多目标、多变量的复杂问题。在解决安全经济问题时,既要考虑安全因素,又要考虑经济因素;既要分析研究对象自身的因素,又要研究与之相关的各种因素。这就构成了研究过程和范围的系统性,例如,在分析安全效益时,既要清楚安全的作用能减少损失和伤亡,更应该认识到安全能维持和促进经济生产以及保持社会稳定。

(2)预先性。安全经济的产出,往往具有延时性和滞后性,因此,安全经济活动应具备适应经济生产活动要求的预先性。为此,应做到尽可能准确地预测安全经济活动的发展规律及趋势,充分掌握必要的和可能得到的信息,以最大限度地减少因论证失误而造成的损失,把事故、灾害等不安全问题消灭在萌芽中。

(3)优选性。任何安全活动(措施、对策)都存在许多方案可供选择,不同的方案有其不同的特点和适用对象,因此,安全经济活动应建立在科学决策的基础上。安全经济学提供了安全经济决策、优化技术和方法。

(4)边缘性。安全经济问题既受到自然规律的制约,也受经济规律的支配。即安全经济既要研究安全的某些自然规律,又要研究安全的经济规律。因此,安全经济学是安全的自然科学与安全的社会科学交叉的边缘科学,并与灾害经济学、环境经济学、福利经济学等经济学分支交叉而存在,相互渗透而发展。

(5)实用性。安全经济学所研究的安全经济问题,都带有很强的技术性和实用性。这是由于安全本身就是人类劳动、生活和生存的需要,安全经济学为这种实践提供技术、方法及指导。

总之,安全经济学的突出特色是,体现了安全科学的综合性、交叉性、基础性和边缘性,使安全工作者跳出或避免单纯以技术或工程观点看问题、研究问题的误区,而是从更广泛的视野和角度研究安全问题,保障安全。

从哲学分析角度来看,安全与经济两者既有相互促进的一面,又有互相制约的、对立的一面,两者是辩证的对立统一的关系。安全问题存在的根源问题之一是经济问题,安全问题也是经济问题,人类的安全水平很大程度上取决于经济水平。

从学科设置角度来看,安全经济学作为安全科学的一个分支学科,安全经济学原理及其方法论是安全工程等相关专业大学生完善知识结构中的重要一环。学习安全经济学及其方法论有助于做出正确的决断,有助于他们增强经济意识、效益观念和竞争意识,避免单纯从技术观点考虑问题。

从实际应用需求角度来看,安全经济学是一门实践应用性学科,对其深入细致地研究,有利于人们正确认识和评估事故带来的负效应及后果,有利于安全监察,有利于安全投入科学决策,有利于安全文化和科学安全观念的培育和形成,有利于防灾保险的运作和管理,有利于安全科学技术的发展和推广。

因而,研究、学习和推广安全经济学具有十分重要的现实意义和价值。

8.1.3　安全经济学的研究对象

安全经济学是研究和解决安全经济问题的,它既是一门特殊经济学,又是一门以安全工程技术活动为特定应用领域的应用学科。

概括地说,安全经济的研究是根据安全现实与经济效果对立统一的关系,从理论与方法上研究如何使安全活动(安全法规与政策的制定、安全教育与管理的进行、安全工程与技术的实施等)以最佳的方式与人的劳动、生活、生存合理的结合起来,最终达到安全生产、安全生活、安全生存的可行和经济合理的目的,从而使社会、企业取得较好的综合效益。

具体来讲,安全经济研究的是如下几个问题:

1.安全经济基本理论

研究社会经济制度、经济结构、经济发展等宏观经济因素对安全的影响,以及与人类安全活动的关系;确立安全目标在社会生产、社会经济发展中的地位和作用;从理论上探讨投资增长率与社会经济发展速度的比例关系,控制安全经济规模的发展方向和速度。

2.事故和灾害对社会经济的影响因素

研究不同时期,不同地区,不同行业、部门,不同科学技术水平条件下,事故、灾害的损失规律及对社会经济的影响规律;探求分析、评价事故损失的理论及方法,为掌握事故和灾害对社会经济的影响规律提供依据。

评价事故对社会经济和企业生产的影响,是分析安全效益、指导安全定量决策的重要基础性工作。事故损失指意外事件造成的生命与健康的丧失、物质或财产的毁坏、时间的损失、环境的破坏等,包括事故直接经济损失、事故间接经济损失、事故直接非经济损失、事故间接非经济损失。事故直接经济损失,指与事故事件当时的、直接相联系的、能用货币直接估价的损失。事故间接经济损失,指与事故事件间接相联系的、能用货币直接估价的损失。事故直接非经济损失,指与事故事件当时的、直接相联系的、不能用货币直接定价的损失,如事故导致的人的生命与健康、环境的毁坏等无直接价值(只能间接定价)的损失。事故间接非经济损失,指与事故事件间接相联系的、不能用货币直接定价的损失,如事故导致的工效影响、商誉损失、政治安定影响等。

3.安全活动的效果规律

研究如何科学地、准确地、全面地反映安全的实现对社会和企业的贡献。测定安全的实现对社会和企业所带来的利益,对制订制度和规划安全投资政策具有重大意义,同时对科学的评价安全效益也是不可缺少的技术环节。

4.安全活动的效益规律

安全效益与生产效益既有联系,又有区别。安全效益不仅包含价值因素的经济效益,还包含非价值因素(健康、安定、幸福等)的社会效益。为此,应细致地研究安全效益的潜在性、间接性、长效性、延时性、综合性、复杂性等特征规律,把安全效益、经济效益充分地揭示出来,为准确评价和控制安全经济活动提供科学的依据。

5.安全经济的科学管理

研究安全经济项目的可行性论证方法、安全经济的投资政策、安全经济的审计制度、事故与灾害的统计方法等安全经济的管理技术和方法,使国家有限的安全经费得以合理使用,最大限度发挥所投资的人、财、物的潜力。

8.1.4 安全经济学的基本概念

安全经济学是安全科学学科体系中的一门三级学科。它属于安全科学体系中的社会学科门类,是一门新兴的发展中的学科。为了便于深入地探讨和理解问题,首先有必要确立这门学科的一些基本的概念和术语。

(1)经济(economy),泛指社会生产和节约以及收益、价值等。经济通常用实物、人员劳动时间、货币来计量。

(2)经济效率(economic efficiency),指经济系统输出的经济能量和经济物质与输入的经济能量和经济物质之比较。经济效率一般以实物、劳动时间和货币为计量单位。通常用"产出投入比""所得与所费比"或"效果与劳动消耗之比"来衡量经济效率。

(3)效益(benefit),通常指经济效益,它泛指事物对社会产生的效果及利益。效益反映"投入-产出"的关系,即"产出量"大于"投入量"所带来的效果或利益。效益的一般计算式为

$$效益 = \frac{产出量 - 投入量}{产出量} \times 100\%$$

(4)效果(effect),指劳动或活动实际产出与期望(或应有)产出的比较,它反映实际效果相对计划目标的实现程度。效果的计算式为

$$效果 = \frac{实际产出量}{应有产出量} \times 100\%$$

(5)经济学(economics),研究生产、消耗以及完成生产、消费、交换与分配形式和条件的科学。经济学包括理论经济学和应用经济学两大范畴。安全经济学显然属于应用经济学领域。

(6)安全成本(safety cost),指实现安全所消耗的人力、物力和财力的总和。它是衡量安全活动消耗的重要尺度。安全成本包括实现某一安全功能所支付的直接和间接的费用。

(7)安全投资(safety investment),指对安全活动所做出的一切人力、物力和财力的投入总和。安全活动是以一定的人力、物力、财力为前提的。投资是商品经济的产物,是以交换、增值取得一定经济效益为目的的。安全活动对经济增长和经济发展有一定的作用,因而把安全活动看成是一种具有生产意义的活动。引入安全投资的概念,对安全效益评价和安全经济决策有着重要意义。

(8)安全收益(产出)(satety benefit)。安全收益具有广泛的意义,它等于安全的产出。安全的实现不但能减少和避免伤亡和损失,而且能通过维护和保护生产力实现促进经济生产增值的功能。由于安全收益具有潜伏性、间接性、延时性、迟效性等特点,因此研究安全收益是安全经济学的重要课题之一。

(9)安全效益(safety efficiency)。安全效益是安全收益与安全投入的比较。它反映安全产出与安全投入的关系,是安全经济决策所依据的重要指标之一。

8.2　安全经济基本原理

8.2.1　安全产出分析

安全具有两大基本功能:第一,直接减轻或免除事故或危害事件给人、社会和自然造成的损伤,实现保护人类财富,减少无益损耗和损失的功能,简称"减损功能";第二,保障劳动条件和维护经济增值过程,实现其间接为社会增值的功能。

第一种功能称为"拾遗补缺",可利用损失函数 $L(S)$ 来表达:

$$L(S)=L\exp(l/S)+L_0 \quad (l>0,L>0,L_0<0) \tag{8.1}$$

第二种功能称为"本质增益",用增值函数 $I(S)$ 表示:

$$L(S)=L\exp(-i/S) \quad (I>0,i>0) \tag{8.2}$$

式中,L、l、I、i、L_0 均为统计常数,其曲线见图 8.1。

如图 8.1 所示,事故损失曲线 $L(S)$ 是一条向左下方倾斜的曲线,它随着安全性的增加而不断减少。当系统无任何安全性时,系统的损失为最大值(趋于无穷大),即当系统无任何安全性时($S=0$),从理论上讲损失趋于无穷大,具体取决于机会因素;当安全性接近 100% 时,曲线几乎与零坐标相交,其损失达到最小值,可视为零,即当 S 趋于 100% 时,损失趋于零。

安全增值函数 $I(S)$ 是一条向右上方倾斜的曲线,它随着安全性的增加而不断增加,当安全性接近 100% 时,曲线趋于平缓,其最大值取决于技术系统本身的功能。

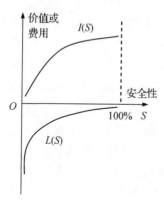

图 8.1　安全减损与增值函数

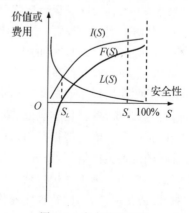

图 8.2　安全功能函数

无论是"本质增值"即安全创造"正效益",还是"拾遗补缺"即安全减少"负效益",都表明安全创造了价值。后一种可称为"负负得正",或"减负为正"。

以上两种基本功能,构成了安全的综合经济功能。用安全功能函数 $F(S)$ 来表达安全产出或安全收益,得安全功能函数曲线 $F(S)$,见图 8.2。

安全功能函数 $F(S)$ 的数学表达是:

$$F(S)=I(S)+L(S) \tag{8.3}$$

功能函数曲线在安全性为 S_L 时与横轴相交,此时安全增值与事故损失值相等,安全增值产出与因为事故带来的损失相抵消。当安全性小于 S_L 时,事故损失值大于安全增值,当安全性大于 S_L 时,安全增值产出大于安全损失,此时系统获得正的效益,安全性越好,系统的效益越好。

对 $F(S)$ 函数的分析,可得如下结论:

(1)当安全性趋于零,即技术系统毫无安全保障,系统不但毫无利益可言,还将出现趋于无穷大的负效益(损失)。

(2)安全性达到 S_L 点,由于正负功能抵消,系统功能为零,因而 S_L 是安全性的基本下限。当 S 大于 S_L 后,系统出现正功能,并随 S 增大,功能递增。

(3)当安全性 S 达到某一接近 100% 的值后,如 S_u 点,功能增加速率逐渐降低,并最终局限于技术系统本身的功能水平。由此说明,安全不能改变系统本身创值水平,但保障和维护了系统值功能,从而体现了安全自身价值。

8.2.2 安全成本分析

安全生产成本由以安全为目的的资金投入所构成。按照投资形式的不同,它主要包括以下 8 个方面:

(1)生产装置本质安全投资。生产装置指直接制造预定产品的工艺装备和构(建)筑物。生产装置的本质安全,指不仅要具有制造合格产品的技术工艺性能,而且不会有由于生产装置本身存在的不合理危险因素可能导致生产过程的中断及人员和财产的损害,亦即具有高度的安全可靠性。例如,易燃易爆工作场所的电气设备所具备的防火、防爆性能,工艺过程的安全联锁装置,压力容器的安全余量,安全监控仪器仪表等均为此方面投资。

(2)附加安全防护装置的投资。所谓附加的安全防护装置,指即使没有这些装置,也不会影响生产过程的正常运行和产品的生产,只是为了预防生产过程中有害的物理或化学因素造成职业危害,或者引起其他事物损失而附加的安全防护设施,如对各种辐射源的安全屏蔽、剧毒工作介质的隔离操作或自动控制系统、粉状物料生产中的除尘回收装置、可燃物料仓储中的自动消防系统,各种化学事故的救援系统等。

(3)安全维护费用。安全维护费用指各种安全防护设施的维修、检验、测试费用,如压力容器、压力管道的定期检测费用、各种危险或有害介质的监测费用等。

(4)个体防护费用。为了保护劳动者的安全与健康,按国家规定标准发放的个体防护用品,如防护服装、防尘防毒器具、特种作业使用的安全用具等。

(5)安全管理费用。安全管理是企业综合管理的一个重要环节。企业必须建立健全一套完整的安全管理体系,包括安全管理机构,配备专职技术人员,技术培训教育,制定安全规章制度,组织安全检查,开展安全知识竞赛,建立安全档案台账,以及为此所配备的设备等。

(6)安全科研经费。随着科学技术的不断发展和进步,企业就必须研究开发相应的安全防护技术,改善劳动条件,提高生产装备的安全可靠性。

(7)恢复性固定资产投资。当发生事故,造成固定资产破坏时,必须进行修复和更新,以恢复简单再生产的进行。这部分投资从性质上来说,属于安全投资的一部分。

(8)职业保护费用。对有毒有害作业岗位的生产人员进行定期职业性体检,开展劳动卫生学评价,实行职工健康监护,对已发生的职业损害和职业病患者给予治疗等。

以上各项费用的支出,构成了企业安全生产总成本,其具体数额及各自所占的比重,则依企业生产性质和自身的条件不同而有差别。其资金分别从基本建设投资、企业更新改造资金、大修理费、车间和工厂管理费、企业科研开发基金、医疗福利基金等项目支出,并最终形成企业生产总成本之一。

任何一种社会实践活动,都要投入一定人力、物力等资源。安全的功能函数反映了系统输出状况。显然,提高或改变安全性,需要投入(输入),即付出代价或成本,并且安全性要求越大,需要的成本越高。从理论上讲,要接近100%的安全(绝对安全),所需投入趋于无穷大。由此,可推出安全的成本函数 $C(S)$,有

$$C(S) = C\exp[c/(1-S)] + C_0 \quad (C > 0, c > 0, C_0 < 0) \quad (8.4)$$

安全成本曲线如图 8.3 所示,从中可以看出:

(1)实现系统的初步安全(较小的安全度)所需的成本是较小的。随 S 的提高,成本增大,并且递增率越来越大;当 S 趋于 100% 时,成本趋于无穷大。

(2)当 S 达到接近 100% 的某一点 S_u 时,会使安全的功能与所耗成本相抵消,使系统毫无效益。这是社会所不期望的。

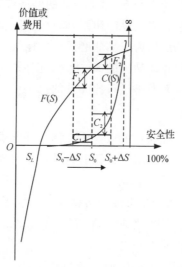

图 8.3 安全功能与成本函数

8.2.3 安全效益分析

经济效益是指"投入-产出"的关系,即"产出量"大于"投入量"所带来的效果或利益。随着生产技术的发展和事故及危害严重性的增长,安全对于生产经济的作用日益明显,安全经济效益的概念得到了普遍接受。

从商品经济的观点看,有投入就要有产出。但安全只有投入,却没有生产出自己的"安全产品",即没有直观的经济效益。安全生产的经济效益,从企业综合经济效益中体现出来。这是因为,各种安全防护措施不能直接制造出产品,而只是一种保障生产过程正常运行的手段。因此,安全生产成本作为生产总成本的一部分,其创造的效益也就包含在企业的生产效

益之中。这是安全投入与产出、成本与效益关系的特殊表现形式,按其性质可划分为正效益与负效益两个方面。

1.安全生产的正效益

安全生产的正效益,体现为使生产经济效益得到稳定提高的部分。当我们考察安全对企业经济效益的影响作用时,可将影响企业经济效益的其他因素作为不变量,而仅把安全作为变量来加以分析,此时就不难看出安全对提高企业经济效益的巨大作用,表现在以下两方面:

第一,在其他条件不变的情况下,当生产安全得到保障时,生产过程就能正常运行,从而获得良好的经济效益。如果事故频发,生产过程被迫中断,或造成人员伤亡和财产损失,无疑会增加生产成本,降低效益,这是不言而喻的。如一个年产 3 万 t 合成氨的氮肥厂,每发生一次故障停车,到重新恢复正常生产,造成的直接经济损失为 5 万～8 万元,加上停产期间的产量损失(即间接损失),必将严重影响企业的经济效益。为此,安全、稳定、长周期运转是化工生产管理的首要目标。

第二,在安全生产条件下,职工的安全、健康得到了保障,这对职工队伍的思想稳定、调动人的积极性和创造性、提高劳动生产率、增加企业的经济效益具有十分重要的意义。

一些安全防护装置,不仅起到安全保障作用,而且还可通过回收物料而增加企业经济效益。如广西某磷肥厂,投资 12 万元,为成品球磨机放空尾气安装了一套脉冲除尘装置,不仅改善了劳动条件,而且每年可回收成品磷肥 300 多吨,仅用一年时间就收回了投资。由此可见,企业的安全生产状况与经济效益是成正比关系的。

2.安全生产的负效益

安全生产的负效益,指从企业获得的效益中扣除的事故损失部分,一旦发生事故,无疑会直接增加生产总成本,导致利润的减少。因其在数值上表现为负数,故称为安全生产负效益,它从反面体现了安全生产的经济效益。例如,2014 年 8 月 2 日,位于江苏省苏州市昆山经济技术开发区的昆山中荣金属制品有限公司抛光二车间发生特别重大铝粉尘爆炸事故,造成 97 人死亡,163 人受伤,直接经济损失 3.51 亿元。该公司 2013 年主营业务收入 1.65 亿元。算经济账,应该说负效益不少于 2 亿元。

安全,一般意义上讲是以追求人的生命安全与健康、生活的保障与社会安定为目的的。为此,人们需要付出成本,从这一意义上讲,安全投入无所谓投资的意义。但是作为企业,从安全生产的角度考虑,安全则具有了投资的价值,即安全的目的有了追求经济利益的内涵。安全工程(管理与技术等)很大程度上是为生产服务的,首先安全保护了生产人员,而人是生产中最重要的生产力因素;其次,安全维护和保障了生产资料和生产的环境,使技术的生产功能得以充分发挥。因此,安全对企业的生产和经济效益的取得具有确定的作用,安全活动应被看成一种有创造价值意义的活动,一种能带来经济效益的活动。所以,把安全的投入也称作一种投资,也有了现实的基础。当然,安全投资的本质与一般经济活动投资的本质是有区别的。如安全不能单纯地考察经济效果,不能简单地用市场经济杠杆调控等。我们更多的是用投资的理论和技术来指导,高效地进行安全经济活动。

安全的发展必须以人类科学技术和经济能力为基础。但人类的这两种能力是有限的。

因此进行各种安全活动时，就必须讲求其经济效益和效率，即需要研究安全经济效益规律。安全的目的首先是减少事故造成的人员伤亡与病残，减少财产损失以及环境危害。为此，人们不仅关心哪一方案或措施能获得最大安全，而且关心哪一方案或措施的实现最省时、投资少，以求最佳的综合效益，实现系统的最佳安全经济性。下面对安全效益加以分析：

$F(S)$ 函数与 $C(S)$ 函数之差就是安全效益，用安全效益函数 $E(S)$ 来表达，即

$$E(S) = F(S) - C(S) \tag{8.5}$$

$E(S)$ 曲线见于图 8.4。由图可以看出，在 S_0 点 $E(S)$ 取得最大值。S_L 和 S_u 是安全经济盈亏点，它们决定了 S 的上下限。在 S_0 点附近，能取得最佳安全效益。由于 S 从 $S_0 - \Delta S$ 增至 S_0 时，成本增值 C_1 小于功能增值 F_1，因而当 $S < S_0$ 时，提高 S 是值得的；当 S 从 S_0 增至 $S_0 + \Delta S$ 时，成本 C_2 却大于功能增值 F_2，因而 $S > S_0$ 后，增加 S 就显得不合算了。

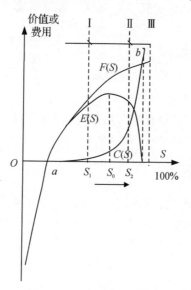

图 8.4　安全功能与效益函数

以上对几个安全经济特征参数规律进行了分析，意义不在于定量的精确与否，而在于表述了安全经济活动的某些规律，有助于正确认识安全经济问题，指导安全经济决策。

8.3　安　全　投　资

8.3.1　影响安全投资的主要影响因素

影响安全投资的因素包括如下四个方面：

1.经济发展水平是影响安全投资绝对量和相对量的主要因素

一个国家、行业或部门，能将多少资源投入到人们的安全保障，归根到底是受社会经济发展水平制约的。在经济比较落后的地区，人们只能顾及基本的生活需要，因而主要考虑把资金用于满足生活的基本需求，而安全、健康被放在次要的地位。随着经济的发展和人民生

活水平的逐步提高,一方面科学技术和经济条件提供了基础保证,另一方面人们心理和生理对安全与健康的要求也提高了,这就使得安全的投入随之增大。

2.政治因素对安全投资的制约

一定社会条件下的安全是受该社会的政治制度和经济制度制约的。一个国家或地区的安全投资规模,也受政治制度和政治形势,乃至政治决策人对安全的重视程度等因素的制约。特殊时期,考虑到特殊的需要,例如反恐,对安全的投资可适当提高。

3.科学技术对安全投资的制约

科学技术对安全投资的制约,一方面是由于科学技术的发展,使安全的经济基础受到控制;另一方面科学技术水平决定了安全科学技术的水平。如果安全科学技术的发展客观上对经济的消耗是有限的,则安全的投资应符合这一客观的需求,否则,过大的投入将会造成社会经济的浪费。

4.生产技术对安全投资的制约

生产的客观需要决定了安全的发展状况和水平。在不同的生产技术条件下,对安全的要求是不一样的,这就决定了安全投资必须符合生产技术的客观需要。安全经济学的重要任务之一是寻求安全经济资源的最有效利用,因此,根据不同的生产技术要求,执行不同的安全投资政策,这是安全经济学应探讨和解决的问题。

8.3.2 安全投资的主要来源

安全投资的性质是和国家的经济体制相联系的,不同的经济体制条件下,安全投资的性质是有区别的。在计划经济体制下,安全投资带有明显的计划性,如主要靠执行国家的更新改造费比例提取等。随着我国社会主义市场经济体制越来越完善,安全投资的政策、方式和渠道、管理和控制等运行模式,也要求相应的转变。如何使安全投资的运行机制既适应和符合社会经济体制的要求,又能满足安全活动的需要,还有待于进一步的研究和探讨。

安全资源的投入,是发展安全事业,提高人类生产、生活安全水平的物质保证。投资太少,会影响安全事业的发展,投资太多,分配不合理将造成社会资源的浪费。安全投资和安全效益的关系,应当遵循安全经济投资的优化准则。安全投资的优化准则有两种:一是安全经济消耗最低,二是安全经济效益最大。前者要求"最低消耗",后者讲的是"最大效益"。

一个国家、行业或部门,其安全资源投入量的大小,投资比例增长速度的快慢,安全资源分配和投入的方向是否合理,直接关系着安全事业发展的规模和速度,以及安全水平的提高,关系着安全经济效能的发挥,从而影响着国家和企业的经济结构、技术结构和财政收支等能否合理、协调、稳定地发展和增长,关系着生产、生活的安全状态和活动是否能有效地运行。

一个国家的安全投资的来源和分类,是由该国的经济体制、管理体制、财政税收和分配体制等多种因素决定的。各国的情况不同,其安全投资的来源和类别也不同。我国安全投资的渠道主要有以下几个:

(1)国家在工程项目中的预算安排,包括安全设备、设施等内容的预算费用。

(2)根据产量(或产值)按比例提取安全投资。

(3)用于安全的固定资产每年折旧的方式筹措当年安全技术措施费。

(4)职工个人交纳安全保证金。

(5)工伤保险基金的提取。

8.4　企业安全经济管理

8.4.1　安全经济管理的特点

安全经济管理是一项复杂的综合性管理工作,贯穿于整个社会生产生活的各项安全活动之中。安全经费筹集和管理是一个国家或一个企业改善劳动安全条件的前提条件,它结合安全的投资最优化原则,实现事故及其损失最小化的目标,从而满足人们利益最大化的要求。为了满足这一要求,需要国家、企业、个人的共同努力,需要从不同的角度、不同的层次、不同的方面来推动"安全第一、预防为主、综合治理"方针的贯彻。

企业为了获得更大的经济利益,不仅要生产社会需要的产品,而且要按计划完成任务,这是企业发展的重要前提。为了满足这个前提,其基本条件之一就是不发生事故。所以防止事故是企业生产活动的基础,而安全管理是防止事故必不可少的手段。在所发生的事故中,有些是不可抗拒的,但绝大多数都有避免的可能性。把现代科学技术中的重要成果,如系统工程、人机工程、行为科学等运用到安全管理中,是预防和减少这些可避免性事故的有效办法。而将安全的经济分析和管理运用于安全管理之中,已成为安全工程的重要内容和提高安全活动效果的重要手段。因此,企业安全经济管理在安全管理工作中有着重要的实际意义。

安全经济学以及管理科学的性质和任务,决定了安全经济管理具有综合性、整体性和群众性的特点。

1.综合性

安全经济管理涉及经济、管理、技术乃至社会生活、社会道德、伦理等诸多因素,安全经济分析、论证的对象往往是多目标、多因素的集合体。这里面既有经济分析的问题,又有技术论证的要求;既要注意安全管理对象的特点,又要考虑社会经济、科学技术的水平、人员素质现状等是否对这些方法提供了可行的条件。显然,要对安全经济管理做综合的分析与思考,必须采用系统的、综合的方法。否则,以狭义的、片面的思维方式不但得不到正确的结果,还会产生不良的负效应,给企业和社会带来不利的影响。

2.整体性

安全经济管理是上述众多因素的集合体,但它又同样具有一般管理的五个职能(计划、组织、指挥、协调、控制),并且又总是围绕着安全与经济进行的。它反映的是经济规律、价值规律在安全管理中的作用和过程,制定的是有关安全管理的经济性规范、条例和法规,分析研究的是安全经济活动的原理、原则,即优化设计。

3.群众性

安全工作是在群众的监督下进行的,群众有权监督各级领导机构、职能部门贯彻和执行安全方针、政策、法规,协助安全经费的筹措,并监督和参与管理安全经费的使用。工人往往是事故的直接受害者,也是事故的直接控制者,因而他们既是预防事故、减少事故的执行者,也是安全的直接受益者。显然,在其有一定的安全知识和安全意识的前提下,他们会自觉地为促进安全活动、减少和杜绝事故而努力,并且,人人都有追求安全、自身防卫的本能,管理过程中也需要这种"本能"得以极大的发挥和发展。因此,安全经济的管理必须发动群众的参与,落实群众监督,体现群众性的特点。

8.4.2 安全经济管理的分类

从安全经济管理的任务和特点分析,安全经济管理大致分为以下四类:法规管理、财务管理、行政管理、全员管理。

1.安全经济的法规管理

劳动安全法律是各级劳动部门实行安全监察的依据,其任务是监督各级部门和企业,用法律规范约束人们在生产中的行为,有效地预防事故。安全经济也需要法律规范来进行指导。

事故发生后,与事故有关的人员最关心的问题是责任谁来承担(包括刑事责任和经济责任)。在实际工作中事故的责任处理往往由于经济方面的原因,迟迟难以完成。安全的有关法律明确地规定了事故经济责任的处理办法和意见,使事故经济责任对象以及责任大小的处理有明确的依据,并最终使事故经济责任的处理公平合理。加强安全经济和法律管理,明确事故发生后,经济责任人和责任大小的处理准绳,是改善安全管理的重要方面。除了安全经济责任处理的法律之外,事故保险、工伤等人身伤害保险的法规也是安全经济管理的内容和范畴。

2.安全经济的财务管理

安全经济的财务管理是指对安全措施费,劳动保险费,防尘防毒、防暑、防寒、个体防护费,劳保医疗和保健费,承包抵押金,安全奖罚金的筹集、管理和使用。对安全活动所涉及的经费,按有关财务政策和制度进行管理,是安全经济管理必不可少的方面。特别是如何把安全的经济消耗纳入生产的成本之中,是安全经济财务管理应予探讨的问题。

3.安全经济的行政管理

安全经济的行政管理是指根据安全的专业特征,采用必要的行政手段进行安全的经济管理。安全经济管理除了立法保证、财务管理体制方面外,还必须通过从国家到地方、从行业到企业各阶层的安全经济的行政业务进行协调、合作,从而得以补充和完善。在满足安全专业业务要求的前提下,通过行政手段的补充,使安全经济的法规管理、财务管理的作用得以充分发挥,最终促成安全经济管理目标的圆满实现。行政管理机构是各级安全管理的职能部门。完成安全经济的专业投向和强度的规划是安全经济专业管理的目标。

4.安全经济的全员管理

由于安全经济管理有群众性这一特点,而且安全活动是一个全员参与的活动,只有企业全体职工共同努力和参与,安全生产的保障才能得以实现。因此,安全经济作为一种物质条件,需要充分地提供给参与安全活动的每一个人,使安全经济的物质条件作用得以充分发挥,因而安全经济的管理需要全员的参与。全员管理的目标是:运用经济利益驱动,激励群众的自我保护意识,充分发挥群众主观能动性、积极性和创造性;使职工逐步树立安全经济的观点,有效地进行安全生产活动;使全员都能参与安全经济的管理和监督,保障安全经济资源的合理利用。

8.4.3　安全经济的强化手段

安全经济主要采用的是奖与罚两种强化手段。从心理学的角度来看,人们普遍有意无意地用"行为的代价和利益"的思想作为工作的指导。这种情况使得人们在处理问题时,代价和利益成为重要的决策依据。因此,在管理工作中,利用这种因素进行正确的信息反馈与作用,成了有效的方法之一。对于安全的行为,安全工作做得好的部门、单位和个人,要及时进行表扬,施以重奖(包括精神奖和物质奖),进行正强化;对于不安全行为,安全工作做得不好,经常出事故或险象重重、隐患累累的集体或个人,要及时指出,批评教育,施以重罚(包括罚款、行政或刑事处罚),施以负强化。不能以动机"好"与"差"作为信息反馈的依据。通过重奖和重罚,强化安全信息的作用,利用不同方向的强化手段,打破旧的不良的平衡方式,建立新的良性平衡,这是强化手段的目的。

安全承包是实施安全经济强化手段的具体方式之一。它是把安全生产的各项指标进行层层分解,并列为经济承包合同中必不可少的考核项目,有奖有罚,即强化安全,使安全与经济挂钩,防止只顾生产、不顾职工生命安全,国家财产蒙受损失现象的产生和恶性循环,使企业在安全生产的低风险水平下经营。这样须由企业全部承担改为由企业和承包集体和个人共同承担,避免集中风险,具体做法如下:

1.完善经济承包合同

把安全生产指标逐条落实到经济承包合同中,规定具体,奖罚明确,杜绝以往经济承包合同中仅以"保证安全生产"之类的口号式辞令敷衍塞责、一带而过的现象,使经济承包合同完善、全面、具体,有可操作性。

2.缴纳安全抵押金

根据承包项目的大小、风险程度的不同,承包单位或个人向企业(或项目一方)缴纳一定数额的安全抵押金(相当于风险金)。承包项目全面完成后,抵押金退还缴纳者;若发生了事故,则根据责任大小在抵押金中扣除罚款部分(抵押金不够罚款则另做处理)。这种做法一方面促使承包集体或个人把本单位或个人的利益与企业安全状况连在一起,同企业共盛衰,充分发挥自主性和创造性;另一方面使企业减少一些不必要的中间监督环节,利于宏观控制,同时还为避免风险集中提供了保障。

3.制定考核办法

为保证承包合同的全面、正确实施,需制定必要的配套措施。如《百分考核计奖办法》、《系数计奖考核办法》等,分解项目,计分考核。用数理统计分析和趋势控制图计算出各单位事故经济损失中心线,给出各单位一年(或一段时间)的事故经济损失控制目标:一年(或一段时间)内事故经济损失低于控制目标的集体或个人,给予奖励;超过控制线的集体或个人则予以惩罚。

具体的奖罚强度,不同的部门和企业可依照有关政策和经验自行制定。

8.4.4 我国安全生产费用管理

安全生产费用(简称安全费用)是指企业按照规定标准提取、在成本中列支、专门用于完善和改进企业安全生产条件的资金。安全费用按照"企业提取、政府监管、确保需要、规范使用"的原则进行财务管理。

依据《中华人民共和国安全生产法》(以下简称《安全生产法》)等有关法律法规,2022年11月21日财政部、应急部印发了《企业安全生产费用提取和使用管理办法》(财资〔2022〕136号)(以下简称《办法》)。《办法》分总则、企业安全生产费用的提取和使用、企业安全生产费用的管理和监督、附则共4章69条,自印发之日起施行。《企业安全生产费用提取和使用管理办法》(财企〔2012〕16号)同时废止。

《办法》规定了煤炭生产企业、非煤矿山开采企业、陆上采油(气)、海上采油(气)企业、建设工程施工企业、危险品生产与储存企业、交通运输企业等12类行业的安全费用提取标准。

1.提取标准

(1)煤炭生产企业依据当月开采的原煤产量,于月末提取企业安全生产费用。提取标准如下:

a.煤(岩)与瓦斯(二氧化碳)突出矿井、冲击地压矿井吨煤50元;

b.高瓦斯矿井、水文地质类型极复杂矿井、开采容易自燃煤层矿井吨煤30元;

c.其他井工矿吨煤15元;

d.露天矿吨煤5元。

多种灾害并存矿井,从高提取企业安全生产费用。

煤矿类型判断依据如下:

a.矿井瓦斯等级划分执行《煤矿安全规程》(应急管理部令第8号)和《煤矿瓦斯等级鉴定办法》(煤安监技装〔2018〕9号)的规定;

b.矿井冲击地压判定执行《煤矿安全规程》(应急管理部令第8号)和《防治煤矿冲击地压细则》(煤安监技装〔2018〕8号)的规定;

c.矿井水文地质类型划分执行《煤矿安全规程》(应急管理部令第8号)和《煤矿防治水细则》(煤安监调查〔2018〕14号)的规定。

(2)非煤矿山开采企业依据当月开采的原矿产量,于月末提取企业安全生产费用。提取标准如下:

a.金属矿山,其中露天矿山每吨5元,地下矿山每吨15元;

b.核工业矿山,每吨25元;

c.非金属矿山,其中露天矿山每吨3元,地下矿山每吨8元;

d.小型露天采石场,即年生产规模不超过50万吨的山坡型露天采石场,每吨2元;

e.尾矿库按入库尾矿量计算,三等及三等以上尾矿库每吨4元,四等及五等尾矿库每吨5元。

《办法》施行前已经实施闭库的尾矿库,按照已堆存尾砂的有效库容大小提取:库容100万 m^3 以下的,每年提取5万元;超过100万 m^3 的,每增加100万 m^3 增加3万元。

原矿产量不含金属、非金属矿山尾矿库和废石场中用于综合利用的尾砂和低品位矿石。

f.地质勘探单位安全费用按地质勘查项目或工程总费用的 2% 提取。

（3）建设工程施工企业以建筑安装工程造价为依据，于月末按工程进度计算提取企业安全生产费用。提取标准如下：

a.矿山工程 3.5%；

b.铁路工程、房屋建筑工程、城市轨道交通工程 3%；

c.水利水电工程、电力工程 2.5%；

d.冶炼工程、机电安装工程、化工石油工程、通信工程 2%；

e.市政公用工程、港口与航道工程、公路工程 1.5%。

建设工程施工企业编制投标报价时应当包含并单列企业安全生产费用，竞标时不得删减。国家对基本建设投资概算另有规定的，从其规定。

《办法》实施前建设工程项目已经完成招投标并签订合同的，企业安全生产费用按照原规定提取标准执行。

（4）危险品生产与储存企业以上一年度营业收入为依据，采取超额累退方式确定本年度应计提的金额，并逐月平均提取。具体如下：

a.上一年度营业收入不超过 1 000 万元的，按照 4.5% 提取；

b.上一年度营业收入超过 1 000 万元至 1 亿元的部分，按照 2.25% 提取；

c.上一年度营业收入超过 1 亿元至 10 亿元的部分，按照 0.55% 提取；

d.上一年度营业收入超过 10 亿元的部分，按照 0.2% 提取。

2.使用和管理

（1）安全费用应当按照以下规定范围使用：

a.购置购建、更新改造、检测检验、检定校准、运行维护、安全防护和紧急避险设施、设备支出[不含按照"建设项目安全设施必须与主体工程同时设计、同时施工、同时投入生产和使用"（简称"三同时"）规定投入的安全设施、设备]；

b.购置、开发、推广应用、更新升级、运行维护安全生产信息系统、软件、网络安全、技术支出；

c.配备、更新、维护、保养安全防护用品和应急救援器材、设备支出；

d.企业应急救援队伍建设（含建设应急救援队伍所需应急救援物资储备、人员培训等方面）、安全生产宣传教育培训、从业人员发现报告事故隐患的奖励支出；

e.安全生产责任保险、承运人责任险等与安全生产直接相关的法定保险支出；

f.安全生产检查检测、评估评价（不含新建、改建、扩建项目安全评价）、评审、咨询、标准化建设、应急预案制（修）订、应急演练支出；

g.与安全生产直接相关的其他支出。

（2）在安全费用使用范围内，企业应当将安全费用优先用于满足安全生产监督管理部门对企业安全生产提出的整改措施或达到安全生产标准所需支出。

（3）企业提取安全费用应当专项核算，按规定范围安排使用。企业安全生产费用年度结余资金应结转下年度使用。企业安全生产费用出现赤字（即当年计提企业安全生产费用加上年初结余小于年度实际支出）的，应当于年末补提企业安全生产费用。

（4）企业应当建立健全内部安全费用管理制度，明确安全费用使用及管理的程序、职责及权限，接受安全生产监督管理部门和财政部门的监督。

（5）企业利用安全费用形成的资产，应当纳入相关资产进行管理。

（6）企业应当为从事高空、高压、易燃、易爆、剧毒、放射性、高速运输、野外、矿井等高危作业的人员办理团体人身意外伤害保险或个人意外伤害保险。所需保险费用直接列入成本（费用），不在安全费用中列支。

企业为职工提供的职业病防治、工伤保险、医疗保险所需费用，不在安全费用中列支。

（1）矿山企业已提取维持简单再生产费用的，应当继续提取维持简单再生产费用，但其使用范围不再包含安全生产方面的用途。

（2）危险品生产企业转产、停产、停业或者解散的，应将安全费用结余用于处理转产、停产、停业或者解散前危险品生产或储存的设备、库存产品及生产原料所需支出。

（3）企业由于产权转让、公司制改建等变更股权结构或者组织形式的，其结余的安全费用应当继续按照本办法管理使用。

企业调整业务、终止经营或者依法清算，其结余的安全费用应当结转本期收益或者清算收益。

【延伸阅读】

经济学视域下的安全新内涵
——一种安全经济的新观点

依据安全科学原理和安全经济学的应用原理，推理出经济学视域下的安全新内涵。

命题 1：安全不仅是生产生活的目标，而且是一种人类正常生产生活生存的资源。

安全是人类的一种共同需要，而这种需要并不是所有人都随便可以拥有的。因此，用经济学的视角来看，拥有了安全也就是拥有了安全资源。安全是人类正常生产生活的一种必要资源，就生产安全而言，这种资源是用来为人类增加"可劳动"和"可生产"的时间的。就安全的具体价值而言，主要表现在两方面：就个体而言，安全主要是通过增加可劳动的时间，而不是主要通过增加生产率来提升收入能力的；对企业而言，安全主要是通过增加可生产运营的时间，而不是主要通过增加生产运营效率来提升企业产品产量和企业效益的。

由于在经济学中，资源的本质是一种生产要素（在经济学中，生产要素是指社会进行生产经营活动过程中须具备的基本因素）之一。因此，根据命题1，可提出命题2。

命题 2：安全是一种生产要素。

命题2表明，类似于"安全就是生产力"的命题均是真命题。由于在经济学中，资本指用于生产的基本生产要素。换言之，安全作为一种企业和个人的资源，实则是企业和个人的一种能力（即资本）体现。由此，根据命题2，可提出命题3。

命题 3：安全是一种资本。

安全被当作一种资本，它可生产出安全的时间，也是人类生产力的具体体现。安全资本与其他资本的差异是：一般资本会影响市场或非市场活动的生产力，而安全资本则会影响可用于赚取收入或生产产品的总时间。换言之，就个体而言，非安全资本投资（如教育或培训等）的回报是增加工资，而安全资本投资的回报是延长个体用于工作的安全的时间；就企业而言，非安全资本投资（如员工教育培训或生产技术工艺改造等）的回报是提升生产经营效率,而安全资本投资的回报是增加企业用于生产经营的安全的时间。

显然,安全作为一种资本,人们可投资安全资本,可将其简称为"投资安全""生产安全"。所谓生产安全,是指一个将生产安全的投入转换为安全结果的过程,表现为安全资本存量的增加。对生产安全投入的需求是由生产安全结果而派生的需求,这类似于一般生产过程对生产要素的派生需求一样。人们生产(投资)安全所使用的生产要素,主要包括时间(工时)和从市场购买的物品(可统称为安全服务)。此外,生产安全的效率也受到特定环境变量(如个体的受教育程度或企业员工的整体素质)的影响。

正是因为安全具有巨大的价值(即可生产出安全的时间),消费者才需要安全。对消费者需要安全的理由进行进一步详细解释。根据命题 1 与命题 2,从经济学中的"产品"概念(产品的经济学意义是指可增加消费者效用水平的东西)角度看,提出命题 4。

命题 4:安全是一种产品。

显然,安全可增加消费者的效用水平,能给消费者生产出安全的时间和带来幸福(例如"安全是人类最大的财富"此类说法)等。从这个意义上来看,可将安全视为一种产品。安全作为一种产品,这种产品的数量表现在消费者某个时点上的安全状况,或可理解为安全资本存量(安全资本存量可根据其他非经济学视域下的安全内涵提出的某种安全测度来衡量)。由此观之,消费者需要安全的理由体现在两个方面:消费上的利益,也就是可将安全视为一种消费品,它直接进入消费者的效用函数,让消费者得到满足,反言之,发生事故或伤害会产生负效用。投资上的利益,也就是可将安全视为一种投资品(即安全是一种资本),可决定消费者从事各种市场与非市场活动的可用时间。

综合命题 3 与命题 4 可知,可将安全视为消费者生产安全的一项投入,又可将其视为消费者的一项产出。消费者作为安全资本的投资者,通过时间以及安全服务的投入来为自身生产安全产品或安全投资品,以满足自身的投资需求。这里的消费者身兼双重角色,其既是安全投资的需求方,又是安全投资的供给方,因此在没有时滞(即不考虑折旧)的条件下,消费者对安全的需求等同于消费者生产出的安全。

上述命题 1 至命题 4,共同构成了经济学视域下完整的安全内涵。各命题的本质是统一的,而各命题的切入视角和所强调的安全经济学意义存在差异。经济学视域下的安全内涵表明,安全是一种积极的概念,这不仅有助于使人们从积极的意义上认识安全的价值(作用),进而促进人们的安全需求和安全认同感的提升,更是强调了个人、组织(主要指企业)和社会必须投资安全(生产安全),以使安全这种资源能够源源不断地保证人们的正常生产生活。

【思考练习】

(1)安全经济学的研究对象主要有哪几个方面?

(2)安全具有的经济功能有哪些?

(3)安全收益与安全效益之间的联系和区别是什么?

(4)影响安全投资的主要影响因素有哪些?

(5)安全成本按照投资形式的不同,可以分为哪几类?

(6)试述企业安全经济管理的特点。

(7)试述安全问题对经济发展的影响。

第9章 安全法治原理

【学习导读】

安全法治原理是指在安全生产中,以安全法律法规为基础,规范人的行为,查明不安全因素,消除安全隐患,增强监督监管的力度,从而达到依法规范安全管理以实现安全生产的目的。安全法治原理要发挥其应有的促进作用,需要完善的安全法律法规制度体系、健全的安全法律法规标准和技术要求。

进入21世纪以来,我国年度生产安全事故死亡人数,由2002年高峰期的139 393人降低到2022年的20 963人,安全生产形势趋于好转,这其中,安全法治体系的完善和持续建设功不可没。安全生产法治建设是社会主义法治建设的重要组成部分,是落实"人民至上,生命至上"的法律保障。安全法治建设在内容上包括安全生产立法、执法和守法,其中立法是前提,执法是手段,守法是关键。

了解安全生产法律法规体系、我国现行的安全生产监督管理体制机制,熟悉和掌握安全生产法律法规相关概念和知识,增强安全生产法治意识。

9.1 安全法理学基础

9.1.1 法的起源

根据辩证唯物主义观点和历史唯物主义的观点,法律不是从来就有的,也不是永远存在的。原始社会没有法律,调整人们之间的关系的规范是氏族习惯,这种习惯是全体氏族成员依据长期的共向劳动逐渐形成的。它主要凭借全体氏族成员的自觉遵守、首领的威望来执行,也没有专门的执行机关。随着经济的发展,人们生产出的产品除了满足自己需要以外还有剩余,这样就产生了交换的必要,产生了社会大分工,战俘不再被杀死,而是被作为奴隶,氏族贫民则也逐渐沦为奴隶,这便是最初的奴隶。氏族首领则利用自己的威望、权力和地位,占有更多的财富,这便是最初的奴隶主,这样阶级对抗就出现了。奴隶主要剥削奴隶,而奴隶则要反抗这种剥削,这种矛盾是不可调和的。在这种情况下,原来的氏族成员间的平等关系已不复存在,而代之以被剥削、被压迫与剥削、压迫的关系。原来的氏族习惯已无法调整这种关系,这时国家出现,调整人们之间新的关系的法律规范也就出现了。

随着私有制、阶级、国家的出现,原始社会的习惯演变为法。原始社会的习惯和法的区别可以概括为：

（1）二者赖以存在的社会基础不同。原始社会的习惯建立在原始公有制的基础上，反映氏族全体成员的意志；而法则建立在阶级分化的基础上，反映社会上占统治地位的阶级的意志。是否与存在经济上的不平等、存在阶级分化的社会相联系，构成了法与原始社会的习惯在社会本质上的区别。

（2）二者形成和实施的社会力量不同。原始社会的习惯是在氏族成员长期的共同劳动和共同生活中自发形成的，依靠氏族首领的威望、人民内心的信念、传统的力量而实施；法是由国家制定或认可并有国家强制力保证而实施的。是否与国家权力相联系，构成了法与原始社会的习惯在社会调整形式上的重大区别。

法治的历史发展中经历了奴隶制法治、封建法治、资本主义法治以及社会主义法治四种历史类型。法的历史类型变更，其根本原因在于社会基本矛盾，即生产力与生产关系、经济基础与上层建筑之间的矛盾运动。

9.1.2　法的作用与效力

1.法的概念

法是由国家制定或认可，并由国家强制力保证其实施的，反映着统治阶级（即掌握国家政权的阶级）意志的规范系统，这一意志的内容是由统治阶级的物质生活条件决定的，它通过规定人们在法律上的权利和义务，确认、保护和发展对统治阶级有利的社会关系和社会秩序。

这个定义反映了法的规范性、国家强制性、阶级意志性和物质制约性。这个定义认为，法是"由国家强制力保证实施的"规范系统，是说国家强制力的保证是法的必要标志，但法的实施并非只靠或只由国家强制力来保证，道德观念、思想原则、文化素养、社会心理和社会团体的工作，也是保证法的实施的有效因素。同时，这个定义还反映了法与人们在法律关系上的权利、义务的联系，说明法是用在法律上规定权利、义务的手段来反映并调整社会关系的。

2.法的作用

（1）法的规范作用。法是一种社会规范，是调整人们行为的规范。法由法律概念、法律原则、法律技术性规定及法律规范四个要素组成，其中法律规范是法的主体。每一法律规范都包括行为模式和法律后果两部分。行为模式是由大量实际行为中概括得到的行为的理论抽象、基本框架或标准，行为模式不同，法律规范的性质也不同。一般的行为模式可以分为三类，相应地有三类法律规范与之对应，即：可以这样行为——授权性规范，应该那样行为——命令性规范，不应该这样行为——禁止性规范。

根据行为的不同主体，法的规范作用可以分为指引、评价、教育、预测和强制作用。

1）指引作用。对人的行为的指引有个别指引和规范性指引之分。法的指引作用属于规范性指引。义务性规范明确规定人们必须根据法律法规的指引而行为，是明确指引，旨在防止人们做出违反法律指引的行为。授权性规范代表一种有选择的指引，旨在鼓励人们进行法律所允许的行为。

2）评价作用。法作为一种社会规范，是重要的、普遍的评价准则，具有判断、衡量他人行为是否合法或有无效力的评价作用。

3)教育作用。法的教育作用体现在通过法的实施对一般人今后行为发生的影响。有人违法受到制裁对一般人有教育作用，人们的合法行为及其法律后果对其他一般人的行为有示范作用。

4)预测作用。人们依据作为社会规范的法律可以预先估计到他们之间将如何行为。法的预测作用可以促进社会秩序的建立。

5)强制作用。法的强制作用在于制裁、惩罚和预防违法犯罪行为，增进社会成员的安全感，这是建立法律秩序的重要条件。

（2）法的社会作用。法的社会作用是指维护有利于一定阶级的社会关系和社会秩序，体现在维护统治阶级统治和执行社会公共事务。执行社会公共事务的法律主要有四种：

1)维护人类社会基本生活条件的法律，如关于自然资源、医疗卫生、环境保护、交通通讯及基本社会秩序的法律。

2)关于生产力和科学技术组织的法律。

3)关于技术规范的法律。

4)关于一般文化事务的法律。

3.法的效力

法的效力，或称法律效力，是指法作为一种国家意志所具有的约束力，具体表现为由国家制定或认可的法律规范及其表现形式——规范性法律文件等法的形式渊源对主体行为具有普遍的约束作用，这种约束作用不以主体自身的意愿为转移，并有国家强制力作为外在保障，包括法的效力等级和效力范围。

法的效力等级也称法的效力层次或效力位阶，是指一国法的体系中不同渊源形式的法律规范在效力方面的等级差别。确定制定法律规范的效力等级通常应遵循如下原则：

（1）"上位法优于下位法"。法律规范的效力等级首先取决于其制定机关在国家机关体系中的地位，由不同机关制定的法律规范，效力等级也不相同。除特别授权的场合以外，一般来说，制定机关的地位越高，法律规范的效力等级也越高。

（2）"制定程序更严格的法优先"。在同一主体制定的法律规范中，按照特定的、更为严格的程序制定的法律规范，其效力等级高于按照普通程序制定的法律规范。例如，我国全国人民代表大会可以修改宪法和制定基本法律，依特殊程序制定的宪法的效力便高于基本法律的效力。

（3）"后法优于前法"。当同一制定机关按照相同的程序先后就同一领域的问题制定了两个以上的法律规范时，后来制定的法律规范在效力上要高于先前制定的法律规范。

（4）"特别法优于一般法"。当同一主体在某一领域既有一般性立法，又有不同于一般性立法的特殊立法时，特殊立法的效力通常优于一般性立法。但必须注意的是，"特别法优于一般法"的原则只限于同一主体制定的法律规范，对于不同主体制定的法律规范，仍然适用制定机关等级决定法的效力的一般原则。

（5）"授权法优于自定法"。当某一国家机关授权下级国家机关制定属于自己立法职能范围内的法律、法规时，被授权的机关在授权范围内制定的该项法律、法规在效力上通常等同于授权机关自己制定的法律或法规，但仅授权制定实施细则者除外。

(6)"成文法优于不成文法"。如果一国法律渊源体系中包括不成文法,如习惯法、判例法等,由立法机关制定的成文法的效力一般均高于不成文法。当然,在特殊情况下会有例外,如在司法机关享有司法审查权的判例法国家中,就不能说成文法一定优于不成文法。

法的效力范围,指法律规范的约束力所及的范围,即法的生效范围或适用范围,包括法律规范的空间效力范围、时间效力范围和对人的效力范围三个方面。

(1)法的空间效力范围。法的空间效力范围指法律规范生效的地域范围,包括域内效力和域外效力两个方面。法律规范的域内效力原则是基于国家主权而产生的,它意味着一国法律规范的效力可以基于该国主权管辖的全部领域,而在该国主权管辖领域以外无效。当一国的立法体制规定中央和地方政府均享有一定立法权时,域内效力原则又被进一步延伸为法律规范的效力基于其制定机关管辖的领域。

据此,我国法的域内效力具体表现为以下形式:

1)法律规范的效力基于制定机关管辖的全部领域。中央国家机关,如全国人民代表大会、全国人大常委会和国务院制定的宪法、法律和行政法规等在全国范围内有效。

2)地方国家机关在宪法和法律授权范围内制定的地方性法规、自治条例和单行条例及规章等在制定机关管辖的行政区域内有效。

3)法律规范的制定机关也可以根据具体情况,规定法律规范只适用于其管辖的部分区域。例如,第七届全国人大三次会议通过的《香港特别行政区基本法》自1997年7月1日起对香港特别行政区有效。

法的域外效力,是指法律在其制定国管辖领域以外的效力。殖民时期,法的域外效力通常表现为宗主国的治外法权,因而为殖民地国家人民所深恶痛绝。现代社会中,随着国际交往的日益频繁,为了保护本国国家和公民的利益,许多国家在相互平等的基础上也规定本国某些法律具有域外效力。我国刑法也规定,对一些发生于我国境外的犯罪行为,可以适用我国刑法的规定追究犯罪者的刑事责任。

(2)法的时间效力范围。法的时间效力范围是指法律规范的有效期间,包括何时开始生效、何时终止生效和有无溯及力的问题。

1)法律规范的生效。法律规范开始生效的时间通常有以下两种情况:①自法律颁布之日起生效;②法律通过并颁布后经过一段时间再开始生效。规定法律开始生效时间的具体形式包括以下几种:一是法律条文中自行规定生效时间;二是由法律的制定机关另行发布专门文件规定开始生效的时间;三是在没有明文规定生效时间的情况下,按照惯例自法律公布之日起生效。需要注意的是,随着法律调整的日益严格与确定,法律制定后无论是否立即开始生效,都应由其制定机关以法定的文字形式公告周知。

2)法律规范的效力终止。引起法律规范效力终止的实质原因主要有:

a.法律规定的有效期限届满。

b.原有法律的规定与新的法律规定之间发生冲突。

c.法律已经完成其历史使命,被调整的社会关系已经不复存在。

发生上述情况时,原有法律规范应当终止其效力。

在我国,法律终止生效的形式可以分为明示废止和默示废止两种。

明示废止的具体形式包括:

a.法律中自行规定了有效期间,当有效期届满,立法机关又未作出延长其法律效力的决定时,该法律自动失效。

b.若规范性文件中规定某法律仅适用于特定情况,那么当这种情况不复存在时,该法律自动失效。

c.新法律明确规定当本法开始生效时,原有的同类法律即行失效。

d.有关立法机关发布专门文件宣布某一规范性法律文件终止生效。

默示废止的形式主要指已生效的新法律与原有法律的规定在某些方面有冲突时,尽管新法律或立法机关并未明确废止旧法律,但按照"新法优于旧法"的原则,旧法律中与新法律冲突的部分自然废止。

3)法的溯及力问题。法的溯及力,又称法律溯及既往的效力,是指新法律可否适用于其生效以前发生的事件和行为的问题。如果可以适用,该法律就有溯及力;如果不能适用,则没有溯及力。

关于法律的溯及力问题,现代国家一般通行的原则有两个:

a."法律不溯及既往"原则。即国家不能用现在制定的法律指导人们过去的行为,更不能由于人们过去从事了某种当时是合法而现在看来是违法的行为而依照现在的法律处罚他们。不少学者认为,"法律不溯及既往"应当是法治的基本原则之一。

b."有利追溯"的原则。作为"法律不溯及既往"原则的补充,许多国家同时认为法律规范的效力可以有条件地适用于既往行为。在我国民法中,有利追溯原则表现为,如果先前的某种行为或关系在行为时并不符合当时法律的规定,但依现行法律则是合法的,并且对相关各方都有利,就应当依新法律承认其合法性并予以保护。在我国刑法中,"有利追溯"表现为"从旧兼从轻"原则,即新法在原则上不溯及既往,但新法不认为是犯罪或处罚较轻的,适用新法。

(3)法的对人的效力。法的对人的效力,是指一国法律规范可以适用的主体范围,即对哪些主体有效。

1)处理法对人的效力问题的主要原则。不同国家以及一国的不同部门法在确定其适用的对象范围时可以遵循不同的原则,通常包括以下几种:

a.属地主义,即一国法对处于其管辖领土范围内的一切人都有约束力,不论他是本国人、外国人还是无国籍人。

b.属人主义,即根据公民的国籍确定法的效力范围。按此原则,一国公民无论其是在国内还是在国外,都要受国籍国法律的约束。

c.保护主义,即任何人如侵害了本国或本国公民的利益,不论实施侵害行为者的国籍和侵害行为是否发生在本国境内,都要受到本国法律的追究。保护主义原则通常只限于对规定法律责任的规范的适用,实施侵权行为的外国人即使并不享受其他国家国内法赋予本国公民的权利,也必须承担不侵犯其他国家及其公民利益的义务。

d.结合主义,即在确定法的效力时,以属地主义为基础,同时结合属人主义和保护主义。目前,许多国家都采用这一原则以加强对本国和本国公民利益的保护,我国也不例外。

2)我国现行法的对人效力。根据受调整主体国籍的不同,我国现行法律的对人效力具体表现如下:

　　a.对中国公民的法律效力。凡具有中国国籍的人都是中国公民,中国公民在中国领域内一律适用中国法律。中国公民在国外时,原则上仍然受到中国法律的保护,并承担中国法律规定的义务。但由于其居住在国外,当中国法律与居住国法律的规定有不同时,应区别不同情况,并根据有关国际条约、惯例和国内法的特殊规定来确定在某一具体场合应当适用哪个国家的法律。

　　b.对外国人的法律效力。中国法律对外国人的效力包括两种情况:一是外国人处在中国领域以内的,除法律另有规定者外,一律适用中国法律。二是外国人处在中国领域之外的,只有对中国国家或公民犯罪,按《中华人民共和国刑法》规定最低刑为 3 年以上有期徒刑,并且中国与其犯罪地的法律都认为该行为是犯罪的,才能适用《中华人民共和国刑法》追究刑事责任。上述两种规定,既体现了国家主权原则,也充分尊重了别国的主权。关于外国的外交官、外交代表在中国的外交特权和豁免权的问题,我国法律也依国际惯例做出了专门规定。

9.1.3　法的相关概念

1.法律制度

在法学著作中,法律制度有不同的含义。有时,法律制度是指有共同调整对象,从而相互联系、相互配合的若干法律规则的总和,如所有权制度、合同制度等相关制度。有时,法律制度的含义比上述含义还要大,它包括法(法律规范),又大于法,是一个国家或地区整个法律上层建筑的系统。

2.法制与法治

法制是一个国家或地区法律上层建筑的各个因素所组成的系统,包括法、法律实践及指导法和法律实践的法律意识。法治是法律统治的简称,是指一个法律信念,内涵是一种治国的理论、原则和方法,比如刑法、民法典有关基本原则的规定。法治是相对于"人治"而言的,是对法制这种实际存在东西的完善和改造,是一种社会意识,属于法律文化中的观念层面。法治与法制的联系在于,实行法治需要有完备的法律制度,两者都强调了静态的法律制度以及将这种静态的法律制度运用到社会生活当中的过程。

3.法律体系

各种法律规范有机联系的总体构成法律体系,即一个国家法的内在结构。法的内在结构主要表现为公法、私法和不同法律部门的划分。法的外在结构则是法的形式渊源的结构,如制定法、判例法、习惯法。中国特色社会主义法律体系主要包括七个基本的法律部门:宪法及宪法相关法部门、行政法部门、民商法部门、经济法部门、社会法部门、刑法部门、诉讼与非诉讼程序法部门。其中,社会法部门是由保障劳动关系、社会保障、社会福利等公民社会权利的各类相关法律规范构成的一个法律部门。在我国,社会法主要由劳动法和社会保障法两部分组成。安全生产法属于社会法部门中的劳动法相关法律。

安全法治原理是指以安全法律法规为基础,规范人的行为,查明不安全因素,消除安全隐患,增强监督监管的力度,从而达到法治安全的目的。安全法治原理要发挥其应有的促进作用,就需要建立完善的安全法律法规制度体系、健全的安全法律法规标准和技术要求。

9.2 安全生产法律法规体系

9.2.1 安全生产法律法规及其特征

1.安全生产法律法规

安全生产法律法规是指在生产过程中产生的同劳动者或者生产人员的安全与健康,以及生产资料和社会财富安全保障有关的各种社会关系的法律规范的总和。安全生产法律法规是国家法律体系中的重要组成部分,是党和国家的安全生产方针政策的集中表现,是上升为国家和政府意志的一种行为准则。它以法律的形式规定了人们在生产过程中的行为准则,规定了什么是合法的,可以做的;什么是非法的,禁止做的。

为防止伤亡事故的发生和危害,许多国家都相继制定了各种法律。从19世纪开始,西欧国家颁布的工厂法中,已逐步增加了安全生产和职业卫生方面的内容。目前,各国安全和职业卫生方面的法规主要有事故预防、职业病报告、卫生设施和保健及职业安全和卫生管理法规、职业安全与卫生教育法规、伤亡事故处理报告法规、职业安全和卫生监察法规等。工业化水平较高的国家,建立的安全卫生法规都比较完整,除了适用于一般工业部门的规定外,还对某些重要的产业部门如矿山、海运、石油、化工、建筑和林业等部门制定了专门而详细的规定,如美国颁布的安全保健法、国家能源法、露天采矿法和复田法、水源污染管理法、空气净化法、固体废物处理法、煤肺、硅肺病防治法等,日本制定的矿山保安法、高压煤气管制法、劳动安全卫生法等。

在我国,党和政府历来非常重视安全生产工作,制定了一系列规范安全生产行为的法律法规。这些法律法规对于做好安全生产工作,维护职工生命安全、身体健康和家庭幸福,建设科学发展的和谐社会起到了重要作用。表9.1为有关国家安全生产法律法规及其特征。

表 9.1 有关国家安全生产法律法规及其特征

国别	中国	美国	南非	澳大利亚
安全生产法律	安全生产法;矿山安全法;职业病防治法;标准化法	矿山安全健康法	矿山健康安全法;标准法	州(地区)有关矿山安全法律
安全法律类属	大陆法系:制定法、成文法、注重职权	英美法系:判例法、单行法或判例法、注重人权	大陆法系:制定法、成文法、注重职权	英美法系:判例法、单行法或判例法、注重人权
标准协调管理机构	中国国家标准化管理委员会(局):国务院行政部门	美国国家标准协会:非营利社会机构	南非标准局:政府贸工部主管的标准协调服务机构	SA:联邦与州(地区)政府参与的标准协调机构

续表

国别	中国	美国	南非	澳大利亚
安全标准特征	AQ,MT,LD,YJ等行业标准为主,具有政府推动性、政策导向性与实施强制性	标准多为市场驱动,共识性明显;矿山安全健康标准多以联邦法规（CFR）形式出现	标准多为市场驱动,共识性明显;矿山安全健康标准多以政府部门法规形式出现	标准多为市场驱动,共识性明显;矿山安全健康标准多以州(地区)法规形式出现
安全监管机构	国家应急管理部;中央政府行政部门	联邦矿山安全健康监察局;联邦政府劳工部机构	矿山健康安全监察局;中央政府矿产能源部机构	州(地区)政府的有关部门
行政法规	安全生产许可证条例;生产安全事故报告和调查处理条例	联邦行政法典第30部第1篇"矿山安全健康监察局"	实施规范、指南等	州(地区)矿山安全健康、安全监察、劳动监察条例等
企业标准作用	一般	重视企业安全管理标准实施	按政府指南编制实施规范(COP)	重视企业安全管理标准实施

2.安全生产法律法规的作用

(1)为保护劳动者的安全健康提供法律保障。安全生产法律法规是以搞好安全生产、工业卫生、保障职工在生产中的安全和健康为前提的。它不仅从管理上规定了人们的安全行为规范,也从生产技术上、设备上规定了实现安全生产和保障职工安全健康所需的物质条件,强制人人都必须遵守规章,用国家强制力来迫使人们按照科学办事,尊重自然规律、经济规律和生产规律,尊重群众,保证劳动者得到符合安全卫生要求的劳动条件。

(2)加强安全生产的法治化管理。安全生产法律法规是加强安全生产法制化管理的章程,它明确规定了各个方面加强安全生产、安全生产管理的职责,推动了各级领导特别是企业领导对劳动保护工作的重视,将这项工作摆上领导和管理的议事日程。

(3)指导和推动安全生产工作的开展,促进企业安全生产。安全生产法律法规反映了保护生产正常进行、保护劳动者安全和健康所必须遵循的客观规律,对企业搞好安全生产工作提出了明确要求。同时,由于它是一种法律规范,具有法律约束力,要求人人都要遵守,对整个安全生产工作的开展具有用国家强制力推行的作用。

(4)进一步提高生产力,保证企业效益的实现和国家经济建设事业的发展。通过安全生产立法,使劳动者的安全健康有了保障,职工能够在符合安全健康要求的条件下从事劳动生产,这样必然会激发他们的劳动积极性和创造性,从而促使劳动生产率的大大提高。同时,安全生产技术法规和标准的遵守和执行,必然会提高生产过程的安全性,使生产效率得到保障和提高。

安全生产法律法规是国家法律法规体系的一部分,因此它具有法的一般特征。即安全生产法律法规作为生产经营活动过程中人们的行为的社会规范,是由国家特定机关制定、颁布,并由国家强制力保证实施。

3.安全生产法律法规的层次体系

安全生产法律法规体系是一个包含多种法律形式和法律层次的综合性系统,从法律规范的形式和特点来讲,既包括作为整个安全生产法律法规基础的宪法规范,也包括行政法律规范、技术性法律规范、程序性法律规范。如图 9.1 所示,按法律地位及效力同等原则划分,安全生产法律体系分为以下 5 个门类。

(1)宪法。由全国人大制定,是安全生产法律体系框架的最高层级,"加强劳动保护,改善劳动条件"是有关安全生产方面最高法律效力的规定。

我国宪法第 42 条规定:"中华人民共和国公民有劳动的权利和义务。

国家通过各种途径,创造劳动就业条件,加强劳动保护,改善劳动条件,并在发展生产的基础上,提高劳动报酬和福利待遇……"

我国宪法第 43 条规定:"中华人民共和国劳动者有休息的权利。

国家发展劳动者休息和休养的设施,规定职工的工作时间和休假制度。"

我国宪法第 48 条规定:"……国家保护妇女的权利和利益……"

我国宪法的这些条款是有关我国安全生产工作的原则性规定。

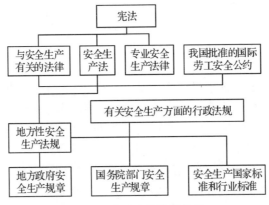

图 9.1　安全生产法规体系

(2)安全生产方面的法律。如图 9.1 所示,在国家法规、政策统一指导下,充分发挥地方立法的积极性,形成全国人大、国务院和行政部门、地方三级立法体系。

1)基础法。我国有关安全生产的法律包括《中华人民共和国安全生产法》和与它平行的专门法律和相关法律。《安全生产法》是综合规范安全生产法律制度的法律,它适用于所有生产经营单位,是我国安全生产法律体系的核心。

2)专门法律。专门安全生产法律是规范某一专业领域安全生产法律制度的法律。我国在专业领域的法律有《中华人民共和国职业病防治法》《中华人民共和国矿山安全法》《中华人民共和国消防法》《中华人民共和国道路交通安全法》《中华人民共和国特种设备安全法》等。

3)相关法律。与安全生产有关的法律是指安全生产专门法律以外的其他法律中涵盖有安全生产内容的法律,如《中华人民共和国劳动法》《中华人民共和国建筑法》《中华人民共和国煤炭法》《中华人民共和国铁路法》《中华人民共和国民用航空法》《中华人民共和国工会法》《中华人民共和国全民所有制企业法》《中华人民共和国乡镇企业法》《中华人民共和国矿产资源法》等。还有一些与安全生产监督执法工作有关的法律,如《中华人民共和国刑法》《中华人民共和国刑事诉讼法》《中华人民共和国行政处罚法》《中华人民共和国行政复议法》《中华人民共和国国家赔偿法》和《中华人民共和国标准化法》等。

(3)安全生产行政法规。安全生产行政法规是指由国务院组织制定并批准公布的,是为实施安全生产法律或规范安全生产监督管理制度而制定并颁布的一系列具体规定,是我们实施安全生产监督管理和监察工作的重要依据。我国已颁布了多部安全生产行政法规,如《生产安全事故应急条例》《中华人民共和国尘肺病防治条例》《安全生产许可证条例》《生产安全事故报告和调查处理条例》《危险化学品安全管理条例》《电力安全事故应急处置和调查处理条例》和《国务院关于进一步加强安全生产工作的决定》等。

(4)地方性安全生产法规。地方性安全生产法规是指由有立法权的地方权力机关,即省、自治区、直辖市等的人民代表大会及其常务委员会和地方政府制定的安全生产规范性文件,是由法律授权制定的,是对国家安全生产法律、法规的补充和完善,以解决本地区某一特定的安全生产问题为目标,具有较强的针对性和可操作性。截至 2022 年 8 月,我国有 30 个省(自治区、直辖市、经济特区)制定了省一级安全生产条例,有 26 个省(自治区、直辖市)制定了《矿山安全法》实施办法。

(5)部门安全生产规章、地方政府安全生产规章。根据《中华人民共和国立法法》的有关规定,部门规章之间、部门规章与地方政府规章之间具有同等效力,在各自的权限范围内施行。

国务院部门安全生产规章由有关部门为加强安全生产工作而颁布的规范性文件组成,从部门角度可划分为:交通运输业、化学工业、石油工业、机械工业、电子工业、冶金工业、电力工业、建筑业、建材工业、航空航天业、船舶工业、轻纺工业、煤炭工业、地质勘探业、农村和乡镇工业、技术装备与统计工作、安全评价与竣工验收、劳动保护用品、培训教育、事故调查与处理、职业危害、特种设备、防火防爆和其他部门等。部门安全生产规章作为安全生产法律、行政法规的重要补充,在我国安全生产监督管理工作中起着十分重要的作用。自 2001 年,原国家安全生产监督管理局(以下简称国家安监局)颁布实施了 20 多部部门规章,有的仍然在发挥着作用,截至 2023 年 8 月,国家应急管理部自成立以来共制订和颁布实施了 63 个部门规章。另外,原国家经贸委、劳动部颁布的部门规章仍然在我国安全生产中沿用。

地方政府安全生产规章一方面从属于法律和行政法规,另一方面又从属于地方法规,并且不能与它们相抵触。

(6)安全生产标准。安全生产标准是安全生产法规体系中的一个重要组成部分,是安全生产法律法规的延伸,是保障企业安全生产的重要技术规范,也是安全生产管理的基础和监督执法工作的重要技术依据。2006 年 6 月,全国安全生产标准化技术委员会(以下简称安标委)及其 7 个分技术委员会成立。近年来,安标委已经制订和颁布了近千部安全生产行业标准。加上已经颁布和实施的安全生产的国家标准、行业标准,我国安全生产标准体系已初步形成。安全生产标准体系是指为维持生产经营活动,保障安全生产而制定颁布的一切有关安全生产方面的技术、管理、方法、产品等标准的有机组合,既包括现行的安全生产标准,也包括正在制定修订和计划制定修订的安全生产标准。从大的概念来讲,安全生产标准体系由煤矿安全、非煤矿山安全、电气安全、危险化学品安全、石油化工安全、民爆物品安全、烟花爆竹安全、涂装作业安全、交通运输安全、机械安全、消防安全、建筑安全、个体防护装备、特种设备安全、通用生产安全等多个子体系组成。每个子体系又由若干部分组成，如非煤矿山安全标准体系又由冶金安全、有色金属安全等下一层级标准组成。因此，安全生产标准体系是一个多层级的组合。安全生产标准子体系主要包括以下方面：

1）煤矿安全生产标准体系包括：综合管理安全标准系统、井工开采安全标准系统、露天开采安全标准系统和职业危害安全标准系统等四个部分。①综合管理安全标准系统。煤矿安全综合管理标准包含：煤矿企业必须遵守国家和煤矿主管部门有关安全生产的法律、规定、条例、规程和标准等，它们是规范煤矿安全技术与管理行为的法规文献。煤矿综合管理安全标准系统由综合管理通用要求、地质勘探规范、矿井设计规范、生产矿井安全管理等四个部分组成，包含了煤矿勘探、设计、建矿、生产、环保到闭矿全过程中的安全总体要求。②井工开采安全标准系统。由于安全生产涉及煤炭开发生产全过程，且在井下的采、掘、机、运、通等各个环节都涉及安全问题，所以井工开采煤矿安全生产标准系统包括：建井安全、开采安全、瓦斯防治、粉尘防治、矿井通风、火灾防治、水害防治、机械安全、电气安全、爆破安全、矿山救援等11个领域安全标准。其中每一专业领域的标准仍分为管理标准、技术标准和产品标准。③露天开采安全标准系统。露天开采的安全问题主要存在于采剥工程、运输工程、排土工程和机电设备等生产环节，但是发生的主要危害是边坡不稳定和安全，即采掘场边坡与排土场（包括外排和内排）边坡发生的滑坡、塌陷、泥石流等可能危及人身安全与设备安全的地质灾害。露天开采安全标准系统包括：露天开采安全标准、边坡稳定安全标准、露天机电安全标准等3个领域安全标准。其中每一专业领域的标准仍分为管理标准、技术标准和产品标准。④职业危害安全标准系统。煤矿职业危害安全标准系统包括：作业环境安全标准、个体防护标准、职业病鉴定标准等3个领域。在作业环境方面，可以进一步划分为粉尘（总粉尘和呼吸性粉尘）、噪声、振动、放射性辐射、高低温等。在个体防护方面有关的国家标准有：《工业企业卫生设计标准》《体力劳动强度分级》《工作场所有害因素职业接触限值》等。在职业病鉴定方面的标准有：《煤工尘肺X线诊断标准》《煤矿井下工人滑囊炎诊断标准》等。

2）非煤矿山安全生产标准体系包括：固体矿山、石油天然气、冶金、建材、有色等多个领域，是一个多层次、多组合的标准体系。从标准内容上讲，标准体系包括非煤矿山安全生产方面的基础标准、管理标准、技术标准、方法标准和产品标准等。

3）危险化学品安全生产标准体系包括：通用基础安全生产标准、安全技术标准和安全管理标准。通用基础安全生产标准主要包括危险化学品分类、标识等。安全技术标准主要包括安全设计和建设标准、生产企业安全距离标准、生产安全标准、运输安全标准、储存和包装安全标准、作业和检修标准、使用安全标准等。安全管理标准主要包括生产企业安全管理、应急救援预案管理、重大危险源安全监控、职业危害防护配备管理等。

4）烟花爆竹安全生产标准体系包括：基础标准、管理标准、原辅材料使用标准、生产作业场所标准、生产技术工艺标准和生产设备设施标准等。基础标准主要包括烟花爆竹工程设计安全规范、烟花爆竹安全生产术语等。管理标准主要包括烟花爆竹企业安全评价导则、烟花爆竹储存条件、烟花爆竹装卸作业规范等。原辅材料使用标准主要包括烟花爆竹烟火药安全性能检测要求、烟花爆竹烟火药相容性要求等。生产作业场所标准主要包括烟花爆竹工程设计安全审查规范、烟花爆竹工程竣工验收规范等。生产技术工艺标准主要包括烟花爆竹烟火药使用安全规范等。生产设备设施标准主要包括烟花爆竹机械设备通用技术要求等。

5) 个体防护装备安全生产标准体系主要包括:头部防护装备、听力防护装备、眼面防护装备、呼吸防护装备、服装防护装备、手部防护装备、足部防护装备、皮肤防护装备和坠落防护装备等 9 个部分。与国际接轨,每个部分由基础标准、通用技术标准、方法标准、产品标准和管理标准组成。如管理标准有配备标准、选用标准、使用和维护规范等。

(7) 已批准的国际劳工安全公约。

9.2.2　安全生产标准

标准是为规范生产作业行为,改善生产工作场所或领域的劳动条件,保护劳动者免受各种伤害,保障劳动者人身安全和健康,实现安全生产,所制定并实施的相关准则和依据。现行安全生产国家标准,涉及设计、管理、方法、技术、检测检验、职业健康和个体防护用品等多个方面,有近 1 500 项。其分类方法很多,一般可分为技术标准(包括基础标准、产品标准、工艺标准、检测试验方法标准等)和管理标准两大类。技术标准一般为强制性标准,国家要求必须执行,但要注意的是我国强制性标准有全文强制和条文强制两种情况,不少强制性标准中有非强制性内容,比如《建筑设计防火规范》及《危险化学品企业特殊作业安全规范》等,这些非强制性内容不要求必须执行;管理标准一般为推荐性标准,国家鼓励企业自愿采用。

1.按标准的法律效力分类

(1)强制性标准。为改善劳动条件、加强劳动保护,防止各类事故发生,减轻职业危害,保护职工的安全健康,建立统一协调、功能齐全、衔接配套的劳动保护法律法规体系和标准体系,强化劳动安全卫生监察,必须强制执行。在国际上,环境保护、食品卫生和劳动安全卫生问题,世界各国都有明确规定,用法律强制执行。

(2)推荐性标准。从国家和企业的生产水平、经济条件、技术能力和人员素质等方面考虑,在全国、全行业强制性统一执行有困难时,此类标准作为推荐性标准执行。如 OHSMS(职业安全卫生管理系统)标准是一种推荐性标准。

2.按标准对象特性分类

(1)基础标准。这是对劳动安全卫生具有最基本、最广泛指导意义的标准,如名词、术语等。

(2)产品标准。这是对劳动安全卫生产品的形式、尺寸、主要性能参数、质量指标、使用、维修等所制定的标准。

(3)方法标准。这包括方法、程序规程性质等的标准,如试验方法、检验方法、分析方法、测定方法、设计规程、工艺规程、操作方法等。

3.按标准作用分

(1)设计、管理类标准。这是指一些提高安全生产设计、监察和综合管理需要的标准,比较重要的常用标准如下:

1）作业环境危害方面。《工业企业设计卫生标准》规定了111种毒物和9种粉尘的车间空气中最高容许浓度，是工厂、车间设计的劳动卫生学依据。职业危害程度分级标准有：《体力劳动强度分级》《冷水作业分级》《低温作业分级》《高温作业分级》《高处作业分级》《有毒作业分级》《职业性接触毒物危害程度分级》《生产性粉尘作业危害程度分级》等。另外，还有车间空气中有毒、有害气体或毒物含量方面的数十种标准。

2）事故管理方面。为便于事故的管理和统计分析，在总结我国安全生产工作经验的基础上，吸收国外的先进标准，制定了我国的《企业职工伤亡事故分类》《企业职工伤亡事故调查分析规则》《企业职工伤亡事故经济损失统计标准》《火灾分类》《职工工伤与职业病致残程度鉴定标准》和《事故伤害损失工作日标准》等。

3）安全教育方面。如为了加强特种作业人员的安全技术培训、考核和管理，围绕《特种作业人员安全技术培训考核管理规定》，国家公布了《起重机司机安全技术考核标准》《爆破作业人员安全技术考核标准》等。特种作业人员经安全技术培训后，必须进行考核，经考核合格取得特种作业操作证者，才能独立作业。特种作业操作证有效期为6年，在全国范围内有效。特种作业操作证每3年复审1次。特种作业人员在特种作业操作证有效期内，连续从事本工种10年以上，严格遵守有关安全生产法律法规的，经原考核发证机关或者从业所在地考核发证机关同意，特种作业操作证的复审时间可以延长至每6年1次。另外，还颁布了《生产经营单位安全培训规定》《煤矿安全培训规定》等部门规章和一系列培训大纲和考核标准。

（2）生产设备、工具类标准。主要是为了保证生产设备、工具的设计、制造、使用符合安全卫生要求的标准，可分为如下三个方面：

1）生产设备、工具设计原则及安全卫生标准，如有关于生产设备设计的《生产设备安全卫生设计总则》，有关于生产设备上的一些通用安全防护装置要求的《固定式钢直梯安全技术条件》《固定式钢斜梯安全技术条件》《固定式工业防护栏杆安全技术条件》《固定式钢梯平台安全要求》等。

2）压力机械类安全卫生标准。针对使用范围最广、发生重伤事故最多的压力机械，国家连续发布了《冲压车间安全生产通则》《压力机用安全防护装置技术要求》《压力机用感应式安全装置技术条件》《压力机用光电保护装置技术条件》《压力机用手持电磁吸盘技术条件》《磨削机械安全规程》《冷冲压安全规程》等国家标准。

3）易发生事故的机械类安全卫生标准。对一些容易发生事故的机器设备，制定了专业的安全卫生标准。在机器设备中，死亡事故最多的是起重机械事故，《起重机械安全规程》《起重吊运指挥信号》《塔式起重机安全规程》《起重机械危险部位与标志》标准等，加强了超重吊运作业的安全科学管理。

（3）生产工艺安全卫生标准。主要是对一些经常发生工伤事故和容易产生职业病的生产工艺，规定了最基本的安全卫生要求。

1）预防工伤事故的生产工艺安全标准。针对由于工艺缺陷导致厂内机动车辆的运输事故比较多的问题，1984年国家发布了《工业企业厂内运输安全规程》。该规程对厂内的铁路运输、公路运输、装卸作业等方面的安全要求作了具体规定。此外，为了预防爆炸火灾事故，还发布了《粉尘防爆安全规程》《爆破作业安全规程》《大爆破安全规程》《拆除爆破安全规程》

《氢气使用安全技术规程》《氯气安全规程》和《橡胶工业静电安全规程》等国家标准。近年来,国家安全监督管理总局公布了《首批重点监管的危险化学品名录》《第二批重点监管的危险化学品名录》《第二批重点监管的危险化学品安全措施和应急处置原则》《首批重点监管的危险化工工艺目录》《禁止井工煤矿使用的设备及工艺目录(第一批)》《禁止井工煤矿使用的设备及工艺目录(第二批)》《禁止井工煤矿使用的设备及工艺目录(第三批)》等。

2)预防职业病的生产工艺劳动卫生工程标准。这类标准有《工业企业设计卫生标准》《工业企业总平面设计规范》《生产过程安全卫生要求总则》《玻璃生产配件防尘技术规程》《立窑水泥尘规程》《橡胶生产配炼车间防尘规程》等,主要是针对生产中各种危害严重的工艺,从厂房布局、通风净化、工艺设备、安全设施、组织管理等方面提出了防尘和防毒要求。为了预防有机溶剂的危害,国家还发布了 5 项涂装作业安全技术规程,规程对涂料的选用、涂装工艺、涂装设备、通风净化以及安全管理等提出要求。

(4)防护用品类标准。这类标准是为了控制生产劳动防护用品质量,使其能保障从业人员在工作中的安全与健康。劳动防护用品分为七大类:

1)头部防护类。有《头部护护—安全帽》及冲击吸收性能、耐穿透性能、耐燃烧性能、侧面刚性、耐水性能、防寒耐压性能等试验方法标准。

2)呼吸器官防护类。有《自吸过滤式防尘口罩》标准、《过滤式防毒面具》标准,还有过滤式防毒面具的 6 种试验方法标准及 12 种滤毒罐的检验标准。

3)眼、面防护类。有《焊接防目镜和面罩》《炉窑护镜和面罩》及一些试验方法标准。

4)听觉器官防护类。有《防噪声耳塞》《防噪声耳罩》标准。

5)防护服装类。有《浮体救生衣》等。

6)手、足防护类。有《皮安全鞋》《防静电鞋》等。

7)防坠落类。有《安全带》《安全网》等标准。

9.2.3　安全生产国际公约

1.国际职业安全卫生相关组织

(1)国际劳工组织。1919 年,国际劳工组织 (International Labor Organization,ILO)根据《凡尔赛和约》作为国际联盟的附属机构成立,1946 年 12 月 14 日,成为联合国的一个专门机构,总部设在瑞士日内瓦。

该组织宗旨是:促进充分就业和提高生活水平;促进劳资双方合作;扩大社会保障措施;保护工人生活与健康;主张通过劳工立法来改善劳工状况,进而获得世界持久和平建立社会正义。

国际劳工大会是国际劳工组织的最高权力机构,每年 6 月份在日内瓦举行一次会议;闭会期间理事会指导该组织工作,国际劳工局是其常设秘书处;主要活动有从事国际劳工立法,制定公约和建议书以及技术援助和技术合作。

中国是该组织创始国之一。1971 年该组织理事会根据联大决议,通过了恢复中国合法权利的决议。1983 年 6 月,中国正式恢复了在该组织的活动。1985 年 1 月该组织在北京设立分支机构——国际劳工组织北京局,负责与中国有关政府机关、工会组织、企业团体、学术单位等进行联系,并实施技术合作计划,协助中国发展职业技术培训。2008 年 5 月 28 日至

6月13日,在第97届国际劳工大会上,中国工人代表成功当选工人副理事。

(2)世界卫生组织。世界卫生组织(World Health Organization,WHO),简称世卫组织,是联合国下属的一个专门机构,其前身可以追溯到1907年成立于巴黎的国际公共卫生局和1920年成立于日内瓦的国际联盟卫生组织。第二次世界大战之后,经联合国经社理事会决定,64个国家的代表于1946年7月在纽约举行了一次国际卫生会议,签署了《世界卫生组织法》。1948年4月7日,该法得到26个联合国会员国批准后生效,世界卫生组织宣告成立。每年的4月7日也就成为全球性的"世界卫生日"。同年6月24日,世界卫生组织在日内瓦召开的第一届世界卫生大会上正式成立,总部设在瑞士日内瓦。

世卫组织的宗旨是使全世界人民获得尽可能高水平的健康。该组织给健康下的定义为"身体、精神及社会生活中的完美状态"。世卫组织的主要职能包括:促进流行病和地方病的防治,改善公共卫生,推动确定生物制品的国际标准,等等。截至2006年11月,世卫组织共有191个正式成员和2个准成员 。

世界卫生大会是世卫组织的最高权力机构,每年召开一次。其主要任务是审议总干事的工作报告、规划预算、接纳新会员和讨论其他重要议题。执行委员会是世界卫生大会的执行机构,负责执行大会的决议、政策和委托的任务,它由32位有资格的卫生领域的技术专家组成,每位成员均由其所在的成员国选派,由世界卫生大会批准,任期三年,每年改选三分之一。根据世界卫生组织的君子协定,联合国安理会5个常任理事国是必然的执委成员国,但席位第三年后轮空一年。常设机构秘书处下设非洲、美洲、欧洲、东地中海、东南亚、西太平洋6个地区办事处。

中国是世卫组织的创始国之一。中国和巴西代表在参加1945年4月25日至6月26日联合国于旧金山召开的关于国际组织问题的大会上,提交的"建立一个国际性卫生组织的宣言",为创建世界卫生组织奠定了基础。1972年5月10日,第25届世界卫生大会通过决议,恢复了中国在世界卫生组织的合法席位。此后,中国出席该组织历届大会和地区委员会会议,被选为执委会委员,并与该组织签订了关于卫生技术合作的备忘和基本协议。1978年10月,中国卫生部部长和该组织总干事在北京签署了"卫生技术合作谅解备忘录",这是双方友好合作史上的里程碑。1981年该组织在北京设立驻华代表处。1991年中国卫生部部长陈敏章被世卫组织授予最高荣誉奖"人人享有卫生保健"金质奖章,他是被授予此奖的世界第一位卫生部长。

(3)世界贸易组织。1994年4月15日在摩洛哥的马拉喀什市举行的关贸总协定乌拉圭回合部长会议决定成立更具全球性的世界贸易组织(World Trade Organization,WTO),简称世贸组织,以取代成立于1947年的关贸总协定(GATT)。世贸组织是一个独立于联合国的永久性国际组织。1995年1月1日正式开始运作,负责管理世界经济和贸易秩序,总部设在瑞士日内瓦莱蒙湖畔。1996年1月1日,它正式取代关贸总协定临时机构。世贸组织是具有法人地位的国际组织,在调解成员争端方面具有更高的权威性。1995年7月11日,世贸组织总理事会会议决定接纳中国为该组织的观察员,中国于2001年11月加入该组织。

世贸组织的宗旨是:在提高生活水平和保证充分就业的前提下,扩大货物和服务的生产与贸易,按照可持续发展的原则实现全球资源的最佳配置;努力确保发展中国家,尤其是最不发达国家在国际贸易增长中的份额与其经济需要相称;保护和维护环境。

世贸组织的基本职能有:管理和执行共同构成世贸组织的多边及诸边贸易协定;作为多边贸易谈判的讲坛;寻求解决贸易争端;监督各成员贸易政策,并与其他同制订全球经济政策有关的国际机构进行合作。世贸组织的目标是建立一个完整的、更具有活力的和永久性的多边贸易体制。与关贸总协定相比,世贸组织管辖的范围除传统的和乌拉圭回合确定的货物贸易外,还包括长期游离于关贸总协定外的知识产权、投资措施和非货物贸易(服务贸易)等领域。世贸组织具有法人地位,它在调解成员争端方面具有更高的权威性和有效性。

部长级会议是世贸组织的最高决策权力机构,一般两年举行一次会议,讨论和决定涉及世贸组织职能的所有重要问题,并采取行动。部长级会议的主要职能是:任命世贸组织总干事并制定有关规则,确定总干事的权力、职责、任职条件和任期以及秘书处工作人员的职责及任职条件,对世贸组织协定和多边贸易协定做出解释,豁免某成员对世贸组织协定和其他多边贸易协定所承担的义务,审议其成员对世贸组织协定或多边贸易协定提出修改的动议,决定是否接纳申请加入世贸组织的国家或地区为世贸组织成员,决定世贸组织协定及多边贸易协定生效的日期,等等。其下设总理事会和秘书处,负责世贸组织日常会议和工作。世贸组织成员资格有创始成员和新加入成员之分,创始成员必须是关贸总协定的缔约方,新成员必须由其决策机构——部长会议以三分之二多数票通过方可加入。

2.我国批准的有关安全生产国际公约

截至 2022 年初,国际劳工组织一共通过了 190 项劳工公约和 206 项建议书,这些公约和建议书统称国际劳工标准,其中 70% 的公约和建议书涉及职业安全卫生问题。我国政府已为国际性安全生产工作签订了国际性公约,当我国安全生产法律与国际公约有不同时,应优先采用国际公约的规定(除保留条件的条款外)。目前我国政府已批准的公约有 28 个,其中与安全生产相关的见表 9.2。当前,国际上将贸易与劳工标准挂钩是发展趋势,随着我国加入 WTO,参与世界贸易必须遵守国际通行的规则。我国的安全生产立法和监督管理工作也需要逐步与国际接轨。

表 9.2　我国已批准与安全生产相关的国际劳工公约

公约号	通过时间	公约名称	批准时间
第 14 号	1921 年	(工业)每周休息公约	1934 年 5 月 27 日
第 16 号	1921 年	(海上)未成年人的体格检查公约	1936 年 12 月 2 日
第 19 号	1925 年	(事故赔偿)同等待遇公约	1934 年 4 月 27 日
第 32 号	1932 年	(码头工人)伤害防护公约(修订)	1935 年 11 月 30 日
第 45 号	1935 年	(妇女)井下作业公约	1936 年 12 月 2 日
第 59 号	1937 年	(工业)最低年龄公约(修订)	1940 年 2 月 21 日
第 159 号	1983 年	(残疾人)职业康复和就业公约	1988 年 2 月 2 日
第 170 号	1990 年	作业场所安全使用化学品公约	1995 年 1 月 11 日

续表

公约号	通过时间	公约名称	批准时间
第 150 号	1978 年	劳动行政管理公约	2002 年 3 月 7 日
第 167 号	1988 年	建筑业安全卫生公约	2002 年 3 月 7 日
第 29 号	1930 年	《1930 年强迫劳动公约》	2022 年 4 月 20 日
第 105 号	1957 年	《1957 年废除强迫劳动公约》	2022 年 4 月 20 日

9.3 我国安全生产的监督管理

9.3.1 我国安全生产方针的演变

方针是一个国家或政党确定的引导事业前进的方向和目标,是为达到事业前进的方向和一定目标而确定的一个时期的指导原则。从新中国成立至今,我国安全生产方针在逐渐演变,这种演变随着我国政治和经济的发展在渐进。安全生产方针是指政府对安全生产工作总的要求,它是安全生产工作的方向。根据历史资料,我国安全生产方针大体可以归纳为3 次变化,即:"生产必须安全、安全为了生产""安全第一,预防为主""安全第一,预防为主,综合治理"。从我国安全生产方针的演变可以看到我国安全生产工作不同时期的不同目标和工作原则。

1."生产必须安全、安全为了生产"方针的提出

中华人民共和国的成立,标志着民族独立和人民解放基本历史任务的胜利完成,中国开始从半殖民地半封建社会经由新民主主义社会逐步向社会主义社会过渡。新中国成立初期,百废待兴。全国人民的主要任务就是克服长期战争遗留下来的困难,加速经济建设。

据《当代中国的劳动保护》一书介绍,1952 年,时任劳动部部长李立三根据毛泽东提出的"在实施增产节约的同时,必须注意职工的安全、健康和必不可少的福利事业;如果只注意前一方面,忘记或稍加忽视后一方面,那是错误的"这个指示精神,提出了"安全生产方针"这6 个字。不过,当时仅限于这 6 个字,而没有确定其内涵。后来,时任国家计委主任的贾拓夫把"安全生产方针"这 6 个字丰富为"生产必须安全、安全为了生产"。

1952 年 12 月,劳动部召开了第二次全国劳动保护工作会议。这次会议,着重传达、讨论了毛泽东主席对劳动部 1952 年下半年工作计划的批示。劳动部部长李立三根据这一批示,提出了"安全与生产要同时搞好"的指导思想。在这次会议上,明确提出了安全生产方针,即"生产必须安全、安全为了生产"的安全生产统一的方针。会议还提出了"要从思想上、设备上、制度上和组织上加强劳动保护工作,达到劳动保护工作的计划化、制度化、群众化和纪律化"的目标和任务。这次会议,明确了劳动保护工作的指导思想、方针、原则、目标、任务,对以后工作的开展起到了巨大的推动作用,产生了比较深远的影响。

2."安全第一,预防为主"方针的确立

据《当代中国的劳动保护》介绍,国家劳动总局劳动保护局局长章萍提出了在生产中贯

彻安全生产方针,实际上就是贯彻"安全第一,预防为主"的思想,经全国讨论后,认为这一提法比较科学,有利于安全生产和遏制事故的发生。1984 年,主管安全生产的劳动人事部在呈报给国务院成立全国安全生产委员会的报告中把"安全第一,预防为主"作为安全生产方针写进了报告,并得到国务院的正式认可。1987 年 1 月 26 日,劳动人事部在杭州召开会议把"安全第一,预防为主"作为劳动保护工作方针写进了我国第一部劳动法(草案)。从此,"安全第一,预防为主"便作为安全生产的基本方针而确立下来。

随着改革开放和经济高速发展,安全生产越来越受到重视。"安全第一"的方针被有关法律所肯定,成为以法律强制实施的安全生产基本方针。《中华人民共和国矿山安全法》第 3 条规定:"矿山企业必须具有保障安全生产的设施,建立、健全安全管理制度,采取有效措施改善职工劳动条件,加强矿山安全管理工作,保证安全。"《中华人民共和国煤炭法》第 7 条规定:"煤矿企业必须坚持安全生产、预防为主的安全生产方针。"《中华人民共和国矿产资源法》第 31 条规定:"开采矿产资源,必须遵守国家劳动安全卫生规定,具备保证安全生产的必要条件。"《中华人民共和国建筑法》第 36 条规定:"建筑工程安全生产管理必须坚持安全第一、预防为主的方针。"《中华人民共和国电力法》第 19 条规定:"电力企业应当加强安全生产管理,坚持安全第一、预防为主的方针。"《中华人民共和国全民所有制工业企业法》第 41 条规定:"企业必须贯彻安全生产制度,改善劳动条件,做好劳动保护和环境保护工作,做到安全生产和文明生产"。

2002 年,《中华人民共和国安全生产法》由第九届全国人民代表大会常务委员会第二十八次会议于 2002 年 6 月 29 日通过,自 2002 年 11 月 1 日起施行。"安全第一、预防为主"方针被列入《安全生产法》。

这项方针在《安全生产法》中再次规定,一是表明它是正确的,二是表明它适用于所有的安全生产管理。在法律上确立"安全第一、预防为主"的方针,就是要求在生产经营活动中将安全放在第一位,十分重视安全生产,采取一切可能的措施保障安全,防止一切可能防止的事故,生产必须安全,安全是生产的先决条件。实现这些要求,执行"安全第一、预防为主"的方针,是一项法定的义务、法定的责任,是在法律面前必须严肃对待的大事,是要依法坚持的长期方针、基本方针。

《国务院关于进一步加强安全生产工作的决定》(国发[2004]2 号)中指出:"适应全面建设小康社会的要求和完善社会主义市场经济体制的新形势,坚持'安全第一、预防为主'的基本方针,进一步强化政府对安全生产工作的领导,大力推进安全生产各项工作,落实生产经营单位安全生产主体责任,加强安全生产监督管理;大力推进安全生产监管体制、安全生产法制和执法队伍'三项建设',建立安全生产长效机制,实施科技兴安战略,积极采用先进的安全管理方法和安全生产技术,努力实现全国安全生产状况的根本好转。"

3."安全第一、预防为主、综合治理"方针的发展

1978 年以来,全国国有统配煤矿贯彻执行"安全第一,预防为主,综合治理,全面推进"的方针,出现了持续稳定发展的势头,产量逐年增长,安全状况有所好转。统配煤矿百万吨死亡率呈逐年下降趋势。

把"综合治理"充实到安全生产方针当中,始于中国共产党第十六届中央委员会第五次全体会议通过的《中共中央关于制定"十一五"规划的建议》,并在胡锦涛同志、温家宝同志的讲话中进一步明确。

2005年10月11日,中共中央第十六届五中全会公报提出了"十一五"时期经济社会发展的主要目标,"民主法制建设和精神文明建设取得新进展,社会治安和安全生产状况进一步好转,构建和谐社会取得新进步"。会议通过的《中共中央关于制定"十一五"规划的建议》指出:"保障人民群众生命财产安全。坚持安全第一、预防为主、综合治理,落实安全生产责任制,强化企业安全生产责任,健全安全生产监管体制,严格安全执法,加强安全生产设施建设。切实抓好煤矿等高危行业的安全生产,有效遏制重特大事故。"该建议还指出:"必须加快转变经济增长方式。我国土地、淡水、能源、矿产资源和环境状况对经济发展已构成严重制约。要把节约资源作为基本国策,发展循环经济,保护生态环境,加快建设资源节约型、环境友好型社会,促进经济发展与人口、资源、环境相协调。推进国民经济和社会信息化,切实走新型工业化道路,坚持节约发展、清洁发展、安全发展,实现可持续发展。"

把"综合治理"充实到安全生产方针之中,反映了我国在进一步改革开放过程中,安全生产工作面临着多种经济所有制并存,而法制尚不健全完善、体制机制尚未理顺,以及急功近利地只顾快速不顾其他的发展观与科学发展观体现的又好又快的安全、环境、质量等要求的复杂局面,充分反映了近年来安全生产工作的规律特点。所以要全面理解"安全第一、预防为主、综合治理"的安全生产方针,绝不可脱离我国国情。

把"综合治理"充实到安全生产方针当中,反映了我国安全生产工作的规律特点。党的安全生产方针是完整的统一体,坚持安全第一,必须以预防为主,实施综合治理;只有认真治理隐患,有效防范事故,才能把"安全第一"落到实处。事故发生后组织开展抢险救灾,依法追究责任,深刻吸取教训,固然十分重要,但对于生命个体来说,伤亡一旦发生,就不再有改变的可能。事故源于隐患,防范事故的有效办法,就是主动排查、综合治理各类隐患,把事故消灭在萌芽状态。不能等到付出了生命代价、有了血的教训之后再去改进工作。从这个意义上说,综合治理是安全生产方针的基石,是安全生产工作的重心所在。

"综合治理"是安全生产方针的基石,是安全生产工作的重心所在,就是综合运用经济手段、法律手段和必要的行政手段,从发展规划、行业管理、安全投入、科技进步、经济政策、教育培训、安全立法、激励约束、企业管理、监管体制、社会监督以及追究事故责任、查处违法违纪等方面着手,解决影响制约安全生产的历史性、深层次问题,建立安全生产长效机制。

2021年9月1日修订实施的《安全生产法》明确规定,安全生产工作应当以人为本,坚持人民至上、生命至上,把保护人民生命安全摆在首位,树牢安全发展理念,坚持"安全第一、预防为主、综合治理"的方针,从源头上防范化解重大安全风险。安全生产工作实行"管行业必须管安全、管业务必须管安全、管生产经营必须管安全",强化和落实生产经营单位主体责任与政府监管责任,建立生产经营单位负责、职工参与、政府监管、行业自律和社会监督的机制。

9.3.2 我国安全生产管理体制发展

国家安全生产监督管理是以国家机关为主体实施的,是以国家名义并运用国家权力,对企业、事业和有关机关履行安全生产职责和执行安全生产法规、政策和标准的情况,依法进行监督、纠正和惩戒的工作。与一般含义上的监督不同,安全生产监督具有由法律授权的权威性、由国家强制力来保证其实施的强制性和对从事生产经营活动的单位来说的普遍约束性等基本特征。所有在中华人民共和国领域内从事生产经营活动的单位,凡涉及安全生产方面的工作,都必须接受这种统一的监督管理,履行《安全生产法》所规定的职责,不允许存在超越于法律或逃避、抗拒《安全生产法》所规定的监督管理,这种普遍约束性,实际上就是法律的普遍约束力在安全生产工作中的具体体现。

1.安全生产监督管理的沿革

安全生产管理体制是在社会主义市场经济建设中不断总结经验的基础上发展起来的。新中国成立以来,我国的安全生产监督管理体制经历了曲折的发展变化,安全生产监督管理制度从无到有,在摸索中不断发展完善(见图 9.2),至今基本形成了较系统的安全生产监督管理体制。

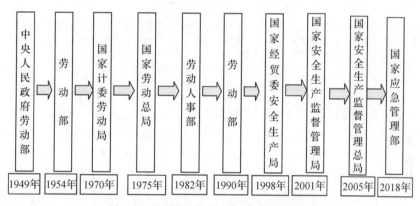

图 9.2 我国安全生产监督管理机构变化

2000 年 12 月,为适应我国安全生产工作的需要,借鉴英美等国家的一些先进经验和做法,国务院决定成立国家安全生产监督管理局(国家安监局)和国家煤矿安全监察局(简称"国家煤矿安监局"),实行一个机构、两块牌子(机构设置见图 9.3)。凡涉及煤矿安全监察方面的工作,以国家煤矿安监局的名义实施。国家安监局是综合管理全国安全生产工作、履行国家安全生产监督管理和煤矿安全监察职能的行政机构,由国家经贸委负责管理。

2001 年 3 月,国务院决定成立国务院安全生产委员会(见图 9.4),安全生产委员会成员由国家经贸委、公安部、监察部、全国总工会等部门的主要负责人组成。安全委员会办公室设在国家安监局。全国各省、自治区、直辖市等地方政府也根据本地的安全生产工作情况和实际需要,相继进行了安全生产监督管理机构改革和调整,相继成立了省、地(市)、县安全生产监督管理等机构,加强和充实了安全生产行政监督管理的力量,全国分级管理的安全生产监督管理体系基本形成。

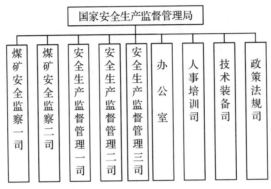

图 9.3　国家安全生产监督管理局(国家煤矿安全监察局)机构设置

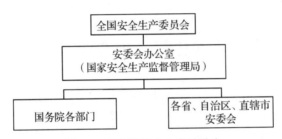

图 9.4　国务院安全生产委员会

　　我国安全生产监督管理机构变化情况如图 9.2 所示。

　　2003 年 3 月,第十届全国人民代表大会第一次会议通过了《国务院机构改革方案》。该方案将国家经济贸易委员会管理的国家安监局改为国务院直属机构,负责全国生产综合监督管理和煤矿安全监察。安全生产机构从削减到恢复,再到单独设置,体现了我国政府对安全生产工作的高度重视,标志着我国安全生产监督管理工作达到了一个更高的高度。

　　2004 年 11 月,国务院调整补充了部分省级煤矿安全监察机构,将煤矿安全监察办事处改为监察分局。目前,有省级煤矿安全监察局 20 个,地区煤矿安全监察分局 71 个。与国家煤矿安监局的垂直管理不同的是,安全生产监督管理的体制是在省、地、市分别设置安全生产监督管理部门,由各级地方政府分级管理。

　　2005 年 2 月,国家安全生产监督管理局调整为国家安全生产监督管理总局,升为正部级,为国务院直属机构;国家煤矿安监局单独设立,为副部级,是国家安监总局属下的二级国家局,受安监局的管理和监督。

　　2018 年 3 月 17 日,国务院机构改革,组建中华人民共和国应急管理部(见图 9.5)。2018 年 4 月 16 日,应急管理部正式挂牌。在国内外经验的基础上,此次机构改革组建应急管理部,有利于解决灾害风险信息孤岛的问题,提高突发事件的风险管理能力;有利于优化我国的应急预案体系和推动预案演练,提高应急准备能力;有利于整合消防、各类救灾武警和安全生产等应急救援队伍,提高突发事件的处置能力。

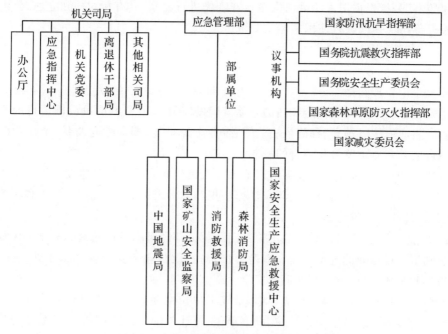

图 9.5 中华人民共和国应急管理部组织机构

2020 年 9 月,国家煤矿安全监察局更名为国家矿山安全监察局,仍由应急管理部管理。应急管理部的非煤矿山安全监督管理职责划入国家矿山安全监察局。设在地方的 27 个煤矿安全监察局相应更名为矿山安全监察局,由国家矿山安全监察局领导管理。

2.我国安全生产监督管理体制

随着社会经济体制的发展,安全生产监督管理体制不断发展和完善。从 20 世纪五、六十年代的"三大规程""五项规定"的管理模式,到 20 世纪 80—20 世纪 90 年代的"十六字管理体制",再到目前的安全生产管理新格局,我国安全生产管理体制经历了一个复杂的发展和完善过程。

(1)"三大规程""五项规定"时期。1956 年 5 月国务院正式颁布《工厂安全卫生规程》《建筑安装工程安全技术规程》《工人职员伤亡事故报告规程》(简称"三大规程")以及《国务院关于进一步加强企业生产中安全工作的规定》(简称"五项规定")后,国务院有关部门开始制定必需的法规制度,同时迅速将国家监督机构建立起来,对各产业部门及其所属企业劳动保护(安全生产)工作实行监督检查,开辟了我国安全生产管理和劳动保护工作的新纪元。

(2)"十六字安全生产管理体制"时期。20 世纪 80—20 世纪 90 年代,我国实行"企业负责,行业管理,国家监察,群众监督"的安全生产管理体制。

"企业负责"就是指企业要负起搞好安全生产工作的责任。企业作为市场经济的主体,在开展企业一切生产经营活动中,理所当然地对企业的安全生产工作负全面责任,即"管生产必须管安全"。企业法人代表应是安全生产的第一责任人。

"行业管理"主要体现在行业主管部门根据国家有关方针、政策、法规和标准,加强对行业所属企业以及归口管理的企业安全生产工作的管理和检查,防止职工伤亡事故和职业病。

"国家监察"是指根据国家法规对安全生产工作进行监察,具有相对的独立性、公正性和权威性,授权部门代表国家行使国家监察职责。

"群众监督"是指各级工会、社会团体、民主党派、新闻单位对安全生产工作监督,工会监督是群众监督的主要方面。

(3)安全生产管理新格局。2011年11月26日,国务院印发了《关于坚持科学发展安全发展,促进安全生产形势持续稳定好转的意见》(国发〔2011〕40号),明确我国现行的安全生产工作格局是:政府统一领导、部门依法监管、企业全面负责、群众参与监督、全社会广泛支持,实行综合监管和专项监管相结合的机制。

"政府统一领导"。国务院以及县级以上地方人民政府有关部门对建设工程安全生产进行综合和专业管理,主要是监督有关国家法律法规和方针政策的执行情况,预防和纠正违反法律法规和方针政策的行为。

"部门依法监管"。各级建设行政主管部门和相关部门组织贯彻国家的法律法规和方针政策,依法制定建设行业的规章制度和规范标准,对建设行业的安全生产工作进行计划、组织、监督检查和考核评价,指导企业搞好安全生产。

"企业全面负责"。对于建筑行业,既是指施工单位主要负责人依法对本单位的安全生产工作全面负责,同时也包括建设单位、勘察单位、设计单位、工程监理单位及其他与建设工程安全生产有关的单位必须遵守安全生产法律法规的规定,保证建设工程安全生产,依法承担建设工程安全生产责任,所有有关单位都必须坚决贯彻执行国家的法律法规和方针政策,建立和保持安全生产管理体系。

"群众参与监督"。这是群众组织和劳动者个人对于建设工程及安全生产应负的责任。工会是代表群众的主要组织,工会有权对危害职工健康安全的现象提出意见、进行抵制,也有权越级举报,工会也担负着教育劳动者遵章守纪的责任。群众监督是与行业管理、国家监察相辅相成的一种自下而上的监督形式。群众监督有助于建立企业的安全文化,形成"安全生产,人人有责"的局面,它是专业管理以外的一支不可忽视的安全管理力量。

"全社会广泛支持"。这是指提高全社会的安全意识,形成全社会广泛"关注安全,关爱生命"的良好氛围。建设工程安全生产管理状况的改变,必须有政府与社会各界的广泛参与,必须有政策、法律、环境等多个方面的支持,就是要通过全社会的共同努力,提高安全意识,增强防范能力,大幅度地减少事故,为我国经济社会的全面、协调、可持续发展奠定坚实的基础。

2013年7月18日,习近平在中央政治局第28次常委会上强调,落实安全生产责任制,要落实行业主管部门直接监管、安全监管部门综合监管、地方政府属地监管,坚持管行业必须管安全,管业务必须管安全,管生产必须管安全,而且要党政同责、一岗双责、齐抓共管。

2021年新修订的《安全生产法》第10条规定,国务院应急管理部门依照本法,对全国安全生产工作实施综合监督管理;县级以上地方各级人民政府应急管理部门依照本法,对本行政区域内安全生产工作实施综合监督管理。

国务院交通运输、住房和城乡建设、水利、民航等有关部门依照本法和其他有关法律、行政法规的规定,在各自的职责范围内对有关行业、领域的安全生产工作实施监督管理;县级以上地方各级人民政府有关部门依照本法和其他有关法律、法规的规定,在各自的职责范围内对有关行业、领域的安全生产工作实施监督管理。对新兴行业、领域的安全生产监督管理职责不明确的,由县级以上地方各级人民政府按照业务相近的原则确定监督管理部门。

应急管理部门和对有关行业、领域的安全生产工作实施监督管理的部门,统称负有安全生产监督管理职责的部门。负有安全生产监督管理职责的部门应当相互配合、齐抓共管、信息共享、资源共用,依法加强安全生产监督管理工作。

安全生产监管体制的建立,进一步明确了企业是安全生产工作的主体,为建立"政府、企业、工会"三方协调管理机制打下了基础。在全国范围内建立了以政府、部门、企业主要领导为第一责任人的安全生产责任制,安全生产工作责任到人、重大问题有专门领导负责解决的局面基本形成。

【延伸阅读】

压紧压实企业"一把手"安全生产责任

将自身管理的漏洞"甩锅"给外部原因、对显而易见的安全隐患视而不见、对本单位应当配备的消防设施设备说不清道不明……今年国务院安委办第五轮次安全生产明察暗访工作中发现的一些企业"一把手"在履行安全生产职责方面的种种"做派",展示了什么叫"无知者无畏、无为者无忧"。

众所周知,作为安全生产的第一责任人,企业"一把手"是安全生产工作从外部到内部、从他律到自律、从纸面到地面的总枢纽和总动力源,是安全生产各项要求措施在本企业落实落深落细的策动人,其作为关键少数,在责任链条中负责承上启下,不可或缺。可以说,只有压紧压实企业"一把手"、安全生产"第一责任人"的责任,才能牢牢牵住企业落实主体责任的"牛鼻子"。

实践证明,企业"一把手"对安全生产工作越重视,履行"第一责任人"职责越认真越尽责,企业的安全生产管理就越规范,措施落实越到位,其本质安全水平也越高,反之亦然。

从此次明查暗访结果来看,100 余家企业单位、近 800 处问题隐患,23 名"一把手"被处罚款,这也为众多企业"一把手",特别是那些在其位不谋其政,安全生产工作落实不到位的企业负责人敲响了警钟。这次明查暗访揭示出,在"安全第一"社会意识越来越强烈、法律制度体系越来越健全、整体工作状态越来越好的大环境下,部分企业"一把手"在履行安全生产第一责任人职责上还比较疲沓,还存在紧不起来、严不起来、落实不到位的状况,必须引起高度重视。

企业"一把手"在安全生产方面的疲沓,源自多种因素的日积月累。

有的企业"一把手"对安全生产知识了解不多、储备不足,又不注重及时学习提升,履职自然是要么"东一榔头西一棒槌——不得要领",要么"猪八戒踩西瓜皮——滑到哪儿算哪儿";有的把安全生产工作一股脑儿扔给副手和下属,自己当起了"甩手掌柜";有的对安全生产工作实功虚做,文件满天飞,标语随处见,口号震天响,就是行动跟不上,尤其是在人、财、物的投入上,要么久议不决、久拖不办,要么打折扣、缺斤少两;还有的惯于等靠要,甘做"提线木偶",就指望着相关监管部门来查来催,监管部门查出什么问题,企业就改什么问题,监管得紧一点严一点,企业就改得实一点认真一点,等等。归根结底,还是缺乏"企业要安全、我要抓安全、我要抓好企业安全"的意识和行动。

企业"一把手"无知无畏,企业安全生产就缺了系牢拽紧的"牛鼻子",安全生产的各项要求举措必然难以落实到位,安全生产基本盘基本面必然岌岌可危。因此,必须在促进认识和能力提升上下功夫,让企业"一把手"会想会干,能抓能干,敢抓敢干;必须在厘清政府监管和企业主体"两个责任"上下功夫,安全监管既要随时"在线"不缺位,又不包办代替乱越位,推动企业"一把手"自主自觉履职;必须在强化法律制度执行上下功夫,从严执行安全生产法,倒逼企业"一把手"履职尽责。简而言之,就是多措并举,促进企业"一把手"在认识上实现从"要我安全"到"我要安全"的彻底转变,在动力上实现单纯依赖"外部压力"到以"内生动力"为主的双轮驱动,在工作上实现从"你查我改"到"本质安全"的持续改进,政企联合打造安全生产共建共治共享的新格局。

出自《中国应急管理报》2021 年 10 月 18 日

【思考练习】

(1)试述我国安全生产方针的演变过程。

(2)法治与法制的联系与区别是什么?

(3)根据我国安全生产形势的转变,试述安全生产法律法规在其过程中所起的作用。

(4)论述我国安全生产监管新格局及其现实意义。

(5)试述安全生产法律法规的效力层次。

(6)试述对"管行业必须管安全,管业务必须管安全,管生产必须管安全"的理解。

第 10 章　智慧安全原理

【学习导读】

智慧安全是指以信息化和智能化技术为基础,综合运用多种安全防范技术,实现对人员、设备、环境和管理信息等多个方面的全方位、多层次安全保障的一种安全控制体系。智慧安全的任务是应用信息技术,实现对安全风险的识别、评估、预测和响应,推动安全文化建设,提高员工安全意识和安全操作能力,满足法律法规和行业要求,形成综合的安全防护体系,保障企业和组织的人员、资产、信息和环境的安全。

智慧安全研究对象包括安全技术和工具、安全策略和方法、安全威胁和防御、安全管理和决策、安全行为和意识等多个方面,涵盖了信息安全领域的不同层面和方向。针对具体领域,煤矿区智慧安全研究对象非常广泛,包括智能感知技术、大数据与人工智能技术、智能控制技术、安全管理与评估技术、安全救援技术以及人机交互技术、虚拟现实技术、无线通信技术等。

智慧安全面临着多方面的未来挑战,包括威胁环境的复杂性、大数据和人工智能的应用、人机交互和用户行为、隐私保护和合规要求、跨界合作和综合应对、技术更新和迭代、社会和经济因素的影响,以及持续的人才培养和专业化等。

10.1　智能安全与智慧安全概念

10.1.1　智能安全

智能安全(intelligent security)是指在信息安全领域中,应用人工智能(Artificial Intelligence,AI)和机器学习(Machine Learning,ML)等先进技术来保护计算机系统、网络、应用程序和数据等资源免受威胁、攻击和滥用的一种安全防护方式。智能安全可以利用大数据分析、模式识别、行为分析、自动化决策等技术,对安全事件进行实时监测、检测、分析和响应乃至调控,从而帮助识别和应对各种安全威胁,并提高信息安全防护的智能化、自动化和高效性。

智能安全是指在智能化技术应用过程中,保护系统、数据和用户免受安全威胁的一种综合性安全保障措施,其基本内涵包括以下几个方面:

1.先进技术应用

智能安全依靠先进的技术,例如人工智能、机器学习、大数据分析、自然语言处理等,以实现智能化的安全管理和防护。这些技术可以用于威胁检测、安全事件分析、行为识别、自动化决策等方面,从而提高安全防御的准确性、速度和自适应性。

2.实时检测和监测

智能安全强调对安全事件的实时监测和检测。通过智能设备、传感器、网络监控等手段,对系统、网络、应用程序和数据等资源进行实时监测,以及时发现安全威胁和异常行为,从而能够迅速采取措施进行响应和调控。

3.智能分析和响应

智能安全注重对安全事件和威胁的智能化分析和响应。通过人工智能和机器学习技术,对收集到的安全数据进行分析,识别和预测安全威胁,并能够自动化地采取适当的响应措施,例如发出警报、阻止攻击、修复漏洞等。

4.自动和高效保障

智能安全强调自动化和高效性。通过智能化的技术和算法,可以自动化地处理大量的安全事件和数据,提高安全管理和防护的效率和准确性,减轻安全管理人员的负担,并能够及时应对复杂和多变的安全威胁。

5.综合安全管理

智能安全是将安全管理和防护视为一个综合的系统,它涵盖多个安全领域,例如网络安全、终端安全、云安全、应用程序安全、身份认证和访问控制等。通过智能化的手段,实现不同安全领域之间的集成和协同,提供全面的安全管理和防护。

6.合规及隐私保护

智能安全需要兼顾隐私保护和合规性。在使用人工智能和大数据分析技术时,需要确保合法、合规地处理和存储安全相关的数据,并保护用户的隐私权益,符合相关法律法规和伦理道德要求。

这些是智能安全的基本内涵,旨在保护智能系统、数据和用户的安全和隐私,并确保智能化技术的可持续、负责任和安全应用。

智能安全通常具有以下几个属性:

1.多维度防御性

智能安全系统通常采用多层次、多维度的综合防御策略,包括防火墙、入侵检测系统(IDS)、入侵防御系统(IPS)、反病毒软件、安全审计、访问控制等,以多重手段保护系统和网络的安全。

2.自适应学习性

智能安全系统可以通过自我学习和适应不断提升自身的能力,发现新的威胁,并快速采取有效措施应对,自动调整其防御策略和措施,提高对新型威胁的检测和应对能力。

3.可视化报告性

智能安全系统通常能够提供可视化的管控界面和报告功能,使安全技术管理员和决策者能够清晰地了解安全事件和威胁的情况,并能够做出相应的决策和采取应对措施。

4.集成性和可扩展性

智能安全系统通常能够与其他安全产品和工具进行集成并具有可扩展性,以实现更加综合和协同的安全防御,同时可以根据组织的需求和规模进行灵活部署和管理。这种集成性可以提高安全管理的效率和准确性,确保安全防御的一致性和协同性。可扩展性可帮助组织随着业务的增长和发展而逐步扩展其安全能力。

5.高可靠性和可用性

智能安全系统通常需要保持高度可靠性和可用性,以确保安全服务不间断地提供保护。可通过冗余部署、灾备备份、故障恢复等技术手段来实现,以保障系统在各种情况下的稳定运行。

这些属性使智能安全系统能够更加高效、智能地检测、识别和应对安全威胁,保护组织的信息资产和业务运作的安全。

10.1.2　智慧安全

智慧安全(smart security)是指以信息化和智能化技术为基础,综合运用多种安全防范技术,实现对人员、设备、环境和信息等多个方面的全方位、多层次安全保障的一种安全控制体系。它通过整合物联网、云计算、大数据、人工智能等技术,提高安全防范水平,为人们的生命财产安全、社会稳定和经济发展提供全方位的系统保障。

智慧安全利用先进的信息技术和通信技术,综合安全管理、安全技术和安全设备,以智能化、数字化和网络化方式,对人、物、信息和环境进行全面、高效、智能的监测、预警、调控和保护,从而实现安全目标的一种综合性安全管理方式。智慧安全的基本内涵包括以下几个方面:

1.智能化控制

智慧安全依赖于先进的信息技术和通信技术,包括人工智能、大数据分析、云计算、物联网等,通过数据采集、传输、处理和分析,实现对安全事件和信息的智能化处理,提高安全管理控制的精确性、实时性和自动化水平。

2.全面监管

智慧安全从多个维度对安全进行全面监测和管理,包括对人员、物品、信息和环境等方面的全面覆盖和管理,以实现对整个安全体系的全面保护和管理。

3.高效精确

智慧安全通过信息技术的应用,实现对安全管理的高效监测、预警、处理和反应。通过自动化、智能化的手段,提高安全管理的效率和精确性,减少人力资源的浪费。

4.网络协同

智慧安全依赖于信息和通信技术的网络化特性,通过不同设备之间的连接和信息共享,实现对安全事件和信息的跨设备、跨平台、跨系统的管理和协同处理。

5.预警预报

智慧安全强调通过先进的技术手段,提前进行安全事件的监测和预警预报,从而在安全事件发生之前采取措施,降低安全风险,防范安全威胁。

6.人-机融合

智慧安全将人员和技术进行有效融合,充分发挥人的智慧和判断能力,辅助决策和响应,从而提高安全管理的效果。

综上所述,智慧安全的基本内涵包括智能化控制、全面监管、高效精确、网络协同、预警预报和人-机融合,可实现对安全管控系统的全面、高效、智能化管理,从而提升安全保护的水平和效果。

智慧安全的属性包括以下几个方面:

1.数据挖掘准确性

智慧安全可通过大数据分析和挖掘技术,深入分析各种安全数据,发现隐藏的威胁和异常行为,提高安全监测的精度和准确性。

2.统一管控集成性

智慧安全可以将多种安全防御技术和工具集成到一起,形成一体化的安全防御体系,实现安全事件的统一管控和分析。

3.智能决策可视性

智慧安全可以通过可视化界面展示安全事件和威胁情况,支持智能决策,帮助安全管控人员更好地掌握企业的安全生产状况,及时做出准确决策。

4.自愈能力扩展性

智慧安全可以通过自动化扩展技术实现安全事件的自动处理和响应,提高安全事件处理的效率和准确性,同时具备自愈能力,可以自动修复被攻击系统的漏洞和破坏。

5.持续改进开放性

智慧安全是一种持续性的改进方式,通过不断地信息采集、分析和处理,持续监测、改进及管控安全事件和信息,以保持对安全状态的实时掌握和及时响应。同时可根据企业的需求和规模进行灵活扩展和部署,支持多种平台和设备,具有高度的开放性,可以与其他安全系统和应用进行集成。

这些属性共同构成了智慧安全的特点和优势,使其能够在不断变化的安全威胁和环境中实现全面、高效、智能的安全管控。

与智慧安全相比,智能安全强调的是利用人工智能、机器学习等技术手段对安全领域的问题进行自动化处理和决策,以提高安全防护效果和响应速度。智能安全与智慧安全的区别在于前者更加强调技术手段的应用,而后者更注重理念和方法的综合应用,而智能安全也可以作为智慧安全的一种技术手段,与智慧安全相辅相成。从上述定义中可总结出智能安全与智慧安全的相互关系(见图 10.1),其区别见表 10.1。

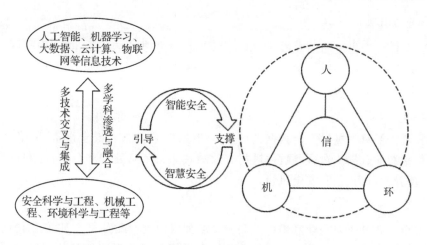

图 10.1　智能安全与智慧安全的相互关系

表 10.1　智能安全与智慧安全的区别

区别点	智能安全	智慧安全
定义概念	利用人工智能和机器学习技术，对大量数据进行分析和处理，实现对安全威胁的智能化识别、预测、响应和防御	侧重于综合应用各种先进的技术和策略，如物联网、云计算、大数据、人工智能等，从而实现智能化、高效化、综合化的安全管控和防御
应用范围	主要应用于信息技术安全领域，例如网络安全、终端安全、数据安全等	广泛应用于多个领域，包括但不限于智慧城市、智慧交通、智慧医疗、智慧能源等，以实现对各种场景下的安全管控和保障
技术手段	依赖于深度学习、模式识别、行为分析等人工智能和机器学习技术，从大量数据中提取特征、分析风险、做出决策	包括了更广泛的技术手段，如物联网技术、云计算技术、传感器技术、数据分析技术等，以综合应对系统复杂多变的安全威胁
目标效果	通过对安全威胁的智能识别和防御，提高信息安全的智能化和自动化水平及安全防护的效果	目标具有综合性和普适性，通过应用各种智能技术，实现对多领域、多场景下的安全管理和保障，提高整体安全防范的能力

10.2　智慧安全基础及任务

10.2.1　智慧安全基础

智慧安全的基础是建立在先进的信息技术和现代安全管理理念的基础上的。以下是智慧安全的基础要素：

1.先进信息技术

智慧安全依赖于先进的信息技术,如人工智能、大数据分析、云计算、物联网(Internet of Things,IoT)等。这些技术能够实现对安全事件的实时监测、快速响应和智能决策,从而提高安全防御的精准性和效率。

2.数据收集处理

智慧安全需要对大量的安全数据进行分析和处理,包括来自安全设备、网络日志、用户行为等多个来源的数据。对这些数据进行有效的收集、存储、处理和分析,能够帮助识别安全威胁、发现异常行为、预测安全风险。

3.安全策略规则

智慧安全需要基于对企业和组织的安全策略和规则进行配置和管理,包括访问控制、身份认证、授权管理、安全审计等。这些策略和规则是智慧安全系统的基础,用于指导安全防御的行为和决策。

4.安全监控响应

智慧安全需要实现对安全事件的实时监控和快速响应,包括实时警报、事件处理、安全漏洞修复等。通过及时发现和响应安全事件,能够降低安全风险和减少安全事件对企业和组织的影响。

5.安全文化建设

智慧安全需要推动企业和组织的安全文化建设,包括提高员工的安全意识、加强安全培训与教育、促进员工的积极参与和安全合规行为。安全文化建设是智慧安全的基础,能够形成全员参与、共同维护的安全防线。

6.安全法规保障

智慧安全需满足法律法规和行业要求,包括数据隐私、网络安全法、金融合规等。智慧安全系统具备合规性监测、审计和报告的能力,确保企业和组织在合规方面的要求得到满足。

智慧安全的基础还需要不断创新和扩展,随着信息技术的进步和安全威胁的演变,智慧安全需要不断地适应新的技术、方法和策略,持续提升安全防御的能力,以保护企业和组织的信息资产、维护业务运营的稳定性和可持续发展。如图10.2所示,这些要素相互支持、相互促进,共同构筑了智慧安全的基础,从而实现对安全威胁的精准识别、及时响应和持续改进,提升企业和组织的安全防御能力。

10.2.2　智慧安全任务

智慧安全的任务是实现对安全风险隐患的识别、评估、预测和响应,从而保护企业和组织的人员、资产、信息和环境的系统安全。它包括了安全风险识别与评估、安全隐患预测与预警预报、安全事件处置与响应、安全系统监测与管控、安全人员培训与教育以及安全法规运行与保障等多个任务。通过智慧安全系统的应用,可以实现对安全事件的实时监测、快速响应和有效管控,从而自动消除安全隐患、降低安全风险发生概率,保障企业和组织的正常运营和信息安全。

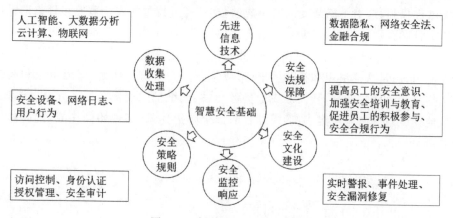

图 10.2　智慧安全的基础要素

智慧安全的主要任务包括以下方面：

1.安全风险识别与评估

利用人工智能、大数据分析等技术手段,对安全风险隐患事件进行识别、评估和分类,从而了解安全风险隐患的来源、性质和严重程度,为后续的预测和响应提供依据。

2.安全隐患预测与预警

通过对历史数据和实时数据的分析和挖掘,利用人工智能、机器学习等技术手段,对未来可能发生的安全风险隐患进行准确预测和预警预报,从而提前采取措施,降低安全事件的发生概率。

3.安全事件处置与响应

一旦发生安全事件,智慧安全系统能够迅速响应,并通过自动化的流程和策略进行处置,包括封堵漏洞、隔离风险、恢复系统、调查溯源等,从而最大限度地减少安全事件对系统和数据的损害。

4.安全系统监测与管控

智慧安全系统可以对安全状态进行实时监测、监控和管理,包括对安全系统、网络、设备、用户行为等的全面监测和日志记录,以便及时检测异常行为和安全威胁,进行及时干预和处置。

5.安全人员培训与教育

智慧安全系统可以通过在线培训、模拟演练等方式,提供安全意识培训和教育,帮助员工提高安全意识和安全操作能力,从而降低内部人员的安全风险。

6.安全法规运行与保障

智慧安全系统可以帮助企业遵循相关法律法规和行业标准,进行安全合规性的检查和审计,包括数据隐私保护、合规报告生成等,以确保企业在安全管理上符合法律法规和行业要求。

智慧安全的任务还包括提供实时的安全情报和决策支持,以便企业和组织能够及时调整安全策略和措施,应对不断演变的安全威胁,还可通过持续的安全监控和日志记录提供详尽的安全审计和合规性报告,帮助企业满足法律法规和行业要求,降低合规风险。

如图10.3所示,智慧安全的任务通过推动安全文化建设,提高企业员工的安全意识和安全操作能力,满足法律法规和行业要求,形成综合的安全防护体系,保障企业和组织的人员、资产、信息和环境的安全,从而形成全员参与、共同维护的安全防线。此外,智慧安全还可以与其他安全系统和应用集成,形成综合的安全防护体系,实现协同作战,提高整体安全防御能力。

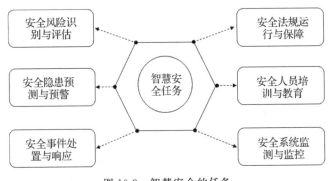

图 10.3　智慧安全的任务

10.3　智慧安全研究对象

智慧安全研究对象包括安全技术和工具、安全策略和方法、安全威胁和防御、安全管理和决策、安全行为和意识等多个方面,涵盖了信息安全领域的不同层面和方向。智慧安全研究对象主要包括以下几个方面:

1.安全技术和工具

智慧安全研究关注安全技术和工具的研发、应用和优化,包括但不限于防火墙、入侵检测和防御系统、安全信息和事件管理系统、身份认证和访问控制技术、加密和解密技术、恶意软件检测和清除技术等。研究对象包括安全技术的原理、设计、实现、评估和优化等方面。

2.安全策略和方法

智慧安全研究探讨安全策略和方法的制定、实施和管理,包括但不限于信息安全管理体系、安全风险评估和管理、安全合规性管理、安全审计和监控、安全培训和意识等。研究对象包括安全策略和方法的理论、模型、实践、评估和改进等方面。

3.安全威胁和防御

智慧安全研究关注安全威胁和防御的研究和分析,包括但不限于网络攻击、恶意软件、社会工程学、信息泄露、物理安全等。研究对象包括安全威胁和防御技术的类型、特征、行为、演变、防御和溯源等方面。

4.安全管理和决策

智慧安全研究关注安全管理和决策的理论、方法和实践,包括但不限于安全管理体系、安全决策模型、安全治理、安全合作与信息共享、安全风险管理等。研究对象包括安全管理和决策的原则、方法、流程、工具和案例等方面。

5.安全行为和意识

智慧安全研究关注人的安全行为和意识对信息安全的影响,包括但不限于员工安全行为、用户安全行为、安全意识教育和培训、安全文化建设等。研究对象包括安全行为和意识的影响因素、机制、评估和改进等方面。

综上所述,如图 10.4 所示,智慧安全是指通过深入研究和探讨这些对象,提高信息系统和网络的安全性,保护用户的隐私和数据安全,优化安全管理和决策,提升人员的安全行为和意识,从而构建更加安全、智能和可信赖的数字化环境。

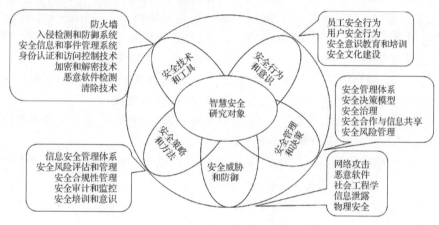

图 10.4　智慧安全研究对象

智慧安全研究对象非常广泛,涉及社会经济许多领域,这里以煤矿区智慧安全建设为例。

煤炭作为我国的主体能源,是保障国家经济建设与社会发展的重要矿产资源,且具有兜底保障作用。随着我国国民经济由高速增长转向高质量发展,煤炭的需求增速相对放缓、产能过剩以及煤炭工业结构性调整等问题凸显,原来依靠资源要素投入、规模扩张的粗放式发展已经难以为继,如何促进煤矿企业转型升级,加大创新驱动能力已经成为煤炭行业新的发展主题。煤矿作为传统行业之一,长期以来都是安全生产事故的频发领域,为了保障煤矿的生产安全和矿工的生命财产安全,煤矿区智慧安全建设研究应运而生,各种技术从不同方面都得到探索与应用,并取得了较好效果。目前研究的对象主要包括以下几个方面:

(1)智能感知技术。如传感器网络、图像识别等技术,监测煤矿区内的各种参数,如温度、湿度、气体浓度、人员密度等,提供实时数据支持。这些数据的适时采集和分析,对于及时发现潜在的安全隐患和风险具有重要作用。此外,煤矿区内的设备设施也需要进行智能化监测和管理,以提高设备的安全性和自动化程度。

(2)数据挖掘和分析技术。通过对煤矿区域内的大量数据进行有效采集、整理和分析,挖掘其中有用信息,构建预测预警模型,以便及时预测和发现煤矿安全生产事故的孕育及发生,提高安全预警预报能力。人工智能技术的应用还能够实现自动化的智能决策,更加高效地响应管控安全生产事故。

(3)智能控制技术。如远程监控系统、自动化控制系统等技术,用于实现对煤矿区内的设备、设施等的智能化管理和控制。这些技术的应用,能够实现远程控制和自动化管理,降低人为失误和操作风险。

(4)人工智能技术。如深度学习、机器学习等技术,可用于对煤矿区域内的安全数据进行智能分析和预测,提高煤矿安全预警和应急响应的能力。

(5)信息化技术。如云计算、物联网等技术,可用于实现煤矿安全信息化的全过程管理,提高煤矿安全管理的效率和精度。

(6)智慧救援技术。如无人机、机器人等技术,可用于在煤矿事故发生后进行快速响应和救援,降低人员伤亡和财产损失,提高安全救援的效率和精度。

(7)安全管理与评估技术。如安全管理系统、风险评估技术等,可用于对煤矿区域内的安全管理进行规范化和智能化,实现对安全风险的有效管理和控制。这些技术的应用,能够帮助企业更好地了解煤矿区内的安全风险,制定相应的预防措施。

(8)安全培训与教育技术。如虚拟仿真技术、远程培训技术等,可用于对煤矿工人进行全面、系统的安全培训和教育,提高煤矿工人的安全意识和技能水平。

(9)智慧装备技术。如智能化采掘机、智能化运输车等技术,可用于提高煤矿设备的安全性、效率和自动化程度,从而降低事故风险。

(10)安全文化建设与管理。如安全文化建设体系、安全管理模式等,可用于构建煤矿安全文化和管理模式,从根本上提高煤矿安全保障能力。

(11)安全制度与政策研究。如法律法规、标准规范等,可用于制定和完善煤矿安全制度和政策,进一步提高煤矿安全保障水平。

此外,煤矿区智慧安全研究对象还包括人机交互技术、虚拟现实技术、无线通信技术等,这些技术能够提高人员的工作效率和安全性。

煤矿区智慧安全研究对象非常广泛,这些对象并不是孤立存在的,它们之间是相互交织、相互影响的,只有进行全面、系统、深入的创新性研究,才能够实现煤矿区智慧安全的全面提升,才能够提高煤矿区的生产效率、安全性和可持续发展能力,为煤矿行业的安全生产和可持续发展做出积极贡献。

10.4 智慧安全之未来挑战

智慧安全领域面临着诸多未来挑战,包括复杂多变的威胁环境、大数据和人工智能的精确应用、人-机交互和用户行为、隐私保护和合规要求、跨界合作和综合应对、技术更新和迭代、社会和经济因素的影响、持续的人才培养和专业化以及全球化的安全威胁等。

1.复杂多变的威胁环境

未来数字化环境中的威胁将变得更加复杂多变,包括各种新型的恶意软件、网络攻击、社会工程学攻击等。这将对智慧安全的技术和方法提出更高的要求,需要不断地提升对新威胁的识别、分析和应对能力。

2. 大数据和人工智能的精确应用

随着大数据和人工智能技术的不断发展和应用,智慧安全领域将面临大规模数据的处理、分析和精确利用的挑战。如何有效地处理和利用海量的安全数据,从中提取有用的信息和知识,用于安全决策和防御策略的优化,将是未来智慧安全领域的重要课题。

3. 人-机交互和用户行为

人的因素在信息安全中始终是一个重要的问题。未来智慧安全需要更加关注人-机交互和用户行为,理解用户的安全行为和意识,并通过设计更加智能化的用户界面、教育和培训,促使用户形成良好的安全习惯和行为,减少人为失误和疏忽导致的安全漏洞。

4. 隐私保护和合规要求

随着数字化环境中涉及的个人隐私和敏感信息的增多,对隐私保护和合规要求的关注也在不断增加。未来智慧安全需要考虑如何在信息收集、处理和传输过程中保护用户的隐私,使其符合相关法律法规的要求,并制定相应的安全策略和措施。

5. 跨界合作和综合应对

智慧安全领域需要跨足多个领域,包括信息技术、网络安全、人-机交互、心理学、法律法规等,与多个学科和领域进行合作。未来智慧安全需要不断强化跨界合作,形成综合应对的策略和方法,从而更好地解决复杂多样的安全问题。

6. 技术更新和迭代

信息技术的发展迅速,未来智慧安全需要不断进行技术更新和迭代,需要采用先进的技术和方法来应对新型威胁和安全挑战。这包括但不限于新型的安全防御技术、安全数据分析方法、人工智能和机器学习在安全领域的应用等。智慧安全需要保持持续的技术创新和更新,以保持对不断变化的安全威胁的有效应对能力。

7. 社会和经济因素的影响

智慧安全不仅仅是技术问题,还涉及社会和经济因素的影响。例如,未来数字化经济的发展和全球化趋势可能对智慧安全产生深远的影响,包括跨国网络犯罪、信息战争、数据泄露等。智慧安全需要考虑社会和经济因素的影响,制定相应的安全策略和应对措施。

8. 持续的人才培养和专业化

未来智慧安全需要培养更多的专业人才,包括安全工程师、数据科学家、人-机交互专家等,以满足不断增长的安全需求。同时,智慧安全需要加强与教育和研究机构、企业和政府等的合作,促进知识和经验的交流与共享,推动智慧安全领域的专业化和规范化发展。

9. 全球化的安全威胁

安全威胁已经成为全球性的问题,需要在全球范围内合作和共同应对。因此,需要在国际建立安全合作机制,加强信息共享和协作。

如图 10.5 所示,解决这些挑战将需要智慧安全领域的持续努力、技术创新和跨界合作,以确保数字化环境中的安全与可持续发展。

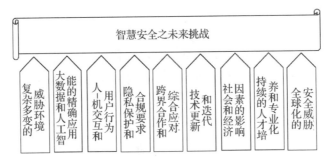

图 10.5　智慧安全之未来挑战

【延伸阅读】

1.中国"平安城市"智慧建设

"平安城市"的智慧建设是指在城市治理过程中,充分利用现代信息技术和智能化技术,建立起科学、高效、便捷、智能的城市安全管理体系,实现城市内部安全防控和应急响应的智慧化管理模式。其建设内涵主要包括以下方面:

(1)智能视频监控系统。在城市中安装高清摄像头、视频分析技术和大数据处理平台,实现对城市公共区域、交通要道、重要场所等的实时监控和管理。监控系统可以自动识别人脸、车牌等信息,进行实时监测和预警,有助于防范和打击犯罪活动,提升城市的安全防控能力。

(2)社会治安综合治理平台智能分析和响应。在城市建立综合平台,整合公安、交警、消防、卫生、教育等多个部门的数据,实现对城市内涉及治安的信息进行集中管理和分析,从而实现对重点人员、重点区域和重点事件的动态监控和预警,加强城市的社会治理和安全管理。

(3)智慧交通管理系统。在城市道路上安装智能交通监测设备,如交通摄像头、电子警察、交通流量监测器等,实现对交通流量、交通事故等数据的实时监测和分析,以指导交通管理部门做出智能化的交通调度和管理决策,提高城市的交通流畅性和交通安全性。

(4)大数据分析应用。对大量的城市数据进行采集、存储、分析和挖掘,可实现对城市安全的预测和预警。例如,通过对社交媒体、公共安全事件、人口流动等数据的分析,可以提前预警和预防潜在的安全风险,帮助城市管理部门做出科学决策。

(5)智能化应急管理系统。整合多部门的数据、信息和资源,建立应急管理的智能化平台,实现对突发事件的监测、响应和处置。例如,在城市中部署智能传感器、应急呼叫中心、应急指挥中心等设施,可以实时监测突发事件的发生和扩散情况,进行智能化的应急响应和资源调度,提高城市的应急管理能力。

(6)智慧安防系统。利用先进的信息技术,如人脸识别、虚拟围栏、智能门禁等,实现对城市内部和外部的安全监控和管理。例如,在城市重要场所、政府机关、商业区等区域安装智能安防设备,可以实现对人员进出的身份识别、行为监控和安全报警,从而提高城市的安全防范和应对能力。

（7）社会信用体系。对公民、企业和机构的行为数据进行采集、整合和分析，建立社会信用评价体系，实现对社会成员的信用状况进行评估和管理。这种社会信用体系可以对个人和企业的不良行为进行监测和记录，并对违规行为进行惩戒，从而推动公民和企业遵守法律法规，促进社会的安全和稳定。

（8）智慧消防系统。在城市中部署智能化的消防设备，如火灾监测系统、消防救援机器人、智能灭火系统等，实现对火灾的智能化监测、报警和处置。例如，在高层建筑、人员密集区域、公共场所等安装智能消防设备，可以实现对火灾的早期预警和自动化灭火，提高城市的消防安全水平。

中国"平安城市"的智慧建设广泛应用智慧安全技术，包括视频监控、人脸识别、大数据分析、智能应急管理、智能安防、社会信用体系等，如智慧交通、智慧消防、智慧环保、智慧医疗等，实现了城市管理的智能化和高效化、精细化和精准化、智能化和便捷化，为城市居民提供了更加安全、便利和舒适的生活环境，提高了城市的安全防控能力，也提高了城市的管理效率，提升了居民的生活质量和幸福感。

需要注意的是，智慧安全应用在"平安城市"的智慧建设中也面临一些潜在的挑战和考验。首先，数据隐私和信息安全问题是智慧安全应用面临的重要问题。大量的个人和城市数据被采集和处理，涉及隐私和信息安全的保护，需要严格的管理和技术手段来保障数据的安全和合法使用。其次，智慧安全应用涉及多个部门和领域的协同合作，需要建立完善的信息共享和协同机制，解决数据孤岛和信息壁垒的问题，提高信息的共享和协同利用效率。此外，智慧安全应用涉及大量的技术和设备投入，需要解决设备兼容性、标准化和互操作性等问题，确保各个智慧安全应用系统之间的协同运作和信息交流的顺畅。

2. 智慧矿山建设顶层架构设计

随着信息化技术的快速发展，云计算、大数据、人工智能、物联网、虚拟现实、三维可视化和智能采矿等领域的理论方法和先进技术已经开始逐步应用于煤矿行业，为数字化矿山转向智慧化矿山提供了理论支撑和技术支持。将智能化、智慧化理论方法及相关技术与煤矿行业传统技术装备、管理方式和网络建设等方面相结合，已成为煤炭行业越来越重要的发展趋势和研究热点。在此背景下，智慧矿山的概念被广泛提出。通过智慧矿山建设，采用智能化理论方法可以提升煤矿企业的信息化和智能化水平，从而为推动传统矿业的可持续发展提供原动力，也可以在日益激烈的国际市场竞争中保持核心竞争力。

智慧矿山建设的研究是一个综合性的研究领域，涉及多学科交叉融合的理论方法，具有较强的理论性和实践性。目前，国内外针对智慧矿山建设的研究还处于起步阶段，对智慧矿山的概念、框架设计和技术方案等还没有统一和完整的科学认知。在已有智慧矿山建设理念基础上，探讨和研究智慧矿山的顶层架构设计及其关键技术非常重要。

（1）智慧矿山基本内涵。

目前，在智慧矿山的建设中，存在的多源异构数据造成的信息孤岛问题、网络协议不兼容造成的通信问题、多系统叠加造成的功能冗余问题和矿区不同情况造成智能化方法的泛化问题等是制约智慧矿山建设的重要因素。为解决此类问题，需要引入以数据标准化为基本要求、网络协同化为通信保障、系统一体化为实现方式和技术智能化为核心要素的综合性建设方案。

因此,智慧矿山是指以煤炭开采的相关领域知识为基础,利用数据标准化、网络协同化、系统一体化和技术智能化的综合性建设理念,借助人工智能、数据科学、物联网等领域的理论方法及技术,通过高度集成化的信息系统,实现矿山生产和管理的智能感知、分析预测和智能决策等功能,最终达到少人化或无人化的智能化绿色矿山开采。

(2)智慧矿山建设原则。

智慧矿山建设应该按照"总体规划、分步实施、因地制宜、效益优先"的整体要求,遵循前瞻性、先进性、可靠性、实用性和开放性相结合的总体设计原则,实现分布式统一架构的智能化系统体系架构设计模式。具体建设原则如下:①标准先行原则;②先进性原则;③一体化原则;④网络协同性原则;⑤分步实施原则;⑥安全性原则。

(3)智慧矿山建设顶层架构设计。

从数据运营、技术服务和业务逻辑等多方面,深入研究智慧矿山的顶层架构建设问题,并分别提出智慧矿山的总体架构、业务逻辑架构、数据架构和技术架构。

在智慧矿山建设的总体架构中,基础设施服务层主要针对数据中心、调度中心、网络中心等其他部门,提供与大数据分析、信息安全和边缘计算相关的网络资源、计算资源、存储资源及其他硬件设备资源,并可实现上述资源的智能部署、管理和运维等相关服务。

平台服务层主要由业务中台、数据中台和技术中台3个部分组成。其中,技术中台主要包含与智慧矿山建设相关的底层技术平台,例如可视化应用平台、物联网应用平台、针对不同智能化服务需要的算法模型平台和与智慧矿山其他应用相关的支撑平台,可以起到技术支撑的作用;在数据中台中,主要针对智慧矿山建设中涉及的主数据、基础数据、多媒体数据、元数据和大数据等不同类型数据,进行与各系统业务逻辑相关的数据操作和管理;在业务中台中,主要围绕档案中心、项目中心和人员中心等服务中心,进行业务逻辑的统一管理,并提供与业务逻辑相关的边缘计算能力,包括设备接入、协议解析和边缘数据处理能力等。

软件服务层主要实现智慧矿山的应用服务功能。其中,在应用前台,主要实现煤矿企业中4类业务场景下(安全管控、生产运行、调度协同和经营管理)不同软件系统的功能模块,并以统一接口的形式对不同具体功能模块进行封装和管理。此外,该部分功能模块和接口设计可满足系统一体化和技术智能化的服务方式。在此基础上,通过对外统一的软件服务接口,针对具体不同的业务场景和应用需求,可提供智能采煤、智能挖掘、智能安全和智能通风等智能化软件服务,最终实现智慧矿山的深入应用。

此外,由于传统数据和大数据在数据存储、数据访问和数据读写等方面具有明显的差异性,因此在数据中心,分别针对不同类型的传统规模数据和大数据,进行数据存储、访问、读写和保护等与数据管理、数据运营和数据维护相关的具体服务。

(4)智慧矿山建设的关键技术。

智慧矿山建设是一个综合性的研究领域,涉及多学科交叉融合的理论与方法,具有较强的理论性和实践性。目前认为,智慧矿山建设中涉及的一些关键技术有智能控制技术、通信网络技术、空间信息技术、物联网技术、大数据分析与挖掘技术、机器学习理论方法、媒体智能技术、三维可视化技术等。

智慧矿山建设目标是在工业互联网技术的基础上,能够完成对矿山"人、机、环、管"数据进行精准化采集、网络化传输、规范化集成,从而实现可视化展现、自动化操作和智能化服务的矿山智慧体。

【思考练习】

(1)何谓智能安全和智慧安全？智能安全与智慧安全有怎样的相互关系？

(2)随着社会变革及技术的不断发展,智慧安全的基础和任务需要注意什么？

(3)通过学习智慧安全,谈谈安全生产领域智慧安全的应用前景。

(4)结合某一行业和领域,论述应对智慧安全在未来面临的挑战。

参考文献

[1] 罗云,罗波. 试论安全科学原理[J]. 安全,1999(3):11-14.

[2] 刘潜. 安全科学原理[J]. 地质勘探安全,2001(1):1-4.

[3] 吴超,杨冕. 安全科学原理及其结构体系研究[J]. 中国安全科学学报,2012(11):3-10.

[4] 吴宗之. 中国安全科学技术发展回顾与展望[J]. 中国安全科学学报,2000(1):1-5.

[5] 何学秋. 安全工程学[M]. 徐州:中国矿业大学出版社. 2000.

[6] 林柏泉. 安全学原理[M]. 北京:煤炭工业出版社. 2002.

[7] 周世宁,林伯泉,沈斐敏. 安全科学与工程导论[M]. 徐州:中国矿业大学出版社. 2005.

[8] 陈宝智. 安全原理[M]. 北京:冶金工业出版社,2002.

[9] 苏东水. 管理心理学[M]. 上海:复旦大学出版社,2002.

[10] 罗云. 现代安全管理[M]. 北京:化学工业出版社,2010.

[11] 刘文评. 基于 Reason 模型的航空事故人为因素分析[J]. 中国科技信息,2020(10):36-37.

[12] 田水承,李红霞,王莉. 3 类危险源与煤矿事故防治[J]. 煤炭学报,2006,31(6):706-710.

[13] 李树刚,林海飞,成连华,等. 我国煤矿瓦斯灾害事故发生原因及防治对策[C]//中国职业安全健康协会. 中国职业安全健康协会 2010 年学术年会论文集. 北京:煤炭工业出版社,2010.

[14] 张景林,蔡天富. 对安全系统运行机制的探讨:安全系统本征与结构[J]. 中国安全科学学报,2006(5):16-21.

[15] 汪应洛. 系统工程理论、方法与应用[M]. 2 版. 北京:高等教育出版社. 2002.

[16] BROWN D. Systems analysis and design for safety: safety systems engineering [M]. Upper Saddle River: Prentice-Hall, 1976.

[17] 苗东升. 系统科学精要[M]. 2 版. 北京:中国人民大学出版社,2006.

[18] 吕品,王洪德. 安全系统工程[M]. 徐州:中国矿业大学出版社,2012.

[19] 王洪德. 安全系统工程[M]. 北京:国防工业出版社,2013.

[20] 徐志胜. 安全系统工程[M]. 3 版. 北京:机械工业出版社,2023.

[21] 沈斐敏. 安全系统工程[M]. 北京:机械工业出版社,2022.

[22]　陈国海.组织行为学[M].2版.北京:清华大学出版社,2008.

[23]　王保国,王新泉,刘淑艳,等.安全人机工程学[M].北京:机械工业出版社,2007.

[24]　王先华.安全控制论原理和应用[J].工业安全与防尘,2000(1):28-31.

[25]　张翼鹏.安全控制论的理论基础和应用(一)[J].工业安全与防尘,1998(1):1-5.

[26]　张翼鹏.安全控制论的理论基础与应用(二)[J].工业安全与防尘,1998(2):1-4.

[27]　张翼鹏.安全控制论的理论基础与应用(三)[J].工业安全与防尘,1998(3):1-4.

[28]　张翼鹏.安全控制论的理论基础与应用(四)[J].工业安全与防尘,1998(4):1-5.

[29]　张翼鹏.安全控制论的理论基础与应用(五)[J].工业安全与防尘,1998(5):1-4.

[30]　徐德蜀,邱成.安全文化通论[M].北京:化学工业出版社,2004.

[31]　徐德蜀,邱成.企业安全文化简论[M].北京:化学工业出版社,2005.

[32]　贾崑.煤矿企业领导行为对安全文化的影响研究[D].天津:河北工业大学,2012.

[33]　马书明.领导-成员关系影响企业安全文化的实证研究[D].北京:中国矿业大学,2011.

[34]　魏云峰,李新疆."有感领导"引领安全文化建设[J].劳动保护,2010(5):17-19.

[35]　刘素霞,李晶,徐恒婕.安全文化对企业安全绩效影响的元分析[J].安全与环境学报,2023(10):3648-3656.

[36]　赵杨,赵严.企业安全文化与员工安全状态的层次对应关系[J].化工管理,2022(33):8-10.

[37]　李洋.企业安全文化建设方案探讨[J].新疆有色金属,2023,46(5):90-91.

[38]　何思泉.X公司企业安全文化建设方案优化研究[D].西安:陕西师范大学,2022.

[39]　高宪伟.企业安全文化建设的三个层次[J].现代班组,2015(6):43.

[40]　戈明亮.安全文化结构模型的探讨[J].科技创新导报,2018,15(36):223-224.

[41]　毛海峰,郭晓宏.企业安全文化建设体系及其多维结构研究[J].中国安全科学学报,2013,23(12):3-8.

[42]　朱立波.矿山企业安全文化建设重要性分析及措施[J].现代矿业,2020,36(8):201-203.

[43]　郭仁林.煤炭企业安全文化水平评价[J].企业管理,2023(6):115-117.

[44]　张健,梁学栋,张元榕.特种设备事故隐患分类分级管理[M].成都:四川大学出版社,2014.

[45]　VARMAZYAR S, MORTAZAVI S B, ARGHAMI S, et al. Relationship between organisational safety culture dimensions and crashes[J]. International Journal of Injury Control and Safety Promotion, 2016, 23(1):72.

[46]　靳晓华,李晓艳.领导行为对企业安全文化的影响研究[J].领导科学,2018(20):60-62.

[47]　罗云.安全经济学[M].北京:化学工业出版社.2004.

[48]　田水承.现代安全经济理论与务实[M].徐州:中国矿业大学出版社.2003.

[49]　赵耀江,张俭让,桂祥友,等.安全评价理论与方法[M].北京:煤炭工业出版社,2007.

[50]　吴超,王秉.安全经济学应用原理及新观点[J].安全,2019,40(10):27-33.

［51］ 郭斌，刘思聪，刘琰，等.智能物联网:概念、体系架构与关键技术[J].计算机学报，2023,46(11):1-20.

［52］ RISTVEJ J, LACINAK M, ONDREJKA R. On smart city and safe city concepts [J]. Mobile Networks and Applications, 2020, 25(3):836-845.

［53］ LAUFS J ,HERVE B, BRADFORD B. Security and the smart city: a systematic review[J].Sustainable Cities and Society, 2020, 55:102023.

［54］ PIETRE-CAMBACEDES L, CHAUDET R. The SEMA referential framework: avoiding ambiguities in the terms "security" and "safety"[J]. International Journal of Critical Infrastructure Protection, 2010, 3(2):55-66.

［55］ 吴超，黄玺，王秉.大安全视域下智慧安全城市的基础理论研究进展与展望[J].中国安全生产科学技术，2022,18(5):5-10.

［56］ 陈性元，高元照，唐慧林，等.大数据安全技术研究进展[J].中国科学:信息科学，2020,50(1):25-66.

［57］ 李伯虎，陈左宁，柴旭东，等."智能＋"时代新"互联网＋"行动总体发展战略研究[J].中国工程科学，2020, 22(4):1-9.

［58］ 王国法，杜毅博，徐亚军，等.中国煤炭开采技术及装备50年发展与创新实践:纪念《煤炭科学技术》创刊50周年[J].煤炭科学技术，2023, 51(1):1-18.

［59］ 郑明媚，张劲文，赵蕃蕃.推进中国城市治理智慧化的政策思考[J].北京交通大学学报(社会科学版),2019,18(4):35-41.

［60］ 吴群英，蒋林，王国法，等.智慧矿山顶层架构设计及其关键技术[J].煤炭科学技术,2020,48(7):80-91.